Drehschwingungen
in Kolbenmaschinenanlagen
und das Gesetz ihres Ausgleichs

Von

Dr.-Ing. Hans Wydler
Kiel

Mit einem Nachwort

Betrachtungen über die Eigenschwingungen
reibungsfreier Systeme

Von

Professor Dr.-Ing. Guido Zerkowitz
München

Mit 46 Textfiguren

Berlin

Verlag von Julius Springer

1922

ISBN-13: 978-3-642-89489-3   e-ISBN-13: 978-3-642-91345-7
DOI: 10.1007/978-3-642-91345-7

Vorwort.

Die vorliegende Arbeit ist entstanden aus meiner Tätigkeit während der zweiten Hälfte des Krieges, wo ich auf der Vulcan-Werft in Hamburg mit der Untersuchung der Verdrehungsschwingungen in U-Bootswellenleitungen betraut war. Allenthalben begann man damals in der beteiligten Industrie diese wichtige Angelegenheit eingehender zu bearbeiten, und auch die Marinebehörde wandte erhebliche Mittel für eine experimentelle Klärung der einzelnen Fragen auf. Im wesentlichen aber gelangte die rechnerische Erkenntnis nicht über jenes Niveau hinaus, das auch schon Gümbel in seiner klassischen Arbeit über Verdrehungsschwingungen (Z. d. V. d. I. 1912) erreicht hatte.

In dem Zeitabschnitt bis zum Kriegsende hatte ich zahlreiche und weite Lücken und Unklarheiten in den einschlägigen Fragen und auch erste Ansätze zu ihrer Behebung erkannt. Als daher nach Kriegsende alles tätige Leben auf den Werften darniederlag, entschloß ich mich, die einzelnen Gesichtspunkte systematisch zu untersuchen und so auch auf diesem Gebiete einige Früchte der Kriegsarbeit in die Zukunft hinüber zu retten. Im Februar 1919, inmitten der Revolutionswirren auf Hamburgs Werften, begann ich damit, diese Arbeit niederzuschreiben. Nach einigen größeren Unterbrechungen wandte ich mich an der Jahreswende München zu und brachte dort im Sommer 1920 die Arbeit zum Abschluß; insbesondere entstand daselbst im IV. Abschnitt des zweiten Teiles der wichtigste Absatz der ganzen Abhandlung. Für die endgültige leider verzögerte Drucklegung des Buches wurden einzelne Kapitel des zweiten Teiles etwas erweitert und vertieft und dafür der erste Teil an manchen Stellen entsprechend gekürzt.

Bei diesem Rückblick auf den Werdegang der Arbeit ist es mir ein besonderes Anliegen, den Vulcanwerken Hamburg und Stettin, vor allem Herrn Direktor Dr. phil. und Dr. Ing. e. h. G. Bauer für manche Förderung und für die mir gewährte große Bewegungsfreiheit und Selbständigkeit meinen bleibenden Dank auszusprechen. In entgegenkommendster Weise wurde ich von Herrn Direktor Frahm und von der Maschinenfabrik Augsburg-Nürnberg durch Überlassung von Versuchsmaterial unterstützt. In München erfuhr ich mit meiner Arbeit wohlwollendste Förderung seitens meiner allverehrten Lehrer Dr. M. Schröter und Dr. A. Föppl, sowie durch Herrn Dr. G. Zerkowitz.

Die Verlagsbuchhandlung Julius Springer hat bei der Wiedergabe der vielen Figuren in Anbetracht der gegenwärtigen Verhältnisse sehr Beachtenswertes geleistet; allen meinen Wünschen bezüglich Ausstattung des Buches wurde bereitwilligst Rechnung getragen. Beides möchte ich an dieser Stelle dankbarst anerkennen.

Möge die Arbeit allen Studierenden und den in der Praxis tätigen Ingenieuren behilflich sein, auf dem heute noch als „schwierig" geltenden Gebiete der Schwingungsvorgänge rasch und ohne allzu große Mühe heimisch zu werden. Darüber hinaus gebe ich mich der Hoffnung hin, daß mit dieser Arbeit auch der Weg für wirksamere Beherrschung der unerwünschten Schwingungen und für neue Entwicklungsmöglichkeiten freigelegt sei.

München-Kiel, Dezember 1921.

H. Wydler.

Inhaltsverzeichnis.

Seite

Einleitung 1

I. Teil. (Reibungsfreie Systeme.)

Analytische Methode zur Berechnung von Eigenschwingungszahlen und Eigenschwingungsformen verdrehungsfähig elastisch verketteter Massensysteme.

Bezeichnungen 4
Vorbemerkungen 5

Formulierung bekannter Fälle.

I. 1 Schwungmasse, federnd eingespannt 6

II. System mit 2 Schwungmassen 7
    Erste Methode; zweite Methode; Sonderfall.

Weiterentwicklung für Systeme mit mehr als 2 Schwungmassen. Allgemeiner Rechnungsgang.

III. System mit 3 Schwungmassen 9
    1. Aufstellung einer Wurzelgleichung 10
    2. Berechnung der Wurzeln ξ_I und ξ_{II} 11
    3. Berechnung von ω_I, ω_{II}, α_2, α_3 11
    4. Sonderfälle 12

IV. System mit 4 Schwungmassen 13

V. System mit n Schwungmassen 14
    1. Bestimmung der Wurzelgleichung 15
    2. Bestimmung der Schwingungsformen 16
    3. Allgemeines über Knoten und Eigenschwingungszustände 16
        a) Der unendlich ferne Knoten 16
        b) Ideelle und reelle Knoten 16
        c) Zusammenfassung 17
        d) Ausschlags- und Spannungsknoten 17
    4. Gesetzmäßigkeiten der Wurzelgleichungen 17

VI. Vereinfachte Berechnung von Eigenschwingungen 18

VII. Beispiele (Generatoranlage mit Schwungrad) 20
    Vereinfachte Berechnung
        a)—c) als System mit 2, 3, 4 Massen 21
        d) als System mit 5 Massen 24
    Genaue Berechnung
        e) als System mit 8 Massen 29

II. Teil. (Gedämpfte Systeme.)

Über die Eigenschaften und Wirkungen der harmonischen Drehkräfte und
über den Ausgleich gefährlicher Verdrehungsschwingungen.

                                                      Seite

Bezeichnungen 31

I. Schematisches Modell einer harmonischen Analyse 33

II. Die harmonischen Drehkräfte der Oelmaschine 35
    1. Die „Gasdrehkräfte" 35
    2. Die „Massendrehkräfte" 40

III. Resultierende Harmonische von Mehrzylindermaschinen 43
    1. Dreizylindermaschine 43
    2. Sechszylindermaschine 45
    3. Ergebnis 46
    4. Ergänzung 47

IV. Die von harmonischen Kräften gleicher und entgegengesetzter Phase erzwungenen
    Schwingungen 47
    A) Studie über den Begriff der Schwingungsarbeit „A"
      1. Die in einer frei schwingenden Masse aufgespeicherte Energie 48
      2. Arbeitsleistung einer   Phase zwischen $\varphi = 0$ oder π 49
        schwingungserregenden   Kraft und $\varphi = \pi/2$ 51
        Kraft $P' = P \cdot \sin(\omega t)$;   Ausschlag $0 < \varphi < \pi$ 51
      3. Arbeitsverbrauch eines dämpfenden Widerstandes 53
      4. Arbeitsgleichung 53
    B) Die Dämpfungszahl der Oelmaschine 54
    C) Berechnung und Vergleich der erzwungenen Schwingungen.
      1. Problemstellung und Ziel 56
      2. Anordnung und Durchführung der Rechnung 57
      3. Darstellung und Diskussion der Rechnungsergebnisse 63
      4. Hauptergebnis 66
      5. Anwendung auf torsiographische Messungen 70

V. Der Ausgleich gefährlicher Verdrehungsschwingungen 79
    Ausgleichsmaßnahmen 79
    Beispiel 80
    Schlußbemerkung 83

Anhang.

Grundsätzliches über die Darstellung schwingender Größen durch Kreisfunktionen . . 84
Beiträge zur Reduktion von Schwungmassen und Längenabständen 85

Nachwort von Prof. Dr. G. Zerkowitz, München.

Betrachtungen über die Eigenschwingungen reibungsfreier Systeme.

1. Ermittlung der Drehschnellen der einzelnen Eigenschwingungen aus den dynamischen
   Grundgleichungen 89
2. Die einzelne Eigenschwingung 93
3. Das Zerlegungsverfahren 95
4. Das Zusammenwirken mehrerer Eigenschwingungen 96
5. Die Drehschnellen bei Biegungsschwingungen 97

Literaturnachweis.

1. **B a u e r**: Untersuchungen über die periodischen Schwankungen in der Umdrehungsgeschwindigkeit der Wellen von Schiffsmaschinen. Jahrbuch der Schiffbautechn. Ges. 1900 1. B.

2. **G ü m b e l**: Über Torsionsschwingungen von Wellen. Schiffbau 1901—1902, S. 580.

3. **S o m m e r f e l d**: Beiträge zum dynamischen Ausbau der Festigkeitslehre. Z. 1902, S. 393.

4. **F r a h m**: Neuere Untersuchungen über die dynamischen Vorgänge in den Wellenleitungen von Schiffsmaschinen mit besonderer Berücksichtigung der Resonanzschwingungen. Z. 1902, S. 797.

5. **R o t h**: Schwingungen von Kurbelwellen. Z. 1904, S. 564.

6. **H o l z e r**: Torsionsschwingungen von Wellen mit beliebig vielen Massen. Schiffbau 1907, S. 823.

7. **G ü m b e l**: Verdrehungsschwingungen eines Stabes mit fester Drehachse und beliebig zur Drehachse symmetrischer Massenverteilung unter dem Einfluß beliebiger harmonischer Kräfte. Z- 1912, S. 1025.

8. **G e i g e r**: Über Verdrehungsschwingungen von Wellen, insbesondere von mehrkurbligen Schiffsmaschinenwellen. Dissertation 1914, Augsburg.

9. **G e i g e r**: Der Torsiograph, ein neues Instrument zur Untersuchung von Wellen. Z. 1916, S. 811.

10. **K u t z b a c h**: Untersuchungen über Wirkung und Anwendung von Pendeln und Pendelketten im Maschinenbau. Z. 1917, S. 917.

11. **F r a h m**: Ein neuer Torsionsindikator mit Lichtbildaufzeichnung und seine Ergebnisse. Z. 1918, S. 177.

12. **D r e v e s**: Neues graphisches Verfahren auf statischer Grundlage zur Untersuchung beliebiger Wellenmassensysteme auf freie Drehschwingungen. Z. 1918, S. 588.

13. **A. F ö p p l**: Vorlesungen über technische Mechanik, IV. Band, 5. Auflage, Seite 31, 268, 275 u. 283.

14. **S a ß**: Beiträge zur Berechnung kritischer Torsions-Drehzahlen. Z. 1921, S. 67.

15. **H o l z e r**: Die Berechnung der Drehschwingungen. Verlag von Julius Springer in Berlin 1921.

16. **T o l l e**: Regelung der Kraftmaschinen. Verlag von Julius Springer in Berlin 1921, S. 200.

17. **O. F ö p p l**: Dreh- und geradlinige Schwingungen von Wellen und Massen. Z. für angewandte Math. und Mechanik 1921, S. 367.

18. **G e i g e r**: Zur Berechnung der Verdrehungsschwingungen von Wellenleitungen. Z. 1921, S. 1241.

Die Literaturbeiträge 15 bis 18 erschienen während der Drucklegung der vorliegenden Arbeit und konnten nur noch in kurzen Anmerkungen gestreift werden; besonders gilt das von der wertvollen Holzer'schen Schrift (15).

Einleitung.

Man ist heute in weiten Ingenieurkreisen davon unterrichtet, daß in allen Maschinenaggregaten, welche mit periodisch veränderlichen Drehmomenten arbeiten, sog. Verdrehungs- oder Torsionsschwingungen, oder auch nur Drehschwingungen genannt, vorhanden sind. Bei den uns hier interessierenden Anlagen mit Kolbenmaschinenantrieb ist die Erscheinung kurz in folgender Weise zu begründen:

Die periodisch veränderlichen Drehkräfte der einzelnen Zylinder bedingen an den Kurbeln variable Drehbeschleunigungen; da die Kurbeln mit den übrigen Schwungmassen nicht durch absolut starre, sondern durch elastische Wellenstücke verbunden sind, so werden diese Drehbeschleunigungen und -Verzögerungen nicht allen Massenhäufungen des ganzen Maschinensatzes in gleicher Größe aufgezwungen; es treten vielmehr bestimmte gesetzmäßige Relativdrehbewegungen oder „Drehschwingungen" zwischen den einzelnen Schwungmassen auf. Weiterhin haben die Erfahrungen an vielen Maschinenanlagen gezeigt, daß diese Sonderbewegungen wie alle Arten Schwingungen immer dann besonders heftig werden, wenn nach der üblichen Ausdrucksweise irgendwelche Kraftimpulse mit einer Eigenschwingungszahl des Systems in Resonanz geraten, d. h. wenn beim Gang der Maschine irgendwelche Drehkraftstöße oder -Impulse mit einer jener Periodenzahlen wiederkehren, mit denen auch das stillstehende reibungsfreie Aggregat nach Art einer Drehwage ohne äußere Nachhilfe dauernd hin und her pendeln könnte. Man nennt die mit solchen Erscheinungen behafteten Drehzahlen die „Kritischen" der Maschine, welche ebenso gefährlich sein können, wie die kritischen Drehzahlen schnellaufender Kreiselmaschinen. Beide Bewegungsvorgänge haben natürlich nur den Namen gemein, und sind in ihrem Wesen ganz verschieden, was sich schon darin äußert, daß bei den verdrehungskritischen Drehzahlen die Wellenmittellinie (theoretisch wenigstens) gerade bleibt, während sie bei biegungskritischen Vorgängen die Form irgendeiner „elastischen Linie" annimmt.

Die Kenntnis dieser fundamentalen Zusammenhänge ist heute ziemlich Allgemeingut. Darüber hinaus darf man sich aber oftmals nicht damit begnügen, nur anzugeben, welche Drehzahlen kritische sind, wie das bei Biegungsschwingungen meist genügt. Man muß vielmehr auch die Größe der zu erwartenden Ausschläge, d. h. den Gefährlichkeitsgrad der einzelnen Kritischen zu bestimmen suchen, da man — besonders bei Schiffsanlagen — innerhalb des Betriebsbereichs tatsächlich immer einen oder mehrere Resonanzzustände durchfahren muß, was sich bei Kreiselmaschinenanlagen bekanntlich in den weitaus meisten Fällen vermeiden läßt. Wegen der starken Abnützung von Übertragungsorganen, wie Zahnrädern, Gelenken usw., unter Umständen sogar wegen Gefährdung der Wellenleitung durch Resonanzschwingungen besteht dauernd ein großes Bedürfnis, diese störenden Bewegungsvorgänge nicht bloß vorausberechnen, sondern auch sicher überwinden zu lernen.

Zur Erreichung dieser weitergesteckten Ziele will die vorliegende Arbeit vor allem beitragen.

Die Theorie

des Problems wird zweckmäßig in zwei scharf getrennten Hauptabschnitten entwickelt.

Der erste behandelt das schwingungsfähige System, das Objekt, an dem sich die Vorgänge abspielen und beantwortet die Frage:

Wie verhält sich ein gegebenes reibungsfreies Massensystem hinsichtlich der Torsionsschwingungen, insbesondere nach welchen Formen und mit welchen Periodenzahlen bilden sich bei ihm freie oder Eigenschwingungszustände aus?

Von vornherein ist darauf zu antworten, daß jede Anlage von Anbeginn ihres
Bestehens an wegen der Elastizität ihres Wellenbaustoffes einen oder mehrere solcher
Eigenschwingungszustände besitzt, ganz gleich, ob sie jemals deutlich zur Aus-
bildung kommen oder nicht. Erst in den letzten 20 Jahren wurde diese physikalische
Eigenschaft durch Versuch[1]) und Rechnung erkannt und eingehender bearbeitet,
da sie mit zunehmender Zylinder- und Umdrehungszahl der Antriebsmaschinen
immer häufiger in die Erscheinung trat und oft gebieterisch Abhilfe verlangte.
Heute besteht eine reichhaltige Literatur[2]) über diesen Gegenstand: Gümbel,
Dreves, Kutzbach teilten graphische Berechnungsmethoden mit; Roth, Holzer
und Föppl berechnen analytisch zwangläufig die Eigenschwingungsperioden. Bei
der überragenden Bedeutung der Angelegenheit erscheint es gerechtfertigt, hier noch
eine weitere analytische Methode mitzuteilen, die mit einfachstem Rechenapparat
zum Ziele gelangt und die maßgebende Bedeutung der Massen- und Längenverhältnisse für die Schwingungsvorgänge vor Augen führt.

Der zweite Teil behandelt eingehend die primäre Ursache der Pendelerscheinun-
gen, die schwingenden Drehkräfte, sowie ihre Wirkungen.

Die ersten drei Abschnitte dieses Teiles sind ganz den Eigenschaften der Drehkräfte gewidmet. Um auch dem fernerstehenden Leser den wichtigen Begriff der
harmonischen Drehkraft leicht faßlich näherzubringen, ist im ersten Abschnitt
ein Modell beschrieben, das den abstrakten eigenartigen Schwingungsbezeichnungen
eine bestimmte konkrete Bedeutung gibt. Nach dieser Vorbereitung klärt der folgende
Abschnitt über die gesamten Drehkräfte eines theoretischen Einzylinder-Arbeits-
prozesses hinsichtlich ihrer drei Attribute (Größe, Phase, Impulszahl) qualitativ
und quantitativ ein für allemal erschöpfend auf. Sodann war es notwendig, in einem
dritten Abschnitt das Zusammenwirken der gleichen Harmonischen mehrerer
Zylinder eingehend zu erläutern. Unter anderem wird dabei jene sehr wichtige
Erkenntnis gewonnen, welche die Beherrschung der Kraftimpulse hinsichtlich ihrer
Phase gewährleistet.

Ist so ein Überblick über die schwingenden Kraftimpulse an den Kurbeln der
Ölmaschinen gewonnen, so kann im vierten Abschnitt die fundamentale Bedeutung
des Phasenabstandes der Kräfte für die Erregung von Schwingungen gezeigt werden.
Das Ergebnis dieser Rechnung zusammen mit den Ausführungen des dritten Abschnittes bildet den Schlüssel zum Verständnis des bedeutsamen Ausgleichsgesetzes.
In Anwendung der mannigfachen, neu aufgestellten Beziehungen und Zahlenwerte
gelingt es, mit überraschender Vollkommenheit die Struktur gemessener Torsiogramme
rechnungsmäßig zu erklären und ihre Konstruktion zu zeigen.

Nachdem über die Ursachen und Vorbedingungen heftiger Schwingungen
Klarheit erreicht ist, bleibt noch die Aufgabe, Schlußfolgerungen, für einen Ausgleich
gefährlicher Drehschwingungen zu ziehen; an einem Beispiel wird eine der vielen
Möglichkeiten untersucht. — Die hier angeregte Methode der Bekämpfung gefährlicher Schwingungen geht einen grundsätzlich anderen Weg als alle bisherigen Maßnahmen, die immer darauf hinauslaufen, entweder die Eigenschwingungsgebiete
entsprechend zu verlagern oder die Arbeit der Harmonischen schon bei kleinen Ausschlägen in Wärme umzusetzen und abzuführen. Hier wird angestrebt, die erregenden
Kräfte so gegeneinander zu schalten, daß sich ihre Arbeitsleistungen möglichst
aufheben und der verbleibende Überschuß bereits bei kleinen Ausschlägen von
den vorhandenen Dämpfungen aufgezehrt wird.

Im Anhang ist für Anfänger einiges über die Grundsätze auseinandergelegt, nach
denen technische Schwingungsrechnungen in Angriff genommen werden. Die Tabellen

---

[1]) Vgl. Bauer, Jahrb. d. schiffbt. Ges. 1900; Frahm, Ztschr. d. V. d. I. 1902, S. 797.
[2]) Vgl. Literaturverzeichnis.

der polaren Trägheitsmomente sind für den praktischen Gebrauch bei der Reduktion der Massen und Längen beigegeben.

Über den im zweiten Teil behandelten Stoff finden sich in der Literatur nur lose, allgemeine Angaben[1]); zu erinnern ist hier an die bekannte Schrift von Dr. Geiger. Es sind indes die Untersuchungen des zweiten Teils nicht weniger wichtig als die im ersten Teil behandelten Fragen. In allen Fällen erscheint uns erste Voraussetzung für ein tieferes Verständnis wirklich erzwungener Schwingungsvorgänge zu sein, daß unbedingte Klarheit darüber besteht, ob überhaupt und mit welcher Stärke, Phase und Frequenz schwingungserregende Kraftimpulse vorhanden sind. Der in der ganzen Natur gültige Erfahrungssatz: ,,Ohne Ursache keine Wirkung" betrifft auch Schwingungsvorgänge und kann mit Bezug auf unser Problem in die Form gekleidet werden: ,,Ohne schwingende Drehkraftimpulse keine Drehschwingung, keine kritische Drehzahl", d. h.: Sind keine nennenswerten Drehkraftschwankungen vorhanden, wie z. B. bei vielen Kreiselmaschinen-Anlagen, dann treten auch keine Drehschwingungen auf, trotz aller a priori gegebenen Schwingungsfähigkeiten und -möglichkeiten der elastisch verketteten Systeme.

Für die äußere Darstellung war leitender Grundsatz, beim Leser ein lebendiges Verständnis aller Ergebnisse zu wecken, das allein dem schaffenden Ingenieur vorwärts helfen kann. Durch Ausschaltung aller entbehrlichen Rechnungen sollte möglichst der sachliche Gehalt in den Vordergrund des Interesses gerückt werden. Die dem Ingenieur besonders vertraute Sprache des Bildes wird auch hier oftmals die theoretischen Ausführungen schneller und leichter verständlich machen als es dem geschriebenen Worte möglich war. Besondere Sorgfalt ist darauf verwendet, das Rechnen mit Drehzeigern als Sinnbildern rein harmonischer Sinusvorgänge öfters durch mehrfache Darstellung klar zu machen. Im übrigen sind alle Ergebnisse möglichst unmittelbar für die direkte praktische Anwendung bereitgestellt. Um dieser Absicht gerecht zu werden, haben wir auch durchgehend die minutlichen Schwingungszahlen n oder die ihnen entsprechenden sekundlichen Kreisfrequenzen ω sowie die Schwingungsformen berechnet, da die Technik fast ausschließlich mit diesen Begriffen arbeitet, aber kaum einmal die in so vielen theoretischen Abhandlungen allein angegebene Schwingungsdauer benötigt.

Wie auf vielen anderen Gebieten der technischen Wissenschaften, so wird man auch hier mit den anzustellenden Rechnungen je nach Bedarf verschieden tief in die Materie eindringen und mit wachsender Genauigkeit die wirklichen Vorgänge erfassen. Folgendes möge als Richtschnur dienen: In erster Linie handelt es sich immer darum, die Eigenschwingungszustände und damit überhaupt die Lage kritischer Drehzahlen des gegebenen Systems kennenzulernen; man berechne sie zuerst überschlägig für ein vereinfachtes Ersatzsystem mit den 3- oder 4-Massenformeln. Für manche Projektierungszwecke wird diese Orientierung bereits genügen. Für Ausführungen wird man weiter die Eigenschwingungen genau für das System mit seinen vielen Einzelmassen nach einem der beiden Probierverfahren S. 25 und 28 bestimmen. Sollen noch weitere Aufschlüsse über Ausschläge, Beanspruchungen usw. erbracht werden, dann erst versuche man unmittelbar nach der Anleitung der Zahlentafel 6 die gewünschten Torsiogramme zu berechnen.

Jeder Teil bildet für sich ein abgeschlossenes Ganze. Der erste behandelt nur ideale reibungsfreie Systeme, während der zweite auch als eingehende Abhandlung über gedämpfte Systeme charakterisiert werden kann. Der mit der Bedeutung der ,,Schwingungsformen" und ,,Eigenschwingungszahlen" Vertraute wird schnell das Neue im 1. Teil übersehen können und sich im übrigen ohne größeren Aufenthalt dem zweiten Teile zuwenden.

---

[1]) Während der Drucklegung dieses Buches erschien die Arbeit von Holzer: ,,Die Berechnung der Drehschwingungen", Verlag von Julius Springer, Berlin 1921, die einen erheblichen Fortschritt in dieser Richtung brachte.

Erster Teil.

(Reibungsfreie Systeme.)

Analytische Methode zur Berechnung von Eigenschwingungszahlen und Schwingungsformen verdrehungsfähig elastisch verketteter Massensysteme.

Bezeichnungen.

Lateinische Schriftzeichen bedeuten immer mit Dimension behaftete Zahlenwerte, während die griechischen Buchstaben unter 4. — vgl. unten — die entsprechenden Verhältniszahlen angeben, bezogen auf die Größen m_1, l_1, a_1.

Im einzelnen bedeutet:

1. $G =$ Schubelastizitätsmodul des Wellenmaterials (830 000 für Stahl) . . . . . kg/cm²

     $J_p =$ polares Trägheitsmoment der reduzierten Welle . . . . cm⁴

     $r =$ Reduktionsradius, auf den sämtliche Massen reduziert sind (oft = Einheit = 1 cm, oft = Kurbelradius). An „r" greifen alle Kräfte an; auf seinem Bogen werden alle Ausschläge gemessen . . . . cm

2. $H = \dfrac{J_p \cdot G}{r^2} =$ Systemkonstante = Horizontalzug im graphischen Verfahren von Gümbel. . . . . kg

     $H' = \dfrac{H}{\omega^2} =$ Systemkonstante für ein bestimmtes ω[1]) . . . . kg · sec²

     $T = m\,a\,\omega^2 =$ Trägheitskraft der harmonischen Schwingung im Augenblick der Bewegungsumkehr . . . . kg

     $P =$ auf die Masse m einwirkende elastische harmonische Kraft . . . . . . kg

3. $n =$ Periodenzahl oder Anzahl der Vollschwingungen pro Minute 1/min

     $n =$ als Index = laufende Nummer.

     $n_e =$ Eigenschwingungszahl pro Minute 1/min

     $\omega =$ Kreisfrequenz für n minutliche Vollschwingungen = konstante, sekundliche Winkelgeschwindigkeit der zu n Schwingungen gehörenden Kreisbewegung (auch Winkelschnelle oder Drehschnelle benannt); $\omega = \dfrac{2\pi}{60} \cdot n = \dfrac{n}{9{,}55}$ . . 1/sec

     $\omega_e =$ entsprechend n_e; $\omega_e = \dfrac{n_e}{9{,}55}$; 1/sec

4. $l_1 \dots l_{n-1} =$ reduzierte Wellenlänge zwischen Masse 1 und 2, 2 und 3, . . . $(n-1)$ und n cm

     $a_1 \dots a_n \;=$ Ausschlag der Masse $1 \dots n$ . . . . cm

     $m_1 \dots m_n =$ Masse $1 \dots n$, reduziert auf Reduktionshalbmesser r . . . . $\left.\begin{array}{c} \text{kg} \cdot \text{sec}^2 \\ \hline \text{cm} \end{array}\right.$

     $x_2 \dots x_{n-1} =$ Anteil der Masse $2 \dots (n-1)$ . . . .

           (x_2 der Kürze halber meist nur x benannt, ohne Index)

      entsprechend:

     $\lambda_2 \dots \lambda_{n-1} =$ Längenverhältnis $l_2/l_1 \dots l_{n-1}/l_1$

     $\alpha_2 \dots \alpha_n \;=$ Ausschlagsverhältnis $a_2/a_1 \dots a_n/a_1$,

     $\mu_2 \dots \mu_n \;=$ Massenverhältnis $m_2/m_1 \dots m_n/m_1$,

     $\xi_2 \dots \xi_{n-1} =$ Teilmassenverhältnis $x_2/m_1 \dots x_{n-1}/m_1$

           (ξ_2 der Kürze halber meist nur ξ benannt, ohne Index).

---

[1]) Ein mit Strich versehenes Symbol bedeutet immer eine für eine bestimmte Periodenzahl ω (bzw. η) gültige Größe; vgl. auch S. 58.

5. Numerierung der Formeln.

In den nachfolgenden Ableitungen kehren immer die einzelnen Formeln mit bestimmten Änderungen wieder. Durch unsere Numerierung (I), (II), ... werden jeweils Beziehungen gleicher Gattung zusammengefaßt. Es sind benannt mit

(I): Alle Formeln für die Eigenschwingungszahl $\Big\}$ z. B. (I_3) $\quad \omega_{e\,I,\,II} = \sqrt{\dfrac{H}{l_1 m_1}\left(1 + \dfrac{1}{\xi_{I,\,II}}\right)}\,.$

(II): Alle Formeln für die Ausschlagsverhältnisse $\Big\}$ z. B. (II_2) $\alpha_2 = -\dfrac{1}{\xi}$; (II_3) $\alpha_3 = +\left(\dfrac{\mu_2}{\xi} - 1\right)\dfrac{1}{\xi_3}\,.$

(III): Fundamentalbeziehungen zwischen den λ, μ, ξ der einzelnen Teilsysteme $\Big\}$ z. B. $(III_2)\,\lambda_2\left(1 + \dfrac{1}{\xi}\right) = \dfrac{1}{\mu_2 - \xi} + \dfrac{1}{\xi_3}\,.$

(IV): Alle Wurzelgleichungen $\Big\}$ z. B. (IV_4) $f(\xi) \equiv \varkappa_0 + \varkappa_1 \xi + \varkappa_2 \cdot \xi^2 + \xi^3 = 0\,.$

Die Indices $1, 2, \ldots n$ bezeichnen entweder die Anzahl der Schwungmassen des von der Formel beherrschten Systems, oder bei den Beziehungen (II) den Ausschlag an Masse $1, 2, \ldots n$.

Vorbemerkungen.

Den Ableitungen und Entwicklungen des ganzen ersten Teiles liegen durchgehend folgende Gesichtspunkte zugrunde:

1. Sämtliche Massen $m_1 \ldots m_n$ des jeweils vorliegenden Systems sind auf einen gemeinsamen Radius „r" reduziert und die in Anrechnung gebrachten Massenabstände $l_1 \ldots l_{n-1}$ entsprechen einer Welle konstanten polaren Trägheitsmoments J_p und homogenen Materials (Gleitmodul G), so zwar, daß sich die gewählten reduzierten Wellenlängen unter einem bestimmten Drehmoment ebensoviel verdrehen, wie die tatsächliche Welle. Die drei Größen r, J_p und G fassen wir nach der Gümbelschen Bezeichnung unter der Systemkonstanten $H = \dfrac{J_p \cdot G}{r^2}$ zusammen. (Vgl. Anhang S. 85.)

2. Irgendwelche reibenden, dämpfenden Bewegungswiderstände seien nicht vorhanden. Die Entwicklungen gelten also für ein Massensystem, das ideal elastisch verbunden ist und sich reibungsfrei bewegen kann, somit in den Rhythmen der Eigenschwingungszahlen n_e (bzw. ω_e) dauernd weiterschwingen würde bei Abwesenheit einer äußeren Störung.

3. Die Gleichgewichtsbedingungen und Formeln sind jeweils angeschrieben für den Augenblick der Bewegungsumkehr im Schwingungszyklus, wo also die Trägheitskräfte jeweils gerade der vollen Zentrifugalbeschleunigung proportional sind.

4. Alle Längenabstände $l_2 \ldots l_{n-1}$ werden zu l_1, alle Ausschläge $a_2 \ldots a_{n-1}$ zu a_1, alle Massen $m_2 \ldots m_{n-1}$ und ihre Anteile $x_2 \ldots x_{n-1}$ zu m_1 ins Verhältnis gesetzt; es sind dann alle Längen durch die Verhältniszahlen $\lambda_2 = \dfrac{l_2}{l_1} \ldots, \lambda_{n-1} = \dfrac{l_{n-1}}{l_1}$ und $\alpha_2 = \dfrac{a_2}{a_1} \ldots, \alpha_n = \dfrac{a_n}{a_1}$ und alle Massen durch die Zahlen $\mu_2 = \dfrac{m_2}{m_1} \ldots, \mu_n = \dfrac{m_n}{m_1}$, bzw. $\xi_2 = \dfrac{x_2}{m_1} \ldots, \xi_{n-1} = \dfrac{x_{n-1}}{m_1}$ eindeutig gekennzeichnet.

Die Verwendung der Verhältniszahlen gewährt uns erst einmal den Vorteil, daß sich die Zahl der Veränderlichen im Problem, der $m_1 \ldots m_n$ und $l_1 \ldots l_{n-1}$ um 2, nämlich um die Bezugsgrößen m_1 und l_1 vermindert, und daß oftmals eine Anzahl von Veränderlichen μ und λ mit dem bequemen Wert 1,0 durch die Rechnung gehen.

In zweiter Linie bestimmt uns eine Analogieüberlegung, diese Verhältniszahlen zum Aufbau der Formeln heranzuziehen. Aus nahe verwandten Betrachtungen über kritische Drehzahlen von raschlaufenden Wellen, über Knickvorgänge und aus den in neuerer Zeit geübten graphischen Methoden zur Berechnung der Verdrehungsschwingungen ist dem rechnenden Ingenieur längst die Erkenntnis geläufig, daß die dort bestimmten Deformationen, die „elastischen Linien", die „Schwingungsformen", nicht etwa mit den Absolutwerten a_1, $a_2 \ldots$ ihrer Ausschläge, sondern nur ihrem formalen Charakter nach, d. h. mit den Ausschlagsverhältnissen $\alpha_2 = a_2/a_1$, $\alpha_3 = a_3/a_1 \ldots$ eindeutig festliegen. Es lag nahe, zu erwarten, daß bei dieser Sachlage die Massen- und Längenverhältnisse in der Mechanik der ganzen

Bewegungsvorgänge eine beherrschende Rolle spielen würden. In der Tat zeigen die Ableitungen, daß die Schwingungsformen und die Lage der Eigenschwingungszustände zueinander lediglich Funktionen der Verhältniszahlen λ, μ, ξ sind, während die absolute Lage der ω_e und n_e noch durch den Faktor $\sqrt{\dfrac{H}{l_1\,m_1}}$ näher bestimmt wird, der also gewissermaßen als Niveaugröße fungiert. Im Aufbau der Formeln für die ω_e und für die Ausschlagsverhältnisse α kommt dies deutlich zum Ausdruck.

Letzten Endes erfaßt unsere Rechnungsweise das vorliegende Problem in solch weitgehender Allgemeinheit, daß es genügt, eine typische Anordnung einmal gründlich durchzurechnen, um ihre Eigenschwingungszustände für alle vorkommenden Variationen angeben zu können. Auch für die Berechnung der tatsächlichen, gegen Dämpfungswiderstände erzwungenen Schwingungen behält diese Anordnung der Rechnungsmethode große Bedeutung, wie unten S. 66 ff. eingehend auseinandergelegt ist.

Formulierung bekannter Fälle.

I. Eine Schwungmasse, federnd eingespannt.

Gegeben:

$$\left.\begin{array}{lll}\text{Polares Trägheitsmoment} & J_p & [\text{cm}^4] \\ \text{Reduzierte Einspannlänge} & l & [\text{cm}] \\ \text{Gleitmodul} & G & [\text{kg/cm}^2] \\ \text{Reduktionshalbmesser} & r & [\text{cm}] \\ \text{Reduzierte Schwungmasse} & m & \left[\dfrac{\text{kg}\cdot\text{sec}^2}{\text{cm}}\right]\end{array}\right\}\ \text{Systemkonstante}\quad H=\frac{J_p\cdot G}{r^2}\,[\text{kg}]\,.$$

Lösung: Die Winkelgeschwindigkeit ω_e der Kreisfrequenz, welche der Eigenschwingungszahl n_e zugehört, ist bestimmt durch

$$\omega_e=\sqrt{\frac{H}{l\cdot m}}\left[\frac{1}{\text{sec}}\right];\qquad\text{oder}\qquad n_e=9{,}55\cdot\sqrt{\frac{H}{l\cdot m}}\left[\frac{1}{\text{Min}}\right];\qquad\text{(I}_1\text{)}$$

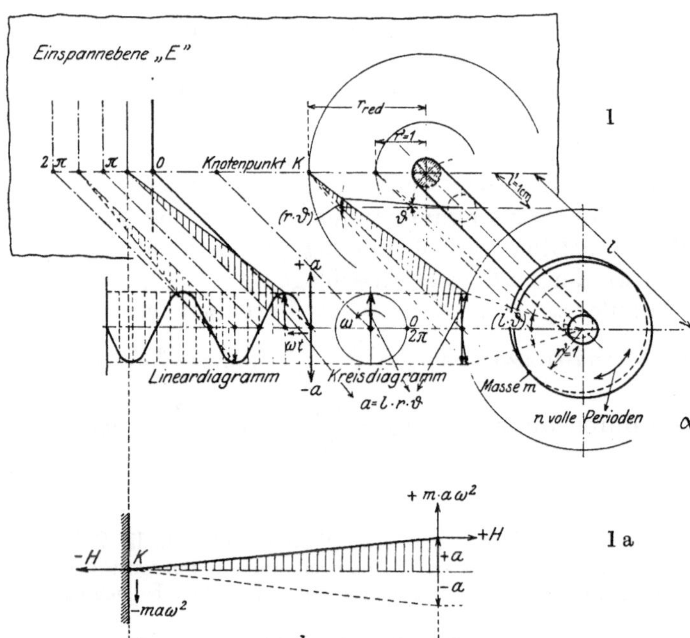

Fig. 1, 1a.

Die Schwingungsform ist dadurch gekennzeichnet, daß die Einspannstelle notwendigerweise auch Knoten ist; im übrigen ist sie nicht näher bestimmt, da ja der Ausschlag „a" (Fig. 1a) jeden beliebigen Wert annehmen kann. Es ist analog den späteren Formulierungen (vgl. hierzu auch S. 8) $\xi_2=\mu_2=\infty$ zu setzen; d. h.

$$\alpha_2=\frac{a_2}{a}=\frac{O}{a}=O=-\frac{1}{\xi}\,.\qquad\text{(II}_2\text{)}$$

Ableitung.

Die Figur 1 läßt deutlich erkennen, wie die üblichen Schwingungsbilder (Fig. 1a) zu verstehen sind. Sie stellen immer die Abwicklungen einer verdrehten, ursprünglich geraden Mantellinie des Zylinders mit dem Reduktionsradius r dar. Jedes derartige charakteristische Abbild der elastischen Deformation hält eine bestimmte Augenblicksgestalt im Schwingungszyklus fest, hier bei Fig. 1a z. B. nach $^1/_4$ Periode. Nach einer weiteren halben Periode hat die Form die entgegengesetzte Gestalt. Es wird also gewöhnlich darauf verzichtet, für alle oder einzelne schwingende Querschnitte eine volle Sinusbewegung aufzuzeichnen, wie das z. B. im „Lineardiagramm" der Fig. 1 für den Endquerschnitt der Welle geschehen ist; man hält vielmehr in den Schwingungsformen nur die zusammengehörigen Amplituden fest.

Diese selbe Darstellungsmethode ist auch noch aus den Fig. 9 (3 Massen) und Fig. 35 (4 Massen) zu erkennen.

Unter einem Drehmoment $M = (P \cdot r)$ verdreht sich die Welle pro Längeneinheit um

$$\vartheta = \frac{M}{J_p \cdot G} \left[\frac{\text{Bogengerade}}{\text{pro 1 cm Wellenlänge}} = \frac{1}{\text{cm}} \right] ; \tag{1}$$

somit

$$a = l \cdot r \cdot \vartheta = P \cdot l \cdot \frac{r^2}{J_p \cdot G} = \frac{P \cdot l}{H} \ [\text{cm}] . \tag{2}$$

Oder: Die elastische Gegenkraft P der Welle ist bei einer Verdrehung um die Bogenlänge a cm auf dem Kreis mit Radius r bestimmt durch

$$P = \frac{a}{l} \cdot H \ [\text{kg}].$$

Andererseits entspricht bei dem vorliegenden Bewegungsvorgange diesem Ausschlag a eine Trägheitskraft

$$T = m \left(\frac{d^2 y}{d t^2} \right)_{y = a} = m \cdot a \cdot \omega^2 \ [\text{kg}] \ \text{im Augenblick der Bewegungsumkehr,}$$

wobei y den augenblicklichen Ausschlag bedeutet; im Maximum $y = a$; vgl. auch Fig. 43.

Die Eigenschwingungszahl n_e (bzw. ω_e) ist jene Periode, bei der

$$T = P$$

(wie bei Biegungsschwingungen: Fall des indifferenten Gleichgewichts!) also

$$m \cdot a \cdot \omega_e^2 = \frac{a \cdot H}{l} ; \quad \text{somit} \quad \omega_e = \sqrt{\frac{H}{l \cdot m}} . \tag{I_1}$$

II. System mit zwei Schwungmassen.

Gegeben:

$$H = \frac{J_p \cdot G}{r^2} \ [\text{kg}] ;$$

$$\left. \begin{matrix} m_1 \\ m_2 \end{matrix} \right\} \left[\frac{\text{kg} \cdot \text{sec}^2}{\text{cm}} \right] ; \quad \frac{m_2}{m_1} = \mu_2 ;$$

$$l \ [\text{cm}] .$$

Lösung: Winkelgeschwindigkeit:

$$\omega_e = \sqrt{\frac{H}{l} \cdot \frac{m_1 + m_2}{m_1 \cdot m_2}} = \sqrt{\frac{H}{l\, m_1} \left(1 + \frac{1}{\mu_2} \right)} \tag{I_2}$$

Ausschlagsverhältnis:

$$\alpha_2 = \frac{a_2}{a_1} = - \frac{1}{\mu_2} = - \frac{m_1}{m_2} . \tag{II_2}$$

Ableitung.

Erste Methode: Fig. 2.

Möglich ist nur eine Schwingungsform nach Fig. 2, bei der sich die Drehmomente der beiden Massenträgheitskräfte, oder auch (wegen des gemeinsamen Reduktionshalbmessers „r") diese Kräfte selbst Gleichgewicht halten. Auf die elastischen Gegenmomente der Welle brauchen wir keine Rücksicht zu nehmen, weil sie sich als innere Momente aufheben. Die algebraische Summe der Trägheitskräfte muß sich also in jedem Augenblick zu Null ergänzen.

Aus

$$m_1 \cdot a_1 \cdot \omega_e^2 + m_2 \cdot a_2 \cdot \omega_e^2 = 0$$

folgt

$$a_1 = - a_2 \cdot \frac{m_2}{m_1}; \qquad \text{und} \qquad \varDelta\, a_1 = a_2 - a_1 = a_2 \frac{m_1 + m_2}{m_1}.$$

Die Verdrehung $\varDelta\, a_1$ wird aber erzwungen durch die Trägheitskraft $T_2 = m_2 \cdot a_2 \cdot \omega_e^2$, sodaß nach der Beziehung (2) gelten muß

$$a_2 \cdot \frac{(m_1 + m_2)}{m_1} = (m_2 \cdot a_2 \cdot \omega_e^2) \cdot \frac{l}{H}; \tag{2a}$$

daraus folgt:

$$\omega_e = \sqrt{\frac{H}{l} \cdot \frac{m_1 + m_2}{m_1 \cdot m_2}} = \sqrt{\frac{H}{l} \cdot \left(\frac{1}{m_1} + \frac{1}{m_2}\right)} = \sqrt{\frac{H}{l \cdot m_1} \cdot \left(1 + \frac{1}{\mu_2}\right)}. \tag{I_2}$$

Anmerkung:

$\varDelta\, a_1$ wäre im Beispiel der Fig. 2 ein negativer Zahlenwert, wenn a_1 als $(+1)$ gezählt würde; bezüglich der Vorzeichen und Zählrichtungen vgl. auch die im II. Teil, S. 58 aufgestellten Grundsätze.

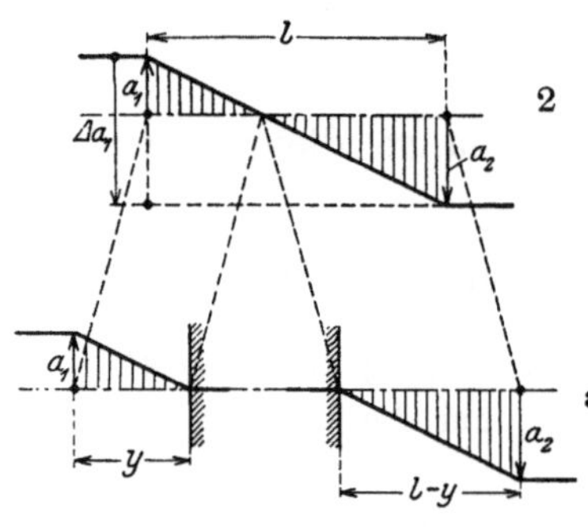

Fig. 2, 2a.

Zweite Methode: Fig. 2a.

Für beide Äste links und rechts vom Knoten kann man Formel (I_1) anwenden, wenn man jeden Ast als im Knoten eingespannt betrachtet (was ja an den Bewegungsbedingungen nichts ändert). Der linke Ast besitze die noch unbekannte Länge y, der rechte somit $(l - y)$. Die Bedingung für y ist dann, daß beide Äste in gleicher Phase gleich schnell schwingen müssen. Deshalb besteht die Gleichung:

$$\omega_e = \sqrt{\frac{H}{y \cdot m_1}} = \sqrt{\frac{H}{(l - y) \cdot m_2}};$$

also

$$y \cdot m_1 = (l - y) \cdot m_2;$$

somit

$$y = l \cdot \frac{m_2}{m_1 + m_2}; \qquad \text{und damit} \qquad \omega_e = \sqrt{\frac{H}{l} \cdot \frac{m_1 + m_2}{m_1 \cdot m_2}}.$$

Sonderfall:

Wird eine der beiden Massen unendlich groß, z. B. $m_2 = \infty$, dann vermag sie schon bei einem unendlich kleinen Ausschlag (z. B. $a_2 = 0$) eine endliche Trägheitskraft $T_2 = (m_2 \cdot a_2 \cdot \omega_e^2)$ aufzubringen und der Kraft $T_1 = (m_1 \cdot a_1 \cdot \omega_e^2)$ Gleichgewicht zu halten, oder der Angriffspunkt von m_2 wird zum Knoten. Eine unendlich große Masse (Erde!) entspricht also einer Einspannung im Angriffsquerschnitt (Fall der Fig. 1). Analytisch führt in diesem Falle Formel (I_2) auf

$$\omega_e = \sqrt{\frac{H}{l} \cdot \left(\frac{1}{m_1} + \frac{1}{\infty}\right)} = \sqrt{\frac{H}{l \cdot m}}; \qquad \text{und} \qquad \alpha_2 = - \frac{m_1}{m_2} = 0;$$
$$= \text{unbestimmt.}$$

Anmerkung:

In keiner der bisherigen Beziehungen für ω_e kommt eine Ausschlagsgröße „a" vor, d. h. wie bekannt, sind die Eigenschwingungszahlen und die Größe der Ausschläge (oder Amplituden) bei reibungsfreier Bewegung voneinander unabhängig.

Weiterentwicklung für Systeme mit mehr als zwei Schwungmassen.

Für ein System mit drei Schwungmassen ist bereits 1904 in der Z. d. V. d. I., S. 564 von Roth eine analytisch zwangläufige Berechnung der Eigenschwingungszahlen durchgeführt; 1907 hat Holzer in der Zeitschrift „Schiffbau", S. 823 ff. eine allgemeine analytische Lösung[1] angegeben. Unabhängig davon brachte A. Föppl 1919 in der 5. Auflage seiner „Dynamik" in den § 45 und 46 eine strenge und dabei übersichtliche Lösung des Problems.

Während nun die genannten Autoren bei ihren Ableitungen von der dynamischen Grundgleichung für die Drehbewegung ausgehen, vermeidet unser nachfolgend beschriebenes Verfahren für Drei- und Mehrmassensysteme den fundamentalen Ansatz und führt nicht mehr für jedes neue System die Ab-

---

[1] In seiner Schrift „Berechnung der Drehschwingungen" hat Holzer diese Lösung weiter ausgebaut. Im übrigen sei an dieser Stelle auf das Nachwort von Dr. Zerkonitz hingewiesen.

leitung wieder von Grund auf neu durch. Wir gelangen vielmehr durch einen Kunstgriff, durch mehrmalige, gleichzeitige Anwendung der Zweimassenformel zu unserem Ziele; die Ergebnisse nach unserem und nach A. Föppls Formeln decken sich dabei vollkommen, wie an der parallelen Nachrechnung der beiden Zahlenbeispiele S. 21 unmittelbar zu ersehen ist.

Allgemeiner Rechnungsgang (Fig. 3).

Ist uns ein System mit n Schwungmassen gegeben, dann schaffen wir uns $(n-1)$ Teilsysteme aus nur je 2 Massen, indem wir alle Massen außer der ersten (m_1) und der letzten (m_n) nach dem Schema der Fig. 3 in 2 Teile zerschneiden. Wir erhalten so aus m_2 die beiden Teilmassen x_2 und $(m_2 - x_2)$, aus m_3 die Teile x_3 und $(m_3 - x_3)$ usw. Die erste Länge l_1 verbindet dann m_1 und x_2 zu einem ersten Zweimassensystem, l_2 verbindet $(m_2 - x_2)$ und x_3 usw. Jedem dieser Zweimassensysteme kommt dann eine bestimmte Eigenschwingungszahl zu, die wir sofort einzeln durch die Zweimassenformel definieren können. Da aber diese Teilsysteme im geschlossenen Verbande mit einer gemeinsamen Periodenzahl schwingen müssen, so haben wir diese Beziehungen einander gleichzusetzen und erhalten ohne Schwierigkeit die notwendigen $(n-2)$ Gleichungen zur Bestimmung der $(n-2)$ Teilwerte x_2, x_3, ... x_{n-1}; und zwar erhalten wir nicht bloß eine einzige solche Reihe von Werten x, sondern $(n-1)$ solcher Reihen, also je $(n-1)$ Wurzeln x_2, x_3, ... Den einfachen Fall des Dreimassensystems haben wir noch weiter analysiert, wodurch unser Verfahren auch vom Standpunkte der wirksamen Kräfte aus besonders durchsichtig wird.

In Würdigung der beiden Rechnungsmethoden beanspruchen die älteren Verfahren besondere Beachtung deshalb, weil sie die maßgebenden Koeffizienten der Wurzelgleichungen in ihrem gesetzmäßigen Aufbau ergeben und dadurch deren Angabe ohne neue Ableitung für Systeme beliebig vieler Massen ermöglichen. Demgegenüber wurden unsere Formeln für die Erfordernisse der praktischen Anwendung möglichst kurz gestaltet; so erscheinen z. B. dank der Heranziehung von Verhältniszahlen

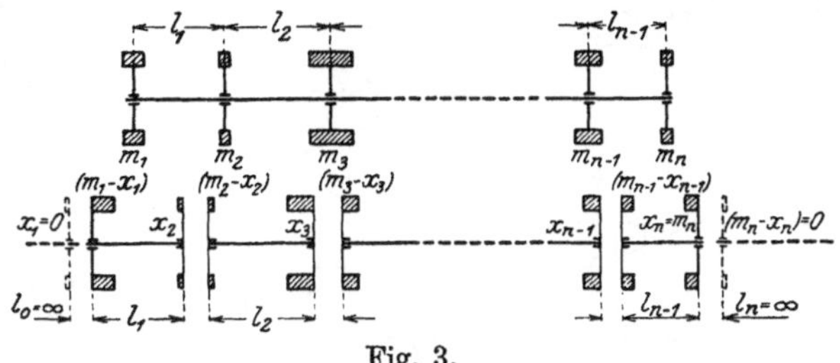

Fig. 3.

(vgl. S. 5) bei den Dreimassenformeln S. 9 ff. nur 3 Veränderliche (λ, μ_2, μ_3), während alle anderen Methoden mit 5 Variabeln im Problem $(l_1, l_2, m_1, m_2, m_3)$ rechnen müssen. Soll weiterhin ein System mit vielen Massen ohne Zusammenfassung hinsichtlich seiner Eigenschwingungszahlen und -formen untersucht werden, dann verlangt der nach A. Föppl immer notwendige Weg über die Wurzelgleichung einen für die Praxis zweifellos sehr unwillkommenen Aufwand an Rechenarbeit. Es ist daher S. 25 noch gezeigt, wie man die Bestimmung der Wurzelgleichung, d. h. aller $(n-1)$ Wurzeln umgehen und die allein interessierenden unteren Eigenschwingungszustände ermitteln kann.[1]

III. System mit drei Schwungmassen.

Gegeben:

$$H = \frac{J_p \cdot G}{r^2} \text{ [kg]}; \qquad \left.\begin{array}{r} m_1 \\ m_2 \\ m_3 \end{array}\right\} \left[\frac{\text{kg} \cdot \text{sec}^2}{\text{cm}}\right]; \qquad \begin{array}{l} \dfrac{m_2}{m_1} = \mu_2; \\[2mm] \dfrac{m_3}{m_1} = \mu_3; \end{array} \qquad \left.\begin{array}{r} l_1 \\ l_2 \end{array}\right\} \text{[cm]}; \qquad \frac{l_2}{l_1} = \lambda.$$

Lösung: Die Winkelgeschwindigkeiten oder Kreisfrequenzen ω_{eI} und ω_{eII}, entsprechend den beiden Eigenschwingungszahlen n_{eI} und n_{eII}, sind:

$$\omega_{eI,II} = \sqrt{\frac{H}{l_1 m_1} \cdot \left(1 + \frac{1}{A \pm \sqrt{A^2 - B}}\right)}; \tag{I_3}$$

darin bedeutet:

$$A = \frac{1}{2}\left(\mu_2 + \mu_3 \frac{1+\lambda}{1-\lambda\mu_3}\right); \qquad\qquad B = \frac{\lambda\mu_2\mu_3}{1-\lambda\mu_3}.$$

---

[1] Kurz vor dem Erscheinen der vorliegenden Arbeit veröffentlicht O. Föppl (Braunschweig) im Oktoberheft der „Z. f. angewandte Math. und Mech.", S. 367, ein in vielen Punkten ähnliches Verfahren, das jedoch dadurch komplizierter wird, daß neben einer Zerlegung der Massen auch noch eine Unterteilung der Längen in Knotenabstände (vgl. D r e v e s, Z. d. V. d. I. 1918 S. 588) in die Rechnung mit einbezogen wird.

Die Ausschlagsverhältnisse sind:

$$\alpha_2 = \frac{a_2}{a_1} = -\frac{1}{A \pm \sqrt{A^2 - B}} = -\frac{1}{\xi_{\mathrm{I,\,II}}}\,; \tag{II_2}$$

$$\alpha_3 = \frac{a_3}{a_1} = +\left(\frac{\mu_2}{\xi} - 1\right)\frac{1}{\mu_3}. \tag{II_3}$$

NB! Wir erhalten also mit $A + \sqrt{A^2 - B} = \xi_{\mathrm{I}}$ ein erstes Paar von Werten α_2 und α_3 für eine Schwingungsform I (Fig. 4a), und mit $A - \sqrt{A^2 - B} = \xi_{\mathrm{II}}$ ein zweites Paar für eine Form II (Fig. 4c).

Ableitung.

1. Aufstellung einer Bestimmungsgleichung.

Für jedes Dreimassensystem sind freie Eigenschwingungen nach zwei verschiedenen Formen denkbar: Entweder es schwingen zwei aufeinanderfolgende Massen gemeinsam entgegengesetzt zur dritten (Fig. 4a und b) oder es schwingt die mittlere Masse im Drehsinn entgegen den beiden äußeren (Fig. 4c und d).

Wir zeigen nun, daß es gelingt, in den beiden Fällen bestimmte Aussagen über die Trägheitskräfte und ihre Gleichgewichtsbedingungen zu machen, welche uns jedesmal auf dieselbe Gleichung führen, zu der wir auch einfacher auf Grund des rein mechanischen Teilungsverfahrens S. 9 gelangen. Die Richtigkeit dieser einfachen Teilungsmethode ist damit grundsätzlich für alle weiteren Anwendungen bewiesen[1]).

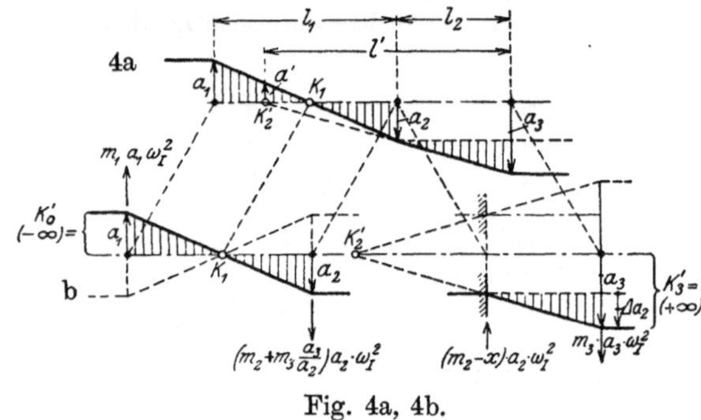

Fig. 4a, 4b.

a) Wurzelgleichung für die erste Schwingungsform (Fig. 4a).

Schwingt das System im Rhythmus des I. Eigenschwingungszustandes mit nur einem Knotenquerschnitt — etwa nach Fig. 4a —, dann überträgt offenbar die Masse m_3 ihre volle Trägheitskraft T_3 auf die Masse m_2, so daß also die Summe

$$T_2 + T_3 = (m_2 a_2 + m_3 a_3)\,\omega^2 = \left(m_2 + m_3 \cdot \frac{a_3}{a_2}\right) \cdot a_2 \omega^2 = x \cdot a_2 \cdot \omega^2;$$

der Kraft $T_1 = m_1 a_1 \omega^2$ Gleichgewicht hält, oder die Massen m_1 und $x = \left(m_2 + m_3 \cdot \frac{a_3}{a_2}\right)$ schwingen an der Länge l_1 zusammen wie ein 2-Massensystem nach der Formel

$$\omega_{l1} = \sqrt{\frac{H}{l_1}\left(\frac{1}{m_1} + \frac{1}{x}\right)}\,;$$

Andererseits bewirkt die Kraft T_3 für die Länge l_2 eine Verdrehung $\Delta a_2 = a_3 - a_2$, die durch T_3 bestimmt ist nach der Beziehung

$$\Delta a_2 = T_3\left(\frac{l_2}{H}\right) \qquad \text{oder} \qquad a_3 - a_2 = \left(m_3 a_3 \omega_{l2}^2\right)\frac{l_2}{H};$$

somit

$$\omega_{l2} = \sqrt{\frac{H}{l_2 m_3} \cdot \frac{a_3 - a_2}{a_3}} = \sqrt{\frac{H}{l_2}\left(\frac{1}{m_3} - \frac{1}{m_3 \cdot a_3/a_2}\right)}\,.$$

Es war aber $m_3 \cdot \frac{a_3}{a_2} = x - m_2$ zu setzen, so daß sich ergibt

$$\omega_{l2} = \sqrt{\frac{H}{l_2}\left(\frac{1}{m_2 - x} + \frac{1}{m_3}\right)}\,.$$

---

[1]) Im Nachwort S. 95 ist von Herrn Prof. Zerkowitz noch ein allgemeiner streng analytischer Beweis durchgeführt.

Aus der Bedingung $\omega_{l1} = \omega_{l2}$ erhalten wir also die Bestimmungsgleichung

$$\frac{1}{l_1}\left(\frac{1}{m_1}+\frac{1}{x}\right)=\frac{1}{l_2}\left(\frac{1}{m_2-x}+\frac{1}{m_3}\right).$$

b) Wurzelgleichung für die zweite Schwingungsform (Fig. 4c).

Schwingt das System im höheren Eigenschwingungsgrad (mit 2 Knoten), dann hält die Kraft $T_2 = m_2 a_2 \omega^2$ der Summe der beiden anderen $T_1 + T_3 = (m_1 a_1 + m_3 a_3) \omega^2$ Gleichgewicht, und zwar wirkt von m_2 der Anteil x gegen die Masse m_1 und der Rest $(m_2 - x)$ gegen die Masse m_3. Eine gedankliche Trennung der Masse m_2 in zwei Teile, von denen diesmal jeder für sich kleiner ist als m_2, ändert an dem Bewegungsvorgang gar nichts, wenn die Teilung so vorgenommen wird, daß die Eigenschwingungszahlen der beiden Teilsysteme l_1 und l_2 gleich groß werden. Aus

$$\omega_{l1} = \sqrt{\frac{H}{l_1}\left(\frac{1}{m_1}+\frac{1}{x}\right)} \qquad \text{und} \qquad \omega_{l2} = \sqrt{\frac{H}{l_2}\left(\frac{1}{m_2-x}+\frac{1}{m_3}\right)} \qquad \text{sowie } \omega_{l1} = \omega_{l2}$$

erhalten wir wiederum die Bestimmungsgleichung

$$\frac{1}{l_1}\left(\frac{1}{m_1}+\frac{1}{x}\right)=\frac{1}{l_2}\left(\frac{1}{m_2-x}+\frac{1}{m_3}\right).$$

Dieser zweite Fall hat uns ganz von selbst auf den Weg geführt, den auch unser allgemeines Teilungsverfahren vorschreibt.

2. Berechnung der Wurzeln ξ_I und ξ_{II}.

Multiplizieren wir die beiden Seiten der Bestimmungsgleichung mit m_1 und führen auch für den Wert (x/m_1) eine Verhältniszahl ξ ein (ebenso wie wir z. B. m_2/m_1 durch μ_2 ausdrückten), so erhalten wir

$$\lambda\left(1+\frac{1}{\xi}\right)=\frac{1}{\mu_2-\xi}+\frac{1}{\mu_3}; \qquad \text{(III)}$$

als typische Gleichung, welche hier nur einmal, beim Viermassensystem zweimal, beim Fünfmassensystem dreimal usw. auftritt (vgl. darüber die folgenden Ausführungen). In dieser Gleichung ist ξ die einzige Unbekannte, die wir berechnen können. Wir schaffen alle Glieder mit ξ auf die rechte Seite und bilden die gemeinsamen Nenner; dann erhalten wir

$$\frac{\lambda\mu_3-1}{\mu_3}=\frac{\xi-\lambda\mu_2+\lambda\xi}{\mu_2\xi-\xi^2}$$

oder

$$\xi^2-\xi\left(\mu_2+\mu_3\frac{1+\lambda}{1-\lambda\mu_3}\right)=-\frac{\lambda\mu_2\mu_3}{1-\lambda\mu_3}\ {}^1).$$

Fig. 4c, 4d.

Für diese quadratische Gleichung lassen sich ohne weiteres die beiden Wurzeln ξ_I und ξ_{II} angeben zu:

$$\xi_{I,\,II} = \frac{1}{2}\left(\mu_2+\mu_3\frac{1+\lambda}{1-\lambda\mu_3}\right)\pm\sqrt{\frac{1}{4}\left(\mu_2+\mu_3\frac{1+\lambda}{1-\lambda\mu_3}\right)^2-\frac{\lambda\mu_2\mu_3}{1-\lambda\mu_3}}\;;$$

$$= \qquad A \qquad \pm\sqrt{\qquad A^2 \qquad - \qquad B}\,.$$

3. Berechnung von $\omega_{eI}, \omega_{eII}, \alpha_2$ und α_3.

Durch die beiden Wurzelwerte ξ_I und ξ_{II} sind die beiden allein möglichen Eigenschwingungszustände in allen Punkten festgelegt. So erhalten wir z. B. die

---

[1] Ähnliche Gleichungen in absoluten Zahlen für andere Bestimmungsgrößen geben an:
Roth, „Schwingungen von Kurbelwellen". Z. 1904, S. 565, Gleichung 10.
Dreves, „Neues graphisches Verfahren ..." Z. 1918, S. 590, Gleichung 11.
Holzer, „Berechnung der Drehschwingungen". 1921, S. 35.

Eigenschwingungszahlen oder ihre Kreisfrequenzen ω_{eI} und ω_{eII}, wenn wir in der Beziehung für ω_{l1} die Größe x durch $(m_1 \cdot \xi)$ ersetzen; es ergibt sich

$$\omega_{eI,II} = \sqrt{\frac{H}{l_1 m_1} \cdot \left(1 + \frac{1}{\xi}\right)} = \sqrt{\frac{H}{l_1 m_1}\left(1 + \frac{1}{A \pm \sqrt{A^2 - B}}\right)} \qquad (I_3)$$

Das Ausschlagsverhältnis $\alpha_2 = \dfrac{a_2}{a_1}$ ergibt sich aus der Bedingung

$$a_1 \cdot m_2 + a_2 \cdot x = 0 ;$$

zu
$$\alpha_2 = -\frac{1}{x/m_1} = -\frac{1}{\xi} ; \qquad (II_2)$$

Das Ausschlagsverhältnis $\alpha_3 = \dfrac{a_3}{a_1}$ ergibt sich aus der Bedingung

$$a_2 (m_2 - x) + a_3 m_3 = 0 ;$$

$$\frac{a_3}{a_2} = -\frac{m_2 - x}{m_3} = -\frac{\mu_2 - \xi}{\mu_3} ;$$

zu
$$\alpha_3 = -\alpha_2 \frac{\mu_2 - \xi}{\mu_3} = \left(\frac{\mu_2}{\xi} - 1\right)\frac{1}{\mu_3} ; \qquad (II_3)$$

Das Ausschlagsverhältnis $\dfrac{\alpha_3}{\alpha_2} = \dfrac{a_3}{a_2}$ ergibt sich zu

$$\frac{\alpha_3}{\alpha_2} = -\frac{\mu_2 - \xi}{\mu_3} ;$$

Wir erkennen: Die Eigenschwingungsformen sind lediglich Funktionen der 3 Verhältnisgrößen λ, μ_2, μ_3; ebenso ist die Lage der beiden Periodenzahlen n_{eI} und n_{eII} (bzw. ω_{eI} und ω_{eII}) zueinander nur davon abhängig. Die Bezugsgröße $(l_1 m_1)$ zusammen mit der Systemkonstanten „H" bestimmt das absolute Niveau, auf welchem sich die beiden Eigenschwingungszustände ausbilden.

<h3 align="center">4. Sonderfälle.</h3>

Die Beziehungen unter 3) lassen sich sofort auf bestimmte Sonderfälle anwenden, z. B. $m_1 = m_2 = m_3$; $l_1 = l_2$. Oder $m_2 = 0$. Oder $m_3 = 0$. Oder $l_2 = 0$ usw. Bei der Auswertung der Formeln für diese Grenzfälle ist nur jeweils darauf zu achten, welche Größen groß bzw. klein von höherer Ordnung werden und welche daher allein angerechnet bzw. vernachlässigt werden müssen. Wir behandeln hier als Beispiel nur das vollkommen symmetrische System (Fig. 5 u. 5a).

$$m_1 = m_2 = m_3;$$
$$\mu_2 = \mu_3 = 1{,}0;$$
$$l_2 = l_1; \quad \lambda = 1{,}0;$$

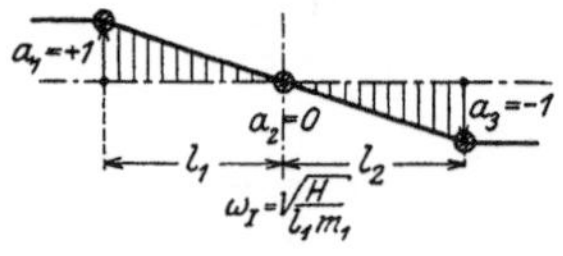

Fig. 5.

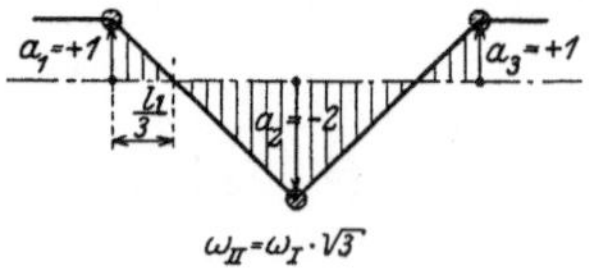

Fig. 5 a.

Lösung:

$$\xi = A \pm \sqrt{A^2 - B} = \frac{1}{2}\left(\mu_2 + \mu_3 \frac{1 + \lambda}{1 - \lambda \mu_3}\right) \pm \sqrt{\left(\frac{\mu_3}{2}\frac{1 + \lambda}{1 - \lambda \mu_3}\right)^2}.$$

Unter der Wurzel ist nur das eine Glied von A^2 berücksichtigt, das allein groß von zweiter Ordnung wird. Die anderen großen Glieder erster Ordnung sind vernachlässigt. Wir erhalten:

$$\xi_I = \frac{\mu_2}{2} + \mu_3 \frac{1 + \lambda}{1 - \lambda \mu_3} = \frac{1}{2} + \infty = \infty ; \quad \text{und} \quad \omega_I = \sqrt{\frac{H}{l_1 m_1}(1 + 0)} = \sqrt{\frac{H}{l_1 m_1}} ;$$

$$\xi_{II} = \frac{\mu_2}{2} + 0 \qquad\qquad = \frac{1}{2}; \quad \text{und} \quad \omega_{II} = \sqrt{\frac{H}{l_1 m_1}\left(1 + \frac{1}{1/2}\right)} = \sqrt{\frac{H}{l_1/3 \cdot m_1}} = \omega_I \cdot \sqrt{3}.$$

$$\text{Für } \omega_I \text{ wird } \alpha_2 = -\frac{1}{\infty} = 0 ; \qquad\qquad \alpha_3 = \left(\frac{\mu_2}{\infty} - 1\right)\frac{1}{\mu_3} = -1 \left.\right\} \quad \begin{array}{l}\text{Fig. 5}\\ \text{vgl.}\end{array}$$

$$\text{Für } \omega_{II} \text{ wird } \alpha_2 = -\frac{1}{1/2} = -2 ; \qquad\qquad \alpha_3 = \left(\frac{\mu_2}{1/2} - 1\right)\frac{1}{\mu_3} = +1 \left.\right\} \quad \text{Fig. 5 a.}$$

Fig. 5 ist die zweimalige Wiederholung der Form Fig. 1a mit Einspannung in m_2; Fig. 5a wird verständlich durch Halbieren in m_2: In jedem Ast muß die Masse $\frac{m_2}{2}$ doppelt so weit ausschlagen wie die Massen m_1 und m_3, damit Gleichgewicht möglich ist.

IV. System mit vier Schwungmassen.

Gegeben:

$$H = \frac{J_p \cdot G}{r^2}\,[\text{kg}];$$

$$\left.\begin{matrix} m_1 \\ m_2 \\ m_3 \\ m_4 \end{matrix}\right\} \left[\frac{\text{kg}\cdot\text{sek}^2}{\text{cm}}\right] \quad \begin{matrix} \dfrac{m_2}{m_1} = \mu_2; \\[2mm] \dfrac{m_3}{m_1} = \mu_3; \\[2mm] \dfrac{m_4}{m_1} = \mu_4; \end{matrix} \quad \left.\begin{matrix} l_1 \\ l_2 \\ l_3 \end{matrix}\right\} [\text{cm}] \quad \begin{matrix} \dfrac{l_2}{l_1} = \lambda_2; \\[2mm] \dfrac{l_3}{l_1} = \lambda_3; \end{matrix}$$

Lösung: Die Winkelgeschwindigkeiten, entsprechend den Eigenschwingungszahlen $n_{e\mathrm{I}}$, $n_{e\mathrm{II}}$, $n_{e\mathrm{III}}$ sind

$$\omega_{e\,\mathrm{I,II,III}} = \sqrt{\frac{H}{l_1 m_1}\left(1 + \frac{1}{\xi_{\mathrm{I,II,III}}}\right)} \tag{I_4}$$

Darin bedeuten ξ_I, ξ_{II}, ξ_{III} die drei Wurzeln der algebraischen Gleichung dritten Grades

$$\varkappa_0 + \varkappa_1 \xi + \varkappa_2 \xi^2 + \xi^3 = 0. \tag{IV_4}$$

Die Koeffizienten $\varkappa_0$, $\varkappa_1$, $\varkappa_2$ sind folgende Funktionen der gegebenen λ und μ:

$$\left.\begin{aligned} \varkappa_0 &= \frac{P}{N}; \\[3mm] \varkappa_1 &= \frac{1}{N}(P - Q - \mu_2) - \mu_2; \\[3mm] \varkappa_2 &= \frac{1}{N}(1 - Q + \mu_3 + \mu_4) - \mu_2 + 1; \end{aligned}\right\}$$

Nenner $N = \lambda_2 \mu_4 - (1 - \lambda_2 \mu_3)\cdot(1 - \lambda_3 \mu_4);$

Produktwert $P = \lambda_2 \lambda_3 \mu_2 \mu_3 \mu_4;$

Teilprodukt $Q = \lambda_3 \mu_3 \mu_4 \cdot (1 + \lambda_2);$

Die Ausschlagsverhältnisse sind bestimmt durch:

$$\alpha_2 = -\frac{1}{\xi} \tag{II_2}$$

$$\alpha_3 = +\lambda_2\left(1 + \frac{1}{\xi}\right)\left(\frac{\mu_2}{\xi} - 1\right) - \frac{1}{\xi}; \tag{II_3}$$

$$\alpha_4 = +\frac{1}{\mu_4}\left(\frac{\mu_2}{\xi} - 1 - \alpha_3 \mu_3\right). \tag{II_4}$$

Ableitung.

Wie schon bei den Entwicklungen für das System mit 3 Schwungmassen unter (III), so ist auch hier und künftighin immer die erste Teilmasse x_2 bzw. $\xi_2 = \frac{x_2}{m_1}$ der Kürze halber nur als $x = m_1 \xi$, also ohne Index „2" geschrieben, da sie als erste Teilungsunbekannte alle anderen x_3, $x_4 \ldots$ bzw. ξ_3, $\xi_4 \ldots$ bestimmt und auch eine Verwechslung nicht möglich ist.

Im übrigen führen wir an dieser Stelle die Berechnung der Wurzelgleichung und der Formeln für die Ausschlagsverhältnisse nicht durch, da sie einerseits unwesentlich ist und keine prinzipiellen Schwierigkeiten bietet, andererseits ziemlich umständlich und langwierig ist. Aus den 3 Teilsystemen lassen sich die beiden nachstehenden Gleichungen mit den beiden Unbekannten ξ und ξ_3 bilden:

$$\lambda_2\left(1+\frac{1}{\xi}\right)=\frac{1}{\mu_2-\xi}+\frac{1}{\xi_3}; \qquad\qquad (\text{III}_2)$$

$$\lambda_3\left(1+\frac{1}{\xi}\right)=\frac{1}{\mu_3-\xi_3}+\frac{1}{\mu_4}. \qquad\qquad (\text{III}_3)$$

Man kann zuerst ξ_3 durch ξ ausdrücken und dann die neue Gleichung nach ξ auflösen. Für die Durchrechnung eines bestimmten Falles ist es natürlich nicht mehr notwendig, diesen ganzen Rechnungsweg zu verfolgen, es ist vielmehr nur die Vorschrift der „Lösung'' S. 13 zu beachten, d. h. es sind, wie in dem Beispiel S. 22, die 3 Koeffizienten der Wurzelgleichung $\varkappa_0$, $\varkappa_1$, $\varkappa_2$ direkt aus den 7 Variabeln des Systems mit 4 Schwungmassen zu berechnen. Die Bestimmung der 3 Wurzeln $\xi_{\text{I, II, III}}$ gelingt dann durch Aufzeichnung der Funktionskurven, z. B. Fig. 10d in einfacher Weise. Mit jeder der 3 Wurzeln $\xi_{\text{I, II, III}}$ ergeben sich 4 zusammengehörige Ausschlagsverhältnisse $(\alpha_{1,\,2,\,3,\,4})_{\text{I, II, III}}$.

V. System mit n Schwungmassen.

Gegeben: $H=\dfrac{J_p\cdot G}{r^2}=$ Systemkonstante [kg]

$$
\left.\begin{array}{c} m_1 \\ m_2 \\ m_3 \\ \vdots \\ m_n \end{array}\right\}\left[\frac{\text{kg}\cdot\text{sek}^2}{\text{cm}}\right]
\begin{array}{l} \mu_2=\dfrac{m_2}{m_1}; \\[2mm] \mu_3=\dfrac{m_3}{m_1}; \\[2mm] \vdots \\[1mm] \mu_n=\dfrac{m_n}{m_1}: \end{array}
\quad
\left.\begin{array}{c} l_1 \\ l_2 \\ l_3 \\ \vdots \\ l_{n-1} \end{array}\right\}[\text{cm}]
\begin{array}{l} \lambda_2\ =\dfrac{l_2}{l_1}; \\[2mm] \lambda_3\ =\dfrac{l_3}{l_1}; \\[2mm] \\ \lambda_{n-1}=\dfrac{l_{n-1}}{l_1}. \end{array}
$$

Lösung: Die Winkelgeschwindigkeiten, entsprechend den Eigenschwingungszahlen $n_{e\,\text{I}}$, $n_{e\,\text{II}}$ ... $n_{e\,(n-1)}$ sind

$$\omega_{\text{I. II}\,\cdots\,(n-1)}=\sqrt{\frac{H}{l_1\,m_1}\left(1+\frac{1}{\xi_{\text{I, II}\,\cdots\,(n-1)}}\right)}. \qquad\qquad (\text{I}_n)$$

Darin bedeuten $\xi_{\text{I, II}\,\cdots\,(n-1)}$ die $(n-1)$ Wurzeln der algebraischen Gleichung $(n-1)$ten Grades

$$\varkappa_0+\varkappa_1\xi+\varkappa_2\cdot\xi^2+\varkappa_3\xi^3+\cdots\cdot\xi^{(n-1)}=0 \qquad\qquad (\text{IV}_n)$$

oder der folgenden $(n-2)$ Gleichungen:

$$\lambda_2\left(1+\frac{1}{\xi}\right)=\frac{1}{\mu_2-\xi}+\frac{1}{\xi_3}; \qquad\qquad (\text{III}_2)$$

$$\lambda_3\left(1+\frac{1}{\xi}\right)=\frac{1}{\mu_3-\xi_3}+\frac{1}{\xi_4}; \qquad\qquad (\text{III}_3)$$

$$\cdot\ \cdot\ \cdot\ \cdot\ \cdot\ \cdot\ \cdot\ \cdot\ \cdot\ \cdot\ \cdot \qquad\qquad \cdot\ \cdot\ \cdot\ \cdot$$

$$\lambda_{(n-1)}\left(1+\frac{1}{\xi}\right)=\frac{1}{\mu_{(n-1)}-\xi_{n-1}}+\frac{1}{\mu_n}; \qquad\qquad (\text{III}_{n-1})$$

aus denen auch die Wurzelgleichung gewonnen wird.

Die Ausschlagsverhältnisse sind bestimmt durch

$$\alpha_2 = -\frac{1}{\xi}\,; \tag{II$_2$}$$

$$\alpha_3 = +\left(\frac{\mu_2}{\xi} - 1\right)\frac{1}{\xi_3}\,; \tag{II$_3$}$$

$$\alpha_4 = -\left(\frac{\mu_2}{\xi} - 1\right)\left(\frac{\mu_3}{\xi_3} - 1\right)\frac{1}{\xi_4}\,; \tag{II$_4$}$$

$$\cdots\cdots\cdots\cdots\cdots\cdots \qquad\cdots\cdots$$

$$\alpha_n = \pm\left(\frac{\mu_2}{\xi} - 1\right)\left(\frac{\mu_3}{\xi_3} - 1\right)\cdots\cdots\left(\frac{\mu_{n-1}}{\xi_{n-1}} - 1\right)\frac{1}{\mu_n}\,; \tag{II$_n$}$$

$$(+ \text{ für ungeraden Index } n, \quad - \text{ für geraden Index } n)$$

Ableitung: Wir verfolgen den bei der Behandlung des Viermassensystems beschrittenen Weg sinngemäß weiter für den allgemeinen n-Massenfall.

1. Bestimmung der Wurzelgleichung für ξ.

Wir führen wiederum die erste Teilgröße $x_2 = m_1\,\xi_2$ in der Rechnung ohne jeden Index als $x = m_1 \cdot \xi$. Für die $(n-1)$ Teilsysteme nach Fig. 3 besteht dann die gemeinsame Gleichung:

$$\frac{1}{l_1}\left(\frac{1}{m_1} + \frac{1}{x}\right) = \frac{1}{l_2}\left(\frac{1}{m_2 - x} + \frac{1}{x_3}\right) = \frac{1}{l_3}\left(\frac{1}{m_3 - x_3} + \frac{1}{x_4}\right) = \cdots\cdots = \frac{1}{l_{n-1}}\left(\frac{1}{m_{n-1} - x_{n-1}} + \frac{1}{m_n}\right).$$

Durch Trennung in $(n-2)$ Gleichungen erhalten wir das zur Ermittlung der $(n-2)$ Unbekannten $x, x_3, x_4 \ldots x_{(n-1)}$ bzw. $\xi, \xi_3 \ldots \xi_{(n-1)}$ notwendige Gleichungssystem (III $_{2,\,3\cdots(n-1)}$):

$$\frac{1}{\xi_3} = \lambda_2 \cdot \left(1 + \frac{1}{\xi}\right) - \frac{1}{\mu_2 - \xi}\,; \tag{III$_2$}$$

$$\frac{1}{\xi_4} = \lambda_3 \cdot \left(1 + \frac{1}{\xi}\right) - \frac{1}{\mu_3 - \xi_3}\,; \tag{III$_3$}$$

$$\frac{1}{\xi_5} = \lambda_4 \cdot \left(1 + \frac{1}{\xi}\right) - \frac{1}{\mu_4 - \xi_4}\,; \tag{III$_4$}$$

$$\cdots\cdots\cdots\cdots\cdots\cdots\cdots$$

$$\frac{1}{\xi_n = \mu_n} = \lambda_{n-1} \cdot \left(1 + \frac{1}{\xi}\right) - \frac{1}{\mu_{n-1} - \xi_{n-1}}\,; \tag{III$_{n-1}$}$$

Die erste Gleichung (III$_2$) stellt ξ_3 als $f(\xi)$ dar; durch Substitution erhält man weiter $\xi_4, \ldots \xi_{(n-1)}$ als $f(\xi)$ und zuletzt bleibt nur noch eine Gleichung mit ξ als $F(\lambda$ und $\mu)$.

Bei Systemen mit mehr als vier Schwungmassen wird die formelmäßige Darstellung dieser Wurzelgleichung zu umständlich. Es empfiehlt sich in solchem Falle immer, direkt mit den gegebenen Zahlenwerten zu rechnen, wie das z. B. S. 24 durchgeführt ist.

Aber auch so bleibt die Rechnung noch immer ziemlich beschwerlich und unvorteilhaft. Wenn es auch ästhetisch sehr befriedigt, in einer Wurzelgleichung das mathematisch zwangläufige Gesetz der Schwingungsverhältnisse eines Systems zu besitzen, so ist immerhin zu bedenken, daß wir für die Bestimmung der Eigenschwingungen trotzdem praktisch aufs Probieren angewiesen bleiben, da wir kein anderes Mittel für die Berechnung der Wurzeln besitzen. Es bedeutet daher für die praktischen Anwendungen eine sehr willkommene Vereinfachung an Rechenarbeit, wenn S. 25 noch gezeigt wird, wie man die Bestimmung der Wurzelgleichung also der sämtlichen $(n - 1)$ Eigenschwingungszahlen, ganz umgehen und ähnlich, wie beim Gümbelschen Verfahren nur die interessierenden (ersten) Wurzeln bestimmen kann.

2. Bestimmung der Schwingungsformen.

Nach den Ausführungen für das Viermassensystem können wir für das allgemeine n-Massensystem ohne weiteres die entsprechenden Formeln für die Ausschlagsverhältnisse α_2, α_3 ... α_n anschreiben. Es ist

$$\alpha_2 = \frac{a_2}{a_1} = -\frac{1}{\xi} \qquad\qquad = -\frac{1}{\xi}$$

$$\alpha_3 = \frac{a_3}{a_1} = +\left(\frac{\mu_2}{\xi} - 1\right)\frac{1}{\xi_3}; \qquad = -\frac{1 + \alpha_2\mu_2}{\xi_3}$$

$$\alpha_4 = \frac{a_4}{a_1} = -\left(\frac{\mu_2}{\xi} - 1\right)\left(\frac{\mu_3}{\xi_3} - 1\right)\frac{1}{\xi_4}; \quad = -\frac{1 + \alpha_2\mu_2 + \alpha_3\mu_3}{\xi_4}$$

$$\cdot\ \cdot\ \cdot\ \cdot\ \cdot\ \cdot\ \cdot\ \cdot\ \cdot\ \cdot\ \cdot\ \cdot\ \cdot\ \cdot\ \cdot\ \cdot\ \cdot$$

$$\alpha_n = \frac{a_n}{a_1} = \pm\left(\frac{\mu_2}{\xi} - 1\right)\left(\frac{\mu_3}{\xi_3} - 1\right)\left(\frac{\mu_4}{\xi_4} - 1\right)\cdots\left(\frac{\mu_{n-1}}{\xi_{n-1}} - 1\right)\frac{1}{\mu_n}$$

$$= -\frac{1 + \alpha_2\mu_2 + \alpha_3\mu_3 + \alpha_4\mu_4 + \cdots + \alpha_{n-1}\cdot\mu_{n-1}}{\mu_n}$$

Wir verweisen auch hier wieder bezüglich der bequemen tabellarischen Anordnung der Berechnung auf das Zahlenbeispiel S. 26, sowie auf Zahlentafel 2a.

3. Allgemeines
über
Bedeutung, Zahl und Art der Knotenpunkte und Eigenschwingungszustände.

a) Der unendlich ferne Knoten.

Der in Fig. 3 ausgesprochene Gedanke des „Zerlegens in Teilsysteme" legt uns nahe, auch die Grenzmassen zur Teilung heranzuziehen. Wir bleiben mit den mechanischen Bedingungen des Problems im Einklang, wenn wir

$$x_1 = 0 \qquad \text{oder} \qquad m_1 - x_1 = m_1 ;$$
$$x_n = m_n \qquad \text{oder} \qquad m_n - x_n = 0$$

wählen.

Diese beiden neuen Teilmassen $x_1 = 0$ und $m_n - x_n = 0$ schwingen dann zusammen mit der Masse $m_0 = 0$, die unendlich weit entfernt ist und damit für alle endlichen Werte ω_e als Knoten liegen bleibt. Für die beiden neuen Teilsysteme $l_0 = \infty$ und $l_n = \infty$ würde die ω_e-Formel sinngemäß anzuschreiben sein als

$$\omega_{0,I,II\cdots(n-1)} = \sqrt{\frac{H}{l_0}\left(\frac{1}{m_0} + \frac{1}{x_1}\right)} = \sqrt{\frac{H}{l_n}\left(\frac{1}{m_n - x_n} + \frac{1}{m_0}\right)} = \sqrt{\frac{H}{\infty \cdot 0}}$$

d. h. ω_e ist durch die beiden Grenzsysteme nicht eindeutig bestimmt. Nachdem diese beiden bisher vollständig unberücksichtigt geblieben sind, mußte auch erwartet werden, daß sie mit keinem ω_e kontrastieren würden.

b) Reelle und ideelle Knoten[1]).

Bei der Betrachtung der Fig. 4a und 4b werden wir darauf hingewiesen, zwischen zwei Arten von Knotenpunkten zu unterscheiden: Das Teilsystem l_1 hat einen reellen, wirklich ruhenden Knotenquerschnitt K_1, der sich innerhalb der Länge l_1 ausbildet. Das Teilsystem l_2 schwingt nach einer Form, als ob es ein Ausschnitt des Systems l' wäre, das seinen Knoten im Einspannquerschnitt K_2' hat (Fig. 4b). Die Länge l_2 besitzt also keinen Querschnitt ohne Ausschlag, K_2' kommt vielmehr bei der Koppelung

---

der beiden Systeme innerhalb von l_1 an eine Stelle zu liegen, die tatsächlich einen Ausschlag a' erfährt K_2' ist also für das gegebene System nur ein „ideeller" Knoten. Der unendlich ferne Knoten ist als Grenzfall eines ideellen Knotens aufzufassen. Wir bekommen damit folgendes Bild (Fig. 4 b):

Masse m_1	schwingt zwischen	$K_0'\,(-\infty)$ und K_1	1 ideeller, 1 reeller Knoten,
Masse m_2	,,	,, K_1 und K_2'	1 reeller, 1 ideeller Knoten,
Masse m_3	,,	,, K_2' und $+\,K_3'\,(+\infty)$	2 ideelle Knoten,
Masse (m_2+m_3)	,,	,, K_1 und $+\,K_3'\,(+\infty)$	1 reeller, 1 ideeller Knoten.

c) Zusammenfassung.

Die unter a) und b) gewonnene Einsicht fassen wir in folgenden Sätzen zu einer geschlossenen Theorie zusammen, die auch auf andere gekoppelte Schwingungssysteme analog übertragen werden kann.

1. Je eine Masse schwingt zwischen zwei Knoten; die erste und letzte Masse des Systems haben einen gemeinsamen Knoten im $\pm$ Unendlichen.
2. Jedem n-Massensystem sind [$\omega_{e0}=0$ [1]) eingerechnet] n Eigenschwingungszustände eigen und bei jedem derselben bilden sich n Knotenpunkte aus, teils reell, teils ideell.
3. Die kleinste Eigenschwingungszahl $\omega_0=0$, die allen Systemen gleicherweise gemeinsam ist, besitzt n nur ideelle Knoten und zwar liegen alle im $\pm$ Unendlichen.

Der 1. endliche Eigenschwingungsgrad I besitzt
1 reellen und $(n-1)$ ideelle Knoten.

Der 2. endliche Eigenschwingungsgrad II besitzt
2 reelle und $(n-2)$ ideelle Knoten.

Der $(n-1)$ oder höchste Eigenschwingungsgrad $(n-1)$ besitzt
$(n-1)$ reellen und 1 ideellen Knoten   (vgl. z. B. Fig. 15 h).

Jedem Schwingungsgrad ist mindestens 1 ideeller Knoten im $\pm$ Unendlichen eigen.

d) Schwingungsknoten und Schwingungsbäuche der Ausschläge und Spannungen.

Sind bei einem System die Schwungmassen über die ganze Wellenlänge vollständig gleichförmig verteilt, dann besteht in den Schwingungsknoten und Schwingungsbäuchen ein sehr bemerkenswerter Kontrast hinsichtlich der Intensitäten von Ausschlägen und Spannungen. In den Knoten der Ausschläge treten zwar keine Verdrehungen auf, aber die elastischen Spannungen schwingen dort bis zu den höchsten, im ganzen System auftretenden Amplituden. Es sind also

„Schwingungsknoten der Ausschläge"

als „Schwingungsbäuche der Beanspruchungen"

anzusprechen. Umgekehrt sind die Stellen größter Ausschläge immer auch Knoten der elastischen Beanspruchungen, also Wellenquerschnitte, wo die Beanspruchungen nicht von ±0 abweichen. Stellen dieser Art sind z. B. immer die Enden des Systems, wo die Schwingungsformen horizontale Tangenten haben. Dieselbe Erscheinung liegt vor bei elektrischen Schwingungen zwischen den Stellen höchster Spannung und Strömung, ebenso wie beim Problem der schwingenden Luftsäulen.

Besteht das System, wie in den für uns wichtigen Fällen immer, aus einzelnen Massenhäufungen, dann ist jedes Stück der reduzierten Welle zwischen zwei Massen gleichmäßig beansprucht, weil wegen der geraden Schwingungsform auch die Verdrehung auf solcher Länge konstant ist. Ein Wellenstück mit genau zur Wellenachse paralleler Schwingungsform wäre dann analog oben als „Spannungsknoten" anzusprechen.

4. Gesetzmäßigkeiten der Wurzelgleichungen.

1. Nur reelle Wurzeln.

Die Wurzelgleichungen können entsprechend ihrer physikalisch begründeten Herkunft nur reelle Wurzeln haben, deren Anzahl sich mit dem höchsten vorkommenden Grade der Unbekannten ξ deckt. Diese Bedingung muß unter allen Umständen erfüllt sein und bietet damit schon im Laufe der Rechnung eine willkommene Kontrolle ihrer zahlenmäßigen Richtigkeit.

2. Reihenfolge der Wurzeln (bzw. der von ihnen abhängigen ω_e).

Wir erhalten die Eigenschwingungszahlen oder ω_e-Werte steigend nach ihrem Grade, wenn wir die zugehörigen Wurzelwerte ξ in bestimmter Richtung auf der

---

[1]) Die Wurzel für $\omega_e=0$ erscheint analytisch unmittelbar in den Wurzelgleichungen, wie sie von Föppl abgeleitet worden sind (vgl. z. B. Vorlesungen IV. Band, 5. Aufl., S. 282, Gleichung 194a). Im Nachwort S. 92 gelangt Herr Prof. Zerkowitz ebenfalls zu der „trivialen" Lösung $\omega_e=0$,

Zahlenskala aufsuchen, und zwar wenn wir die Wurzelgleichung $f(\xi)$ verfolgen von $\xi = -1,0$ bis $\xi = -\infty$, übergehen auf $\xi = +\infty$ und von da über $\xi = +1$ gegen $\xi = +0$ herein vordringen (vgl. hierzu Fig. 6 und 12, sowie Zahlentafel 2). Diese Erkenntnis gewinnen wir unmittelbar aus der Betrachtung des Faktors

$$\left(1 + \frac{1}{\xi_{I, II} \cdots n-1}\right)$$

in der ω_e-Formel, der über die genannten Grenzwerte -1, $\mp\infty$, $+1$, $+0$ hinweg die positive Zahlenreihe 0, $+1$, $+2$, $+\infty$ durchläuft.

Es wird sich weiterhin niemals aus der Wurzelgleichung eine negative Wurzel zwischen $+0$ und (-1) ergeben dürfen, weil wir damit einen negativen Faktor $\left(1 + \dfrac{1}{\xi}\right)$ und ein imaginäres ω_e erhalten würden.

3. Positive und negative Wurzeln.

Positive Wurzeln ξ bedeuten einen reellen Knoten zwischen m_1 und m_2 auf der Länge l_1. Negative Wurzeln bedeuten, das Teilsystem l_1 schwingt im betreffenden Schwingungsgrad mit einem ideellen Knoten außerhalb l_1. Eine Wurzel $\xi = \infty$ bedeutet, Masse m_2 bleibt bei der betreffenden Schwingungsform als Knoten liegen, oder das System schwingt, als ob es bei m_2 eingespannt wäre (vgl. Sonderfall S. 8).

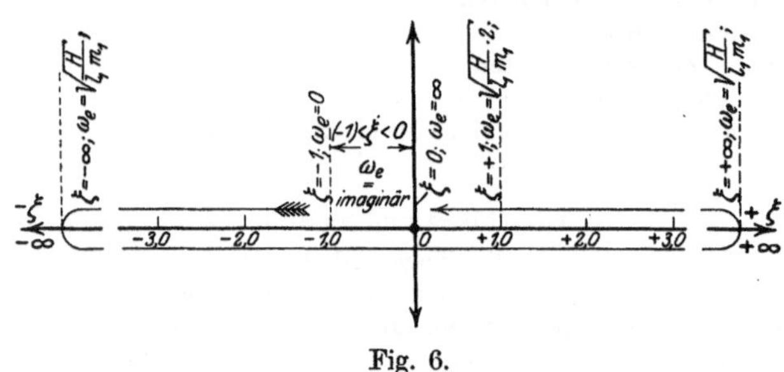

Fig. 6.

Wir erkennen diesen Zusammenhang direkt aus der ω_e-Formel, wenn wir schreiben

$$\omega_e = \sqrt{\frac{H}{l_1 m_1}\left(1 + \frac{1}{\xi}\right)} = \sqrt{\frac{H}{m_1} \cdot \frac{1}{l_1 \dfrac{\xi}{1 + \xi}}} = \sqrt{\frac{H}{l_1' \cdot m_1}} \, ;$$

dabei bedeutet also $l_1' = l_1 \cdot \dfrac{\xi}{1 + \xi}$ die jeweilige Einspannlänge für m_1, bei der auch m_1 allein für sich mit dem gleichen ω_e schwingt, wie das ganze System (vgl. hierzu auch Fig. 2a).

Es ist der Fall möglich, daß wir nur positive Wurzeln erhalten. Er kann dann eintreten, wenn wir bei Beginn unserer Rechnung das größere der beiden Endprodukte $(m \cdot l)$ als Bezugsgröße $(m_1 \cdot l_1)$ zugrunde legen. Überwiegt dieser Wert $(m_1 l_1)$ die Summe aller anderen Produkte

$$m_2 \cdot 0 + m_3 l_2 + m_4 (l_2 + l_3) + m_5 \cdot (l_2 + l_3 + l_4) + \ldots m_n (l_2 + l_3 + \ldots l_{n-1})$$

dann liegt auf jeden Fall bereits der I. Knoten innerhalb l_1 und wir haben nur positive Wurzeln zu erwarten.

VI. Vereinfachte Berechnung von Eigenschwingungen.

Es liegt nahe, Wege und Gesetzmäßigkeiten zu suchen, nach welchen ein komplizierteres System, das aus vielen Massen besteht, so in ein einfaches mit nur 3 oder 4 Massen zusammengefaßt werden könnte, daß dessen zwei oder drei Eigenschwingungszahlen, die sich ja sehr schnell und sicher berechnen lassen, möglichst wenig von den entsprechenden genauen n_e-Werten abweichen.

Im Prinzip stehen uns zwei Wege für eine Zusammenfassung offen: Wir können entweder mehrere Massen zu einer einzigen resultierenden zusammenschieben und für diese Summenmasse den dynamisch richtigen Abstand l_{dy} bestimmen, d. h. jenen, in welchem sie angebracht werden muß, wenn Ersatzsystem und gegebenes System gleiches n_e besitzen sollen. Oder man behält einen bestimmten reduzierten Wellenabstand bei und ermittelt nunmehr eine dazugehörige Ersatzmasse, welche eine Anzahl gegebener Massen dynamisch richtig ersetzt[1]).

Wir verfolgen nachstehend den ersten Weg und fassen meist die gleich großen Zylindermassen je einer Maschinengruppe nahe ihrem statischen Schwerpunkt zu einer Summenmasse zusammen[2]).

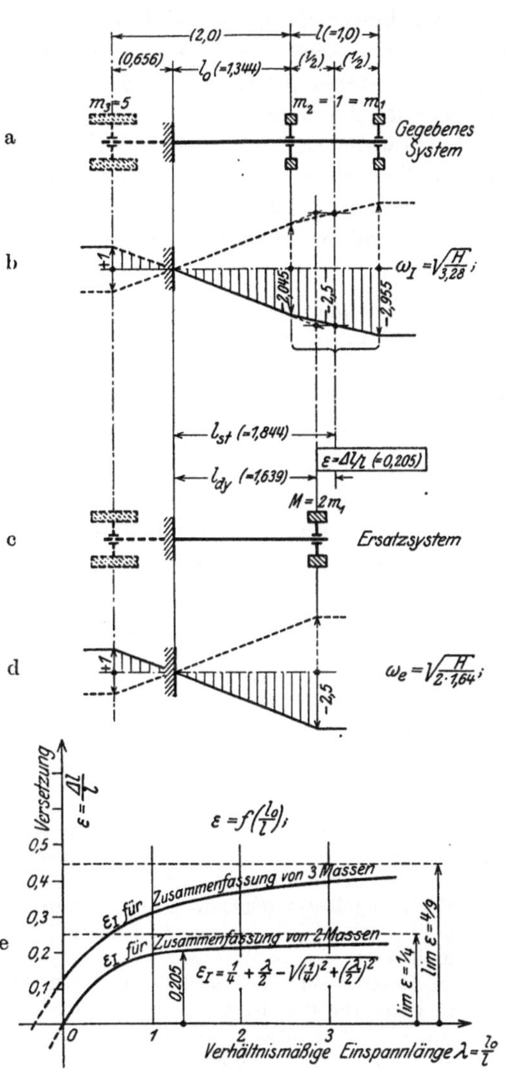

Fig. 7a—e.

Es ist gleich von vornherein zu sagen, daß in dem hier gewünschten Sinne auf keinem Wege allzu große und methodisch wertvolle Vereinfachungen zu erzielen sind: Einmal muß man für jeden neuen Eigenschwingungsgrad eine eigene Ersatzlänge bzw. Ersatzmasse bestimmen; sodann verlangt eine genaue Bemessung der Ersatzgröße, daß man mindestens einige Schwingungsformen des gegebenen Systems vorher berechnet hat, was ja gerade erspart werden sollte.·

Bei dieser Sachlage vermeiden wir hier längere Ausführungen und erläutern lediglich an Hand der Fig. 7a—e das grundsätzliche Resultat unseres Vorganges: Fig. 7a stellt das gegebene System (zunächst zwei Massen m_1 und m_2 mit Einspannung), und Fig. 7c das zugehörige Ersatzsystem dar. Die Rechnung zeigt, daß die Ersatzmasse ($M = m_1 + m_2$) nicht im statischen Schwerabstand l_{st}, also nicht in der Mitte zwischen m_1 und m_2 anzunehmen ist, sondern mit wachsender Einspannlänge l_0 um die wachsende Korrekturlänge ε, aber höchstens doch nur (und das ist

der wertvolle neue Gesichtspunkt dieser Grenzwertbetrachtung) um $\dfrac{l}{4}$ für l_0 bzw. $\lambda = \dfrac{l_0}{l} = \infty$ zu versetzen ist (vgl. Fig. 7e). Ein ähnliches System mit 3 Massen

---

[1]) Sass beschreitet in einer kurzen Mitteilung der Z. 1921, S. 67/68 diesen zweiten Weg und bestimmt eine am äußersten Ende anzubringende Ersatzmasse, die für jede Schwingungszahl einen anderen Teilbetrag der Massensumme annimmt.· Geiger faßt demgegenüber in seinem Beitrag Z. 1921, S. 1241 die Zylindermassen in der Maschinenmitte zusammen.

[2]) Diese Methode empfiehlt sich von Anbeginn als die natürlichste und bringt uns für die weiteren, viel tiefer gehenden Betrachtungen über die erzwungenen Schwingungen noch den Vorteil ein, daß wir in den richtig angebrachten Summenmassen auch gleich richtige Angriffsstellen der erregenden Maschinenkräfte besitzen.

$m_1 = m_2 = m_3$ an Stelle der zwei ersten in Fig. 7a ergibt für die Summenmasse $M = 3 \cdot m_1$ an der Grenze eine maximale Versetzung $\varepsilon_{\mathrm{I\,max}} = \dfrac{\Delta\,l_{\max}}{l} = \left(\dfrac{4}{9} \cdot l\right)$.

Wir sehen also, daß für diese notwendigen Versetzungen ε ein verhältnismäßig nur geringer Spielraum zwischen $\Delta l = 0 \cdot l$ bis $0{,}25 \cdot l$ bzw. $0{,}444 \cdot l$ verbleibt; genaue Zwischenwerte lassen sich direkt aus der Fig. 7e ablesen, die auch zeigt, daß die Werte ε sehr rasch gegen die Grenzwerte konvergieren.

Für ein anderes (gewöhnlich) gegebenes System, z. B. mit $m_3 = 5{,}0$, wie es in Fig. 7a gestrichelt angedeutet ist, können wir ebenfalls die Fig. 7e benutzen und daraus das jeweils richtige ε entnehmen, wenn wir die Einspannlänge l_0, d. h. den genauen reellen oder ideellen[1]) Knotenpunktsabstand in der betreffenden Schwingungsform kennen. Ist das nicht der Fall, dann wird man mit einiger Übung dieses l_0 ziemlich treffend auch abschätzen und ε entsprechend wählen können.

Für die in unserem Beispiel Fig. 7a gerade vorliegenden Längenabstände (entsprechend den eingeklammerten Zahlen) ist $\varepsilon = 0{,}205$ aus Fig. 7e zu entnehmen und ergibt nach 7c u. d das richtige Ersatzsystem mit gleichem ω_e und gleicher Verdrehung.

Besonders ist noch darauf hinzuweisen, daß eine Zusammenfassung mehrerer Schwungmassen in ihre statische Resultierende immer ein Ersatzsystem mit zu niedrigem n_e ergeben muß (vgl. die Beispiele S. 21ff. und Tabelle S. 30). Solche Zusammenfassung wäre nur dann richtig, wenn die Schwingungsform vom Einspannpunkt (Knotenpunkt) bis zur letzten, von der Zusammenfassung betroffenen Masse hin nicht geknickt, sondern vollkommen gerade wäre. (Vgl. Bemerkung S. 69).

VII. Beispiele.

Die Anwendung der oben gebotenen Formeln und Überlegungen sei an einer typischen Massenanordnung, wie sie des öfteren in der Praxis vorliegt, gezeigt. Wir berechnen die Eigenschwingungszustände der nachstehend gekennzeichneten

Generatoranlage mit Schwungrad

(Ungleichförmigkeitsgrad ca. $^1/_{80}$) mit und ohne Zusammenfassungen, so daß der Einfluß der Vereinfachungen auch für andere Massensysteme mit ähnlichen Verhältnissen abgeschätzt werden kann. Dabei zeigt sich, daß bei der Anordnung der Summenmassen als „statische Resultierende" immer zu niedrige Werte n_e gefunden werden, worauf wir soeben hingewiesen haben.

Der Rechnung liegen folgende Daten zugrunde:

1. Die reduzierte Welle besitze ein polares Trägheitsmoment $J_p = 602$ [cm^4], entsprechend einem Durchmesser $d = \infty\ 125$ [mm].
2. dem Material sei ein Gleitmodul $G = 830\,000$ [kg/cm^2] eigen.
3. Der Reduktionsradius, an dem wir alle Massen sowie deren Trägheitskräfte und alle anderen harmonischen Kräfte wirken lassen, und auf dessen Kreisbogen wir auch alle Verdrehungen oder Ausschläge a rechnen, sei $r = 10$ [cm];
4. Mit den Annahmen unter 1. bis 3. wird die Systemkonstante

$$H = \frac{J_p \cdot G}{r^2} = \frac{602 \cdot 830\,000}{100} = 5 \cdot 10^6\ [\mathrm{kg}];$$

5. Das gegebene System sei entsprechend Fig. 9 aufgebaut, wonach

$$
\begin{aligned}
m_1 = m_2\ \ldots\ \ldots\ m_6 &= 1{,}0 \\
m_7 &= 10{,}0 \qquad \left[\frac{\mathrm{kg \cdot sek^2}}{\mathrm{cm}}\right]; \\
m_8 &= 15{,}0
\end{aligned}
\qquad
\begin{aligned}
l_1 = l_2 = \ldots\ l_6 &= 10{,}0\ [\mathrm{cm}] \\
l_7 &= 25{,}0\ [\mathrm{cm}]
\end{aligned}
$$

Über die

Reduktion der Massen und Längen

finden sich einige Angaben im Anhang, S. 85 ff.

---

[1]) Vgl. S. 16.

Vereinfachte (angenäherte) Berechnung:

(unter Zusammenfassung der Ölmaschinenschwungmassen als „statische Resultierende")

a) als System mit zwei Schwungmassen

(nach Formel (I_2) S. 7, Fig. 8).

$$m_1 = 16\,(= 6 + 10)\ \left[\frac{\mathrm{kg}\cdot\mathrm{sek}^2}{\mathrm{cm}}\right];$$
$$m_2 = 15$$

$$l = \frac{6}{16}\cdot 35 + 25 = 38{,}125\ \mathrm{cm};$$

$$\omega_e = \sqrt{\frac{H}{l}\left(\frac{1}{16} + \frac{1}{15}\right)}$$

$$= \sqrt{\frac{5\cdot 10^6}{38{,}125}\,(0{,}0625 + 0{,}0667)}$$

$$= 130{,}2\ [1/\mathrm{sek}];\quad n_e = 1243\ [1/\mathrm{Min}];$$

$$\alpha_2 = -\frac{16}{15} = -1{,}067\,.$$

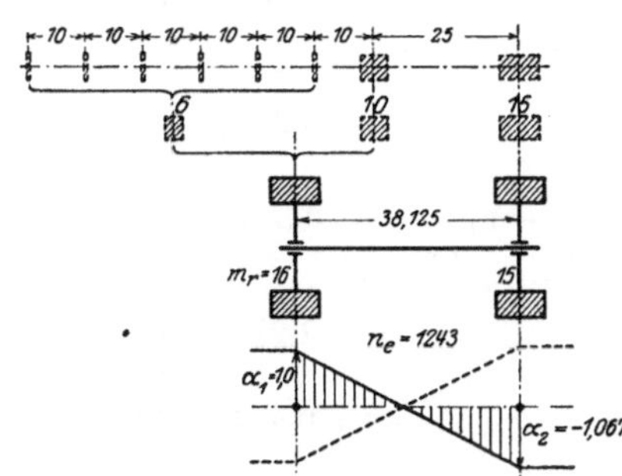

Fig. 8.

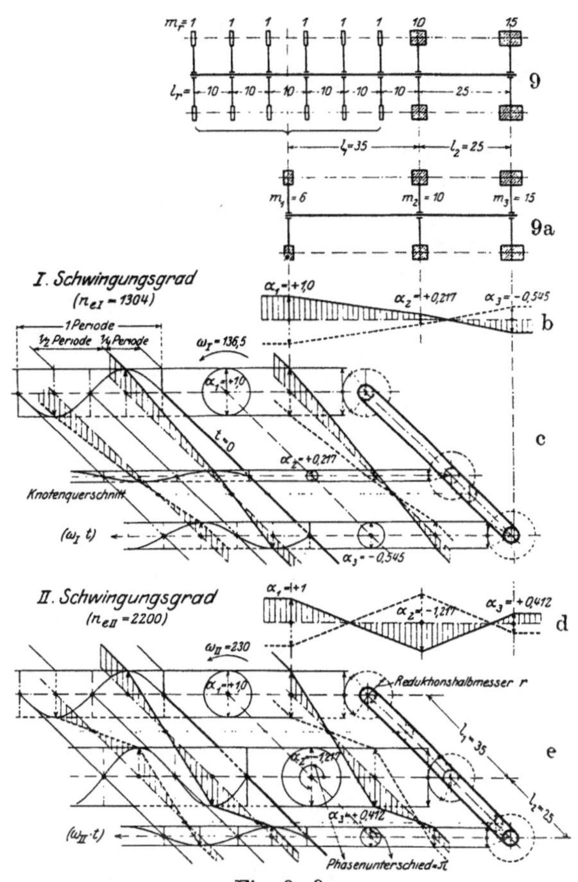

Fig. 9, 9a—e.

b) als System mit drei Schwungmassen.

nach Föppl, IV. Band, 5. Auflage. S. 278 $\quad\bigg|\quad$ nach Formel $\textcircled{$I_3$}$ S. 9, Fig. 9a—e.

Gegeben.

$$\Theta_1 = m_1\cdot r^2 = 6\cdot 10^2 = 600\ [\mathrm{kg}\cdot\mathrm{cm}\cdot\mathrm{sek}^2]:$$

$$m_1 = 6\ \left[\frac{\mathrm{kg}\cdot\mathrm{sek}^2}{\mathrm{cm}}\right];\quad \mu_2 = \frac{m_2}{m_1} = 1{,}6670;$$

$$\Theta_2 = m_2\cdot r^2 = = 1000\quad ,,\quad;\qquad m_2 = 10\quad ,,\quad;$$

$$\Theta_3 = m_3\cdot r^2 = = 1500\quad ,,\quad;\qquad m_3 = 15\quad ,,\quad;\quad \mu_3 = \frac{m_3}{m_1} = 2{,}50;\,.$$

$$l_1 = 35\ \mathrm{cm};\qquad l_2 = 25\ \mathrm{cm};\qquad \lambda = \frac{l_2}{l_1} = 0{,}7143;$$

$$c = J_p\cdot G = 602\cdot 830\,000 = 5\cdot 10^8\ [\mathrm{kg/cm}^2];\quad\bigg|\quad H = \frac{J_p\cdot G}{r^2} = 5\cdot 10^6\ [\mathrm{kg}];\ \sqrt{\frac{H}{l_1 m_1}} = 154{,}2\,[1/\mathrm{sek}];$$

Lösung.

$$k_1 = \frac{l_1\cdot l_2}{c^2}\,\Theta_1\cdot\Theta_2\cdot\Theta_3 = \frac{(35\cdot 25)\cdot 6\cdot 10\cdot 15\cdot 10^6}{25\cdot 10^{16}}$$
$$= 3{,}15\cdot 10^{-6};$$

$$k_2 = \frac{\Theta_1(\Theta_2 + \Theta_3)\,l_1 + \Theta_3(\Theta_1 + \Theta_2)\,l_2}{c}$$
$$= \frac{6\cdot 2{,}5\cdot 3{,}5\cdot 10^4 + 15\cdot 1{,}6\cdot 2{,}5\cdot 10^4}{5\cdot 10^8}$$
$$= 0{,}225;$$

$$k_3 = \Theta_1 + \Theta_2 + \Theta_3 = 3100;$$

$$A = \frac{1}{2}\left(\mu_2 + \mu_3\,\frac{1+\lambda}{1-\lambda\mu_3}\right)$$
$$= \frac{1}{2}\left(1{,}667 + 2{,}5\,\frac{1{,}714}{-0{,}786}\right) = -1{,}895;$$

$$B = \frac{\lambda\mu_2\mu_3}{1-\lambda\mu_3} = \frac{0{,}714\cdot 1{,}667\cdot 2{,}5}{-0{,}786} = -3{,}79;$$

$$(k_2)^2 - 4\,k_1 k_3 = 0{,}225^2 - \frac{4 \cdot 3{,}15 \cdot 3100}{10^6} = 0{,}01157 ; \qquad\qquad \sqrt{A^2 - B} = \sqrt{3{,}59 - (-3{,}79)} = 2{,}717 ;$$

$$\sqrt{k_2^2 - 4\,k_1 k_3} = 0{,}1076 ;$$

$$(\lambda_\mathrm{I})^2 = \frac{k_2 - \sqrt{k_2^2 - 4\,k_1 k_3}}{2\,k_1}$$

$$= \frac{(0{,}275 - 0{,}1076) \cdot 10^6}{2 \cdot 3{,}15} = 18\,640 ;$$

$$\xi_\mathrm{I} = A - \sqrt{A^2 - B} = -1{,}895 - 2{,}717 = -4{,}612 ;$$

$$(\lambda_\mathrm{II})^2 = \frac{k_2 + \sqrt{k_2^2 - 4\,k_1 k_3}}{2 \cdot k_1}$$

$$= \frac{0{,}3326 \cdot 10^6}{6{,}30} = 52\,800 ;$$

$$\xi_\mathrm{II} = A + \sqrt{A^2 - B} = -1{,}895 + 2{,}717 = +0{,}822 ;$$

$$\lambda_\mathrm{I} = \sqrt{18\,640} = \mathbf{136{,}5}\ [1/\mathrm{sek}] ;$$

$$\omega_{e\mathrm{I}} = \sqrt{\frac{H}{l_1 m_1}\left(1 + \frac{1}{\xi_\mathrm{I}}\right)} = 154{,}2 \cdot \sqrt{0{,}783} = \mathbf{136{,}5} ;$$

$$n_{e\mathrm{I}} = 1304 ;$$

$$\lambda_\mathrm{II} = \sqrt{52\,800} = \mathbf{230{,}0} \quad \text{,,}$$

$$\omega_{e\mathrm{II}} = \quad = 154{,}2 \cdot \sqrt{2{,}217} = \mathbf{230{,}0} ;$$

$$n_{e\mathrm{II}} = 2195 ;$$

$$\text{für } \omega_{e\mathrm{I}}\colon\ \alpha_2 = -\frac{1}{\xi_\mathrm{I}} = +0{,}217 ;$$

$$\alpha_3 = +\left(\frac{\mu_2}{\xi_\mathrm{I}} - 1\right)\frac{1}{\mu_3} = -0{,}545 ;$$

$$\text{für } \omega_{e\mathrm{II}}\colon\ \alpha_2 = -\frac{1}{\xi_\mathrm{II}} = -1{,}217 ;$$

$$\alpha_3 = \quad = +0{,}412 ;$$

(rechts, hochkant: Schwingungsformen)

c) als System mit vier Schwungmassen

(nach den Formeln (I_4) und $(\mathrm{II}_{2,\,3,\,4})$ S. 13 und nach Fig. 10—10d).

$$m_1 = 3 ; \qquad \mu_2 = 1 ; \qquad l_1 = 30 ; \qquad \lambda_2 = 0{,}6667 ;$$
$$m_2 = 3 ; \qquad \mu_3 = 3{,}333 ; \qquad l_2 = 20 ; \qquad \lambda_3 = 0{,}8333 ; \qquad \sqrt{\frac{H}{l_1 m_1}} = 1000 \cdot \sqrt{\frac{5}{30 \cdot 3}} = 236{,}5 .$$
$$m_3 = 10 ; \qquad \mu_4 = 5 ; \qquad l_3 = 25 ;$$
$$m_4 = 15 ;$$

Wir bilden nacheinander:

$$\lambda_2 \mu_3 = \frac{20}{30} \cdot \frac{10}{3} = 2{,}222 ; \qquad P = 1 \cdot 2{,}222 \cdot 4{,}167 = +\ 9{,}27 ;$$
$$N = 3{,}333 - (1 - 2{,}222)(1 - 4{,}167)$$
$$= 3{,}333 - 3{,}875 = -\ 0{,}542 ;$$
$$\lambda_3 \mu_4 = \frac{25}{30} \cdot 5 = 4{,}167 ; \qquad Q = 4{,}167 \cdot 3{,}333 \cdot 1{,}6667 = +23{,}150 .$$

Dann ergeben sich die Koeffizienten der Wurzelgleichung zu

$$\varkappa_0 = \frac{+\ 9{,}27}{-\ 0{,}542} = -17{,}11 ;$$

$$\varkappa_1 = \frac{1}{-\ 0{,}542}\,(9{,}27 - 23{,}15 - 1) - 1 = +26{,}455 ;$$

$$\varkappa_2 = \frac{1}{-\ 0{,}542}\,(1 - 23{,}15 + 3{,}333 + 5) \pm 0 = +25{,}51 .$$

Die Wurzelgleichung lautet also:

$$\xi^3 + 25{,}51 \cdot \xi^2 + 26{,}46 \cdot \xi - 17{,}11 = 0 .$$

Bei diesen einfachen Zahlenrechnungen unterlaufen sehr leicht Rechenfehler. Man versäume nicht, vor dem Weiterrechnen noch einmal genau die V o r z e i c h e n bei den Werten N und Q und bei den 3 Koeffizienten $\varkappa_0$, $\varkappa_1$, $\varkappa_2$ zu kontrollieren.

Aus der Wurzelgleichung ergeben sich die Wurzeln $\xi_I, \ldots$ bekanntlich am einfachsten durch Probieren: Wir nehmen der Reihe nach verschiedene ξ an und werten damit die linke Seite aus; das Resultat $= f(\xi)$ tragen wir jeweils als Ordinate über der betreffenden Abszisse ξ auf. Überall da, wo die so entstehende algebraische Kurve die ξ-Achse durchschneidet, haben wir in der Abszisse ξ eine gesuchte Wurzel vor uns, weil ja dort die Ordinate $f(\xi) = 0$.

Nach Fig. 10 d erhalten wir:

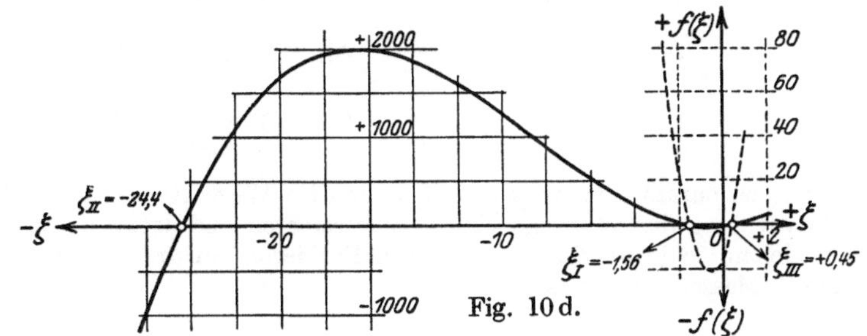

Fig. 10 d.

$$\xi_I = -1{,}56; \quad \text{somit} \quad \omega_I = 236{,}5 \sqrt{1 + \frac{1}{-1{,}56}} = 141{,}6; \qquad n_{e_I} = 1350 \; [\text{Schwing/Min.}]$$

$$\xi_{II} = -24{,}4; \qquad \omega_{II} = 236{,}5 \sqrt{1 + \frac{1}{-24{,}4}} = 231{,}5; \qquad n_{e_{II}} = 2210 \quad \text{,,} \qquad \text{,,}$$

$$\xi_{III} = +0{,}45; \qquad \omega_{III} = 236{,}5 \sqrt{1 + \frac{1}{0{,}45}} = 424; \qquad n_{e_{III}} = 4050 \quad \text{,,} \qquad \text{,,}$$

Die Ausschlagsverhältnisse α_2, α_3, α_4 erhalten wir nach den Formeln ($II_{2,\,3,\,4}$) S. 13, die wir am besten tabellarisch auswerten.

Zahlentafel 1.

1	2	3	4	5	6	7	8	9
Für die Form	ξ	$\alpha_2 = -\dfrac{1}{\xi}$	$1+\dfrac{1}{\xi}$	$\dfrac{\mu_2}{\xi}-1$	$\lambda_2\left(1+\dfrac{1}{\xi}\right)\left(\dfrac{\mu_2}{\xi}-1\right)-\dfrac{1}{\xi}=\alpha_3$	$\mu_3 \cdot \alpha_3$	$\dfrac{1}{\mu_4}\left[\dfrac{\mu_2}{\xi}-1-\alpha_3\mu_3\right]$	$=\alpha_4$
I ten Grades	$-1{,}56$	$+0{,}641$	$0{,}359$	$-1{,}641$	$-0{,}3925 + 0{,}641 = 0{,}2485$	$0{,}828$	$\dfrac{1}{5}[-2{,}469]$	$= -0{,}494$
II ten Grades	$-24{,}4$	$+0{,}041$	$0{,}959$	$-1{,}041$	$-0{,}665 + 0{,}041 = -0{,}626$	$-2{,}08$	$\dfrac{1}{5}[+1{,}039]$	$= +0{,}2078$
III ten Grades	$+0{,}45$	$-2{,}222$	$3{,}222$	$1{,}222$	$+2{,}63 - 2{,}222 = 0{,}408$	$+1{,}36$	$\dfrac{1}{5}[-0{,}138]$	$= -0{,}0276$

Eine Kontrolle für die zahlenmäßige Richtigkeit der berechneten α erhalten wir, wenn wir in unserem Falle für die Masse m_4 die Einspannlänge L' berechnen (vgl. Fig. 10 a—c), die mit dem Wert, der sich durch Auftragen der α_3 und α_4 aus Spalte 6 und 9 der Zahlentafel 1 zeichnerisch ergibt, übereinstimmen muß.

L' ergibt sich aus der Überlegung, daß bei den von uns berechneten Eigenschwingungszuständen die Masse m_4 mit Einspannung im Abstande L' ebenso schnell schwingen muß, wie das ganze System. Wir erhalten:

$$\omega_e = \sqrt{\frac{H}{L' \cdot m_4}} = \sqrt{\frac{H}{l_1 m_1}\left(1 + \frac{1}{\xi}\right)}$$

oder

$$L' = \frac{l_1}{\mu_4} \cdot \frac{1}{1 + \dfrac{1}{\xi}} \,. \qquad \text{(V)}$$

Fig. 10—10 c.

Daraus folgt:

$$\text{für die I. Schwingungsform } L'_I = \frac{30}{5} \cdot \frac{1}{0,359} = 16,7 \ [\text{cm}]$$

$$\text{„ „ II. „ } L'_{II} = 6 \cdot \frac{1}{0,959} = 6,26 \quad \text{„}$$

$$\text{„ „ III. „ } L'_{III} = 6 \cdot \frac{1}{3,222} = 1,86 \quad \text{„}$$

Es ist noch darauf hinzuweisen, daß nichts im Wege steht, auch schon beim 4-Massensystem auf die Entwicklung der Wurzelgleichung zu verzichten und dafür die beiden Gleichungen (III$_2$, III$_3$ S. 14), aus denen sie ja abgeleitet ist, durch Probieren aufzulösen, wie das im folgenden für ein System mit 5 Massen gezeigt ist.

d) als System mit fünf Schwungmassen.

$$m_1 = 2$$
$$\mu_2 = 1 ; \qquad l_1 = 20 ;$$
$$m_2 = 2 \qquad \qquad \qquad \lambda_2 = 1,0 ;$$
$$\mu_3 = 1 ; \qquad l_2 = 20 ;$$
$$m_3 = 2 \qquad \qquad \qquad \lambda_3 = 0,75 ;$$
$$\mu_4 = 5 ; \qquad l_3 = 15 ;$$
$$m_4 = 10 \qquad \qquad \qquad \lambda_4 = 1,25 ;$$
$$\mu_5 = 7,5 ; \qquad l_4 = 25 ;$$
$$m_5 = 15$$

$$\sqrt{\frac{H}{l_1 m_1}} = 1000 \sqrt{\frac{5}{20 \cdot 2}} = 353,3 ;$$

1. Berechnung mit Hilfe der Wurzelgleichung

(nach den Formeln (I$_n$) und (III$_{2-4}$) S. 15 und nach Fig. 11).

Wir berechnen die Wurzelgleichung für ξ mit Hilfe der Gleichungen:

$$\lambda_2\left(1+\frac{1}{\xi}\right) = \frac{1}{\mu_2-\xi}+\frac{1}{\xi_3} ; \ \text{ in unserem Falle :} \left(1+\frac{1}{\xi}\right) = \frac{1}{1-\xi}+\frac{1}{\xi_3} ; \ (\overline{III_2})$$

$$\lambda_3\left(1+\frac{1}{\xi}\right) = \frac{1}{\mu_3-\xi_3}+\frac{1}{\xi_4} ; \qquad 0,75\left(1+\frac{1}{\xi}\right) = \frac{1}{1-\xi_3}+\frac{1}{\xi_4} ; \ (\overline{III_3})$$

$$\lambda_4\left(1+\frac{1}{\xi}\right) = \frac{1}{\mu_4-\xi_4}+\frac{1}{\mu_5} ; \qquad 1,25\left(1+\frac{1}{\xi}\right) = \frac{1}{5-\xi_4}+\frac{1}{7,5} ; \ (\overline{III_4}) .$$

Aus $(\overline{III_2})$ folgt ξ_3 als $f(\xi)$ zu:

$$\xi_3 = \frac{\xi-\xi^2}{1-\xi-\xi^2} ;$$

damit ergibt sich:

$$\frac{1}{1-\xi_3} = \frac{1-\xi-\xi^2}{1-2\xi} ;$$

aus $(\overline{III_3})$ folgt ξ_4 als $f(\xi)$ zu:

$$\frac{1}{\xi_4} = 0,75\left(1+\frac{1}{\xi}\right) - \frac{1-\xi-\xi^2}{1-2\xi} ; \quad \xi_4 = \frac{\xi-2\xi^2}{0,75-1,75\,\xi-0,5\,\xi^2+\xi^3}$$

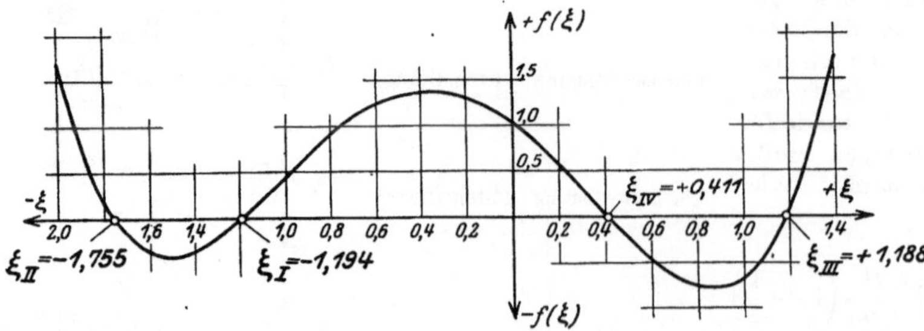

Fig. 11.

aus $(\overline{III_4})$ folgt ξ_4 gleichfalls als $f(\xi)$ zu:

$$\frac{1}{\xi_4-5} = \frac{1}{7,5}-1,25\left(1+\frac{1}{\xi}\right) ; \ \xi_4 = 5+\frac{\xi}{0,1333\,\xi-1,25-1,25\,\xi} ; \ \xi_4 = \frac{6,25+4,5835\,\xi}{1,25+1,1167\,\xi} ;$$

Durch Gleichsetzen erhalten wir:

$$0 = 4{,}6875 - 8{,}7499\,\xi - 9{,}763\,\xi^2 + 6{,}1916\,\xi^3 + 4{,}5835\,\xi^4$$

$$\mathbf{0 = 1{,}0221 - 1{,}908\,\xi - 2{,}1295\,\xi^2 + 1{,}3505\,\xi^3 + \xi^4}\,.$$

Nach Fig. 11 erhalten wir:

$$\xi_{\mathrm{I}} = -1{,}1936;\quad \text{somit}\quad \omega_{\mathrm{I}} = 353{,}5\,\sqrt{1 + \frac{1}{-1{,}1936}} = 142{,}4 \quad \text{und}\quad n_{e\mathrm{I}} = 1361\ [\text{Schw./Min.}]$$

$$\xi_{\mathrm{II}} = -1{,}7546;\qquad \omega_{\mathrm{II}} = 353{,}5\,\sqrt{1 + \frac{1}{-1{,}7546}} = 231{,}8 \qquad n_{e\mathrm{II}} = 2214 \qquad ,,$$

$$\xi_{\mathrm{III}} = +1{,}1881;\qquad \omega_{\mathrm{III}} = 353{,}5\,\sqrt{1 + \frac{1}{1{,}1881}} = 480{,}0 \qquad n_{e\mathrm{III}} = 4584 \qquad ,,$$

$$\xi_{\mathrm{IV}} = +0{,}41134;\qquad \omega_{\mathrm{IV}} = 353{,}5\,\sqrt{1 + \frac{1}{0{,}41134}} = 655 \qquad n_{e\mathrm{IV}} = 6253 \qquad ,,$$

2. Unmittelbares Probierverfahren zur Berechnung der Eigenschwingungen

(vgl. S. 11 und 14 und Fig. 12—12 d).

Wir bestimmen nicht erst in der Wurzelgleichung eine Funktion für die gesuchten ξ-Werte, um daraus durch Probieren die Wurzeln aufzusuchen, sondern wir stellen unseren Rechenmodus gleich von Anbeginn auf das graphische Interpolieren ein. Wir setzen in Zahlentafel 2 unter Beachtung der S. 17 unter 2. ausgesprochenen Sätze der Reihe nach verschiedene Werte ξ in die Gleichungen $\overline{(\mathrm{III}_2)}$ $(\cdots)$ $\overline{(\mathrm{III}_{n-1})}$ ein und sehen zu, für welche ξ die letzte Gleichung $\overline{(\mathrm{III}_{n-1})}$ identisch erfüllt ist. Nur für ganz bestimmte ξ (eben die gesuchten Wurzelwerte), wird der Ausdruck

$$\lambda_4\left(1 + \frac{1}{\xi}\right) - \frac{1}{\mu_4 - \xi_4}$$

einen Zahlenwert ergeben, der gleich $\frac{1}{\mu_5}$ ist. Für ein beliebiges ξ dagegen wird aus ihm ein von $\frac{1}{\mu_5}$ abweichender Wert $\frac{1}{\mu_5'}$ resultieren, d. h. das gewählte ξ charakterisiert die Eigenschwingung eines Systems, dessen letzte Masse nicht μ_5, sondern μ_5' beträgt; oder: unser gegebenes System kann mit der durch ξ festgelegten Schwingungszahl (vgl. Formel $\overline{(\mathrm{I}_n)}$) frei schwingen, wenn zur Masse μ_5 noch eine Restmasse $\varDelta\mu_5 = (\mu_5' - \mu_5)$ zugefügt wird. Ersetzen wir die Wirkung dieser mitschwingenden Restmasse durch eine mit $\omega = f(\xi)$ pulsierende periodische Restkraft R, die sich berechnet zu $R = (\mu_5' - \mu_5)\,\alpha_5\,\omega^2 \cdot m_1 a_1$, so können wir auch sagen:

1. Ein beliebiges ξ definiert die durch die Restmasse $\varDelta\mu_5 = (\mu_5' - \mu_5)$ erzwungene Schwingung;
2. Jenes ξ, welches eine Restmasse $= 0$ erfordert, definiert eine Eigenschwingung[1]).

Das vorstehend gekennzeichnete Verfahren ist immer dann zu bevorzugen, wenn die Rechnung mit mehr als 4 Massen durchgeführt wird, und zwar aus folgenden Gründen:

1. Wir können für jedes ξ die Rechnung unabhängig durchführen, brauchen sie deshalb nur über die interessierenden Schwingungsgrade auszudehnen.
2. Wir erhalten gleichzeitig alle dem angenommenen ξ zugehörigen Werte ξ_3 und $\xi_4 \ldots$, die wir für die Bestimmung der Ausschlagsverhältnisse α_3, α_4, $\alpha_5 \ldots$ hernach doch benötigen würden;
3. Es wird auch bei peinlicher Zahlenrechnung nur schwer gelingen, die Wurzeln so genau zu bestimmen, daß nicht bloß die ω_e, sondern auch die Ausschläge, besonders bei den Formen höheren Grades, richtig erhalten werden, da die Schwingungsformen gerade in der Nähe von Eigenschwingungen auf kleinste Zahlenunterschiede ganz empfindlich reagieren. Es ist das eine Eigentümlichkeit aller Massensysteme mit vereinzelten starken Massenhäufungen (hier z. B. $m_5 = 7{,}5 \cdot m_1$), auf welche wir auch bei der Anwendung des graphischen Verfahrens von Gümbel stoßen. Man wird also für die Formen höheren Grades nie ganz daran vorbeikommen, einige einander benachbarte Fälle nach dem Probierverfahren zu rechnen und die genauen Werte der freien Eigenschwingung zu interpolieren.

---

[1]) Mit diesen Ausführungen ist auch schon der Zusammenhang mit dem Gümbelschen Verfahren aufgedeckt. Dort wird ω angenommen, hier ξ, das nach den Gleichungen (I) das Argument für die Abhängige ω darstellt. Die Bedeutung der Gümbelschen Restkraft fällt hier der Restmasse zu (vgl. S. 29 unter 3).

Zahlentafel 2.

Auswertung der Größen $\dfrac{1}{\xi_3} = \left(1+\dfrac{1}{\xi}\right) - \dfrac{1}{1-\xi}$; $\quad \dfrac{1}{\xi_4} = 0{,}75\left(1+\dfrac{1}{\xi}\right) - \dfrac{1}{1-\xi_3}$; $\quad \dfrac{1}{\mu_5'} = 1{,}25\left(1+\dfrac{1}{\xi}\right) - \dfrac{1}{5-\xi_4}$.

1	2	3	4	5	6	7	8	9	10	11	12	13	14	15	16
ξ	$\dfrac{1}{\xi}$	$\left(1+\dfrac{1}{\xi}\right)=c$	$1-\xi$	$\dfrac{1}{1-\xi}$	$\dfrac{1}{\xi_3}$	ξ_3	$1-\xi_3$	$\dfrac{1}{1-\xi_3}$	$0{,}75\,c$	$\dfrac{1}{\xi_4}$	ξ_4	$5-\xi_4$	$\dfrac{1}{5-\xi_4}$	$1{,}25\,c$	$\dfrac{1}{\mu_5'}$
−1,0	−1,0	±0	+2	+0,5	−0,5	− 2,0	+ 3,0	+0,3333	0	−0,3333	− 3,0	+ 8	+ 0,125	0	− 0,125
−1,1	−0,9091	+0,0909	+2,1	+0,4762	−0,3853	− 2,596	+ 3,596	+0,278	+0,0682	−0,2098	− 4,764	+ 9,764	+ 0,1023	+0,1137	+ 0,0114
−1,14	−0,8772	+0,1228	+2,14	+0,4673	−0,3445	− 2,902	+ 3,902	+0,2563	+0,0921	−0,1642	− 6,09	+11,09	+ 0,09012	+0,1534	+ 0,06328
−1,16	−0,8621	+0,1379	+2,16	+0,463	−0,3251	− 3,075	+ 4,075	+0,2454	+0,1034	−0,1420	− 7,04	+12,04	+ 0,0830	+0,1723	+ 0,0893
−1,18	−0,8474	+0,1526	+2,18	+0,4587	−0,3061	− 3,266	+ 4,266	+0,2344	+0,1144	−0,1200	− 8,333	+13,33	+ 0,075	+0,1907	**+ 0,1157**
−1,20	−0,8333	+0,1667	+2,20	+0,4545	−0,2878	− 3,475	+ 4,475	+0,2235	+0,125	−0,0985	−10,15	+15,15	+ 0,066	+0,2084	+ 0,1424
−1,4	−0,7143	+0,2857	+2,4	+0,4167	−0,1310	− 7,634	+ 8,634	+0,1158	+0,2142	+0,0984	+10,16	− 5,16	− 0,1938	+0,3571	− 0,5511
−1,6	−0,625	+0,375	+2,6	+0,3846	−0,0096	−104,17	+105,17	+0,00952	+0,2812	+0,2717	+ 3,68	+ 1,32	+ 0,7573	+0,4689	− 0,2884
−1,74	−0,5747	+0,4253	+2,74	+0,3650	+0,0603	+ 16,584	− 15,584	−0,0642	+0,3189	+0,3831	+ 2,61	+ 2,39	+ 0,4186	+0,5315	+ 0,1129
−1,76	−0,5682	+0,4318	+2,76	+0,3623	+0,0695	+ 14,389	− 13,389	−0,0747	+0,3239	+0,3986	+ 2,503	+ 2,497	+ 0,4004	+0,5394	+ 0,1390
−1,78	−0,5618	+0,4382	+2,78	+0,3597	+0,0785	+ 12,739	− 11,739	−0,0852	+0,3287	+0,4139	+ 2,416	+ 2,584	+ 0,3870	+0,5487	+ 0,1617
−1,80	−0,5556	+0,4446	+2,8	+0,3571	+0,0873	+ 11,45	− 10,45	−0,09568	+0,3333	+0,429	+ 2,331	+ 2,669	+ 0,3747	+0,5556	+ 0,1809
−2,0	−0,50	+0,5	+3,0	+0,3333	+0,1667	+ 6,0	− 5,0	−0,200	+0,375	+0,575	+ 1,7375	+ 3,2625	+ 0,3066	+0,625	+ 0,3184
+2,0	+0,5	+1,5	−1,0	−1,0	+2,50	+ 0,4	+ 0,6	+1,667	+1,125	−0,5417	− 1,846	+ 6,846	+ 0,1461	+1,875	+ 1,7289
+1,7	+0,5882	+1,5882	−0,7	−1,4286	+3,0168	+ 0,3315	+ 0,6685	+1,496	+1,192	−0,304	− 3,29	+ 8,29	+ 0,1207	+1,985	+ 1,8643
+1,4	+0,7143	+1,7143	−0,4	−2,5	+4,2143	+ 0,2373	+ 0,7627	+1,311	+1,285	−0,026	−38,46	+43,46	+ 0,023	+2,142	+ 2,119
+1,2	+0,833	+1,8233	−0,2	−5,0	+6,8333	+ 0,1463	+ 0,8532	+1,172	+1,374	+0,202	+ 4,95	+ 0,05	+20,0	+2,291	−17,71
+1,19	+0,8403	+1,8403	−0,19	−5,263	+7,1033	+ 0,1408	+ 0,8592	+1,163	+1,381	+0,218	+ 4,586	+ 0,414	+ 2,416	+2,3	− 0,116
+1,18	+0,8475	+1,8475	−0,18	−5,556	+7,4035	+ 0,1351	+ 0,8649	+1,156	+1,386	+0,230	+ 4,347	+ 0,653	+ 1,531	+2,31	+ 0,779
+1,17	+0,8547	+1,8547	−0,17	−5,882	+7,7367	+ 0,1293	+ 0,8707	+1,148	+1,391	+0,243	+ 4,115	+ 0,885	+ 1,129	+2,318	+ 1,189
+1,0	+1	+2	±0	±∞	∓∞	± 0	+ 1	+1	+1,5	+0,5	+ 2	+ 3	+ 0,333	+2,5	+ 2,167
+0,5	+2,0	+3,0	+0,5	+2,0	+1	+ 1	± 0	∓∞	+2,25	±∞	± 0	± 5	+ 0,2	+3,75	+ 3,55
+0,413	+2,421	+3,421	+0,587	+1,704	+1,717	+ 0,5828	+ 0,4172	+2,397	+2,567	+0,170	+ 5,883	− 0,883	− 1,1325	+4,278	+ 5,4105
+0,412	+2,427	+3,427	+0,588	+1,701	+1,726	+ 0,5792	+ 0,4208	+2,376	+2,571	+0,195	+ 5,128	− 0,128	− 7,81	+4,285	+12,095
+0,411	+2,433	+3,433	+0,589	+1,698	+1,735	+ 0,5762	+ 0,4238	+2,358	+2,575	+0,217	+ 4,609	+ 0,391	+ 2,557	+4,292	+ 1,735
+0,410	+2,439	+3,439	+0,590	+1,695	+1,744	+ 0,5730	+ 0,427	+2,342	+2,580	+0,238	+ 4,20	+ 0,800	+ 1,25	+4,300	+ 3,05

Ausführung der Rechnung.

In der Zahlentafel 2 ist die Rechnung für eine Anzahl verschiedener Werte ξ (Spalte 1) durchgeführt. Die resultierenden Werte $\dfrac{1}{\mu_5'}$ der Spalte 16 sind in Fig. 12 als $f(\xi)$ aufgetragen; dort, wo sich diese Kurve

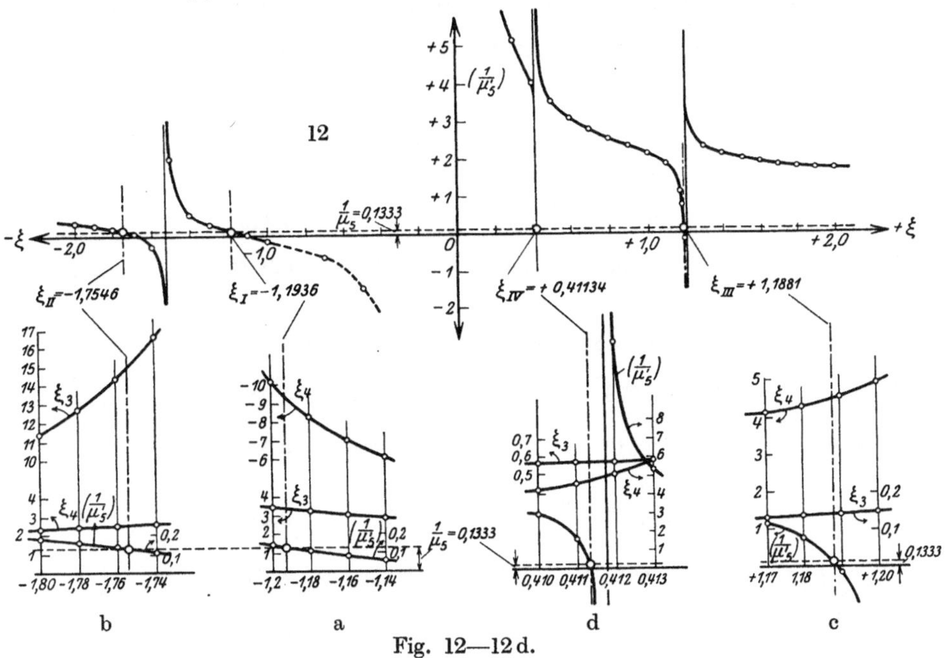

Fig. 12—12 d.

mit der Linie $\dfrac{1}{\mu_5} = \text{konst.} = 0{,}1333$ schneidet, bestimmt die Variable ξ eine freie Eigenschwingung. In den Fig. 12 a bis 12 d sind im Bereiche der 4 Wurzeln noch genauer die Werte ξ_3, ξ_4 und $\dfrac{1}{\mu_5'}$ be-

stimmt. Aus ihnen ergeben sich durch Interpolation genau die gesuchten Wurzelwerte ξ_2, ξ_3, ξ_4, mit denen dann in Zahlentafel 2a nach den Formeln $(\overline{\text{II}_{2-4}})$ die 4 Eigenschwingungsformen berechnet sind. Die Fig. 13 a bis 13 d stellen das Ergebnis von Spalte 11 bis 14 bildlich dar. In Spalte 18 sind wieder zur Kontrolle die Einspannlängen L' für die letzte Masse μ_5 berechnet.

Zu Fig. 12 bemerken wir noch:

Die Kurve gibt uns u. a. Aufschluß über die Bewegung der Knotenpunkte mit steigendem ω. Nämlich $\dfrac{1}{\mu_5'} = \infty$ oder $\mu_5' = 0$ bedeutet: Beim zugehörigen ξ (z. B. $\xi = -1{,}525$) oder n (z. B. $n = 3377\,\sqrt{1 + \dfrac{1}{-1{,}525}}$ $= 1983$ Schw./Min) verläuft die Schwingungsform horizontal zwischen m_4 und m_5 oder es bildet sich im Unendlichen ein neuer Knoten aus, der dann mit steigendem n gegen m_5 hereinrückt, bis er bei $1/\mu_5' = 0$ oder bei $\mu_5' = \infty$ auf m_5 zu liegen kommt (was z. B. bei $\xi = -1{,}76$ oder bei $n = 2219$

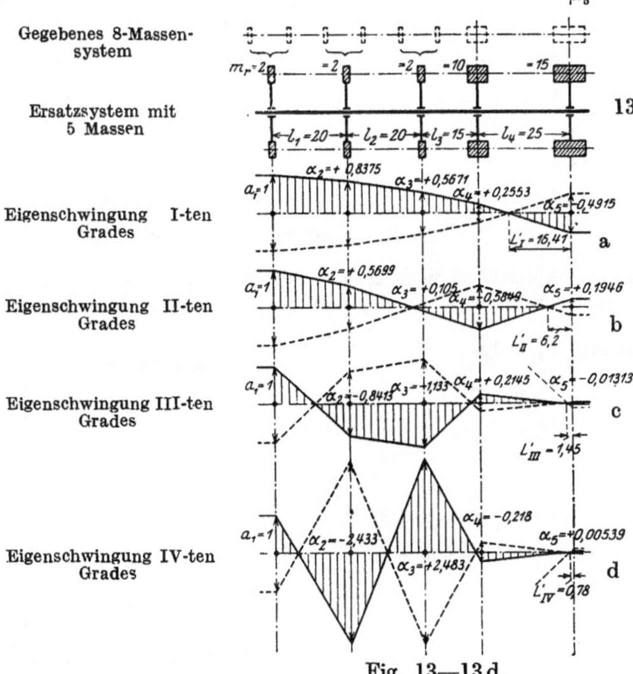

Fig. 13—13 d.

eintritt). Von da ab tritt der Knoten als reeller Knoten ins System ein und verbleibt darin bis zum höchsten Schwingungsgrad. — Kurven ξ_3, ξ_4 ... würden andere Knoten in gleicher Weise kennzeichnen.

Zahlentafel 2 a.

Auswertung der Eigenschwingungszustände (interpoliert nach den Figuren 12a—12d).

1	Für die Eigenschwingung	I ten Grades	II ten Grades	III ten Grades	IV ten Grades	0 ten Grades
2	Wurzel ξ	$-1,1936$	$-1,7546$	$+1,1881$	$+0,41134$	-1
3	$\dfrac{1}{\xi}-1$	$-1,8375$	$-1,5699$	$-0,1587$	$+1,433$	-2
4	ξ_3	$-3,400$	$+14,95$	$+0,1400$	$+0,5771$	-2
5	$\dfrac{1}{\xi_3}-1$	$-1,294$	$-0,93311$	$+6,1405$	$+0,7328$	$-1,5$
6	ξ_4	$-9,43$	$+2,505$	$+4,542$	$+4,815$	-3
7	$\dfrac{5}{\xi_4}-1$	$-1,5305$	$+0,9965$	$+0,101$	$+0,0385$	$-\dfrac{8}{3}$
8	$\left(\dfrac{1}{\xi}-1\right)=P_2$	$-1,8375$	$-1,5699$	$-0,1587$	$+1,433$	-2
9	$\left(\dfrac{1}{\xi}-1\right)\left(\dfrac{1}{\xi_3}-1\right)=P_3$	$+2,378$	$+1,4645$	$-0,9742$	$+1,0505$	$+3$
10	$\left(\dfrac{1}{\xi}-1\right)\left(\dfrac{1}{\xi_3}-1\right)\left(\dfrac{5}{\xi_4}-1\right)=P_4$	$-3,640$	$+1,4595$	$-0,0984$	$+0,04044$	-8
11	$-\dfrac{1}{\xi}=\alpha_2$	$+0,8375$	$+0,5699$	$-0,8413$	$-2,433$	$+1$
12	$+\left(P_2\cdot\dfrac{1}{\xi_3}\right)=\alpha_3$	$+0,541$	$-0,105$	$-1,133$	$+2,483$	$+1$
13	$-\left(P_3\cdot\dfrac{1}{\xi_4}\right)=\alpha_4$	$+0,252$	$-0,5849$	$+0,2145$	$-0,2182$	$+1$
14	$+\left(P_4\cdot\dfrac{1}{\mu_5'}\right)=\alpha_5$	$-0,485$	$+0,1946$	$-0,01313$	$+0,005393$	$+1^*=(-0,125)(-8)$
15	$\left(1+\dfrac{1}{\xi}\right)=c$	$+0,1625$	$+0,4301$	$+1,8413$	$+3,433$	0
16	$353,5\cdot\sqrt{c}=\omega_e$	$142,4$	$231,8$	480	655	0
17	$3377\cdot\sqrt{c}=n_e$	1361	2214	4584	6253	0
18	$\dfrac{l_1}{\mu_5}\cdot\dfrac{1}{c}=\dfrac{2,668}{c}=L'$	$+16,41$	$+6,2$	$+1,448$	$+0,777$	∞

3. Berechnung nach Gümbel (Z. 1912 S. 1025).

Zum Vergleich sei noch eine Reihe der Tafel 2 und zwar der Fall $\xi=-1,18$ in einer aus dem Gümbelschen Verfahren hergeleiteten Form durchgerechnet (vgl. S. 58 unter b).

Gegeben: $\mu_1=1,0$;

$\mu_2=1,0$; $\quad\lambda_1=1,0$;

$\mu_3=1,0$; $\quad\lambda_2=1,0$;

$\mu_4=5,0$; $\quad\lambda_3=0,75$;

$\mu_5=7,5$; $\quad\cdot\,\lambda_4=1,25$;

Konstante $C=\dfrac{H}{l_1 m_1}=\dfrac{5\cdot10^6}{20\cdot2}=12,5\cdot10^4\,[1/\text{sek}^2]$.

Angenommen (entsprechend $\xi=-1,18$): $\omega=138,1\left(=\sqrt{C}\cdot\sqrt{1+\dfrac{1}{\xi}}\right)$;

$$n=9,55\cdot\omega=1320;$$

$$C'=\dfrac{C}{\omega^2}=6,565\left(=\dfrac{\xi}{1+\xi}\right).$$

Folgendes Rechenschema vereinfacht durch Verwendung der Verhältniszahlen die Rechenarbeit in sehr fühlbarem Maße. Die einzelnen Größen werden zweckmäßig in der durch die Pfeile gekenn-

Zu berechnen:

Nr.	λ	$(\mu \cdot \alpha)$	$= T'$	$\Sigma (\mu \alpha)$	$\Delta \alpha = \lambda \cdot \dfrac{\Sigma (\mu \alpha)}{(-C')}$	$\alpha_{n+1} = \alpha_n + \Delta \alpha_n$
1	0	$1 \cdot (+1,0)$	$= +1,0$	0	0	$+1,0$
2	1,0	$1 \cdot (+0,8476)$	$= +0,8476$	$+1,0$	$-0,1524$	$+0,8476$
3	1,0	$1 \cdot (+0,566)$	$= +0,566$	$+1,8476$	$-0,2816$	$+0,566$
4	0,75	$5 \cdot (+0,29)$	$= +1,450$	$+2,4136$	$-0,276$	$+0,290$
5	1,25	$7,5 \cdot (-0,447)$	$= -3,354$	$+3,864$	$-0,737$	$-0,447$

$$R' = +0,51$$

zeichneten Reihenfolge gebildet: Man nimmt einen ersten verhältnismäßigen Ausschlag $\alpha_1 = +1,0$ an und bestimmt damit die Trägheits„kraft" der 1. Masse $T'_1 = \alpha_1 \cdot \mu_1 = +1,0$; diese kann nur dann von der Welle aufgenommen werden, wenn die Länge λ_1 bis zur Masse μ_2 hin verdreht ist um die Größe $\Delta \alpha$, entsprechend der Beziehung $\Delta \alpha_1 : \lambda_1 = T'_1 : (-C')$, (vgl. Fig. 31)[1]), so daß $\Delta \alpha_1 = \dfrac{1,0}{-6,565}$

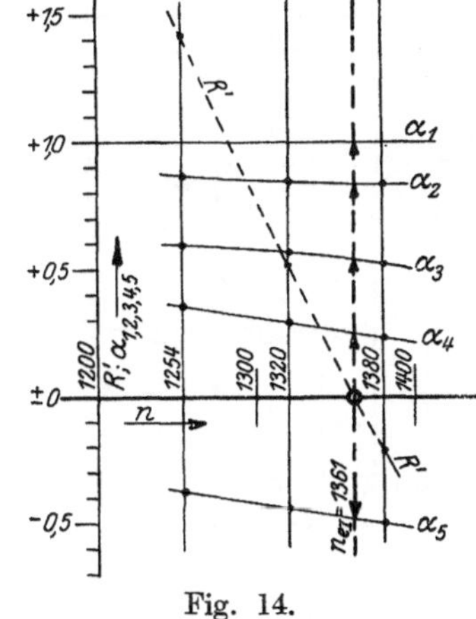

Fig. 14.

$= -0,1524$; damit ist aber auch schon der Ausschlag α_2 der Masse μ_2 bestimmt $\alpha_2 = \alpha_1 + \Delta \alpha_1 = +1,0 - 0,1524 = +0,8476$. Das Wellenstück λ_2 wird verdreht durch die beiden „Kräfte"

$$T'_1 + T'_2 = 1,0 + 0,8476 = +1,8476, \text{ so daß } \Delta \alpha_2 = \lambda_2 \cdot \frac{\Sigma T'}{-C'} = -0,2816$$

usw. Vgl. hierzu auch Text S. 58 „Einzelheiten".

Der positive Rest R' besagt, die Summe der positiven Produkte $(\mu \cdot \alpha)$ überwiegt um $(+0,51)$ Einheiten; ein zusätzliches negatives Produkt $(= -0,51)$ stellt also, zusammen mit $(\mu_5 \cdot \alpha_5) = -3,354$ Gleichgewicht her; oder das angenommene $n = 1320$ ist Eigenschwingungsperiode, wenn die letzte Masse (statt $\mu_5 = 7,5$) gleich $\mu'_5 = 7,5 + \dfrac{-0,51}{-0,447} = 8,64$ ist. Diesen gleichen Wert μ'_5 fanden wir in Zahlentafel 2 mit $1/\mu'_5 = +0,1157$ oder $\mu'_5 = 1/0,1157 = +8,64$.

Fig. 14 stellt außer den Ausschlägen ein kurzes Stück der bekannten $R-n$-Kurve längs der drei Perioden $n = 1254$, $= 1320$, $= 1380$ (entsprechend $\xi = -1,16$, $= -1,18$, $= -1,20$) dar. An der Stelle $n = 1361$ entnehmen wir dieselben Ausschläge, welche in den Spalten 11—14 der I ten Vertikalreihe (Tafel 2a) berechnet sind.

Genaue Berechnung.

e) als System mit acht Schwungmassen (Fig. 15).

Gegeben: $m_1 = m_2 = \cdots m_6 = 1,0$; $m_7 = 10,0$; $m_8 = 15,0 \left[\dfrac{\text{kg} \cdot \text{sek}^2}{\text{cm}}\right]$

$\mu_1 = \mu_2 = \cdots \mu_6 = 1$; $\mu_7 = 10$; $\mu_8 = 15$;

$l_1 = l_2 = \cdots l_6 = 10,0$; $l_7 = 25$ [cm]

$\lambda_1 = \lambda_2 = \cdots \lambda_6 = 1$; $\lambda_7 = 2,5$; $\sqrt{\dfrac{H}{l_1 m_1}} = \sqrt{\dfrac{5 \cdot 10^6}{10 \cdot 1}} = 707,11$.

Lösung:

Nach den Formeln (III) ist hier folgendes Gleichungssystem nach der Grundviabeln ξ aufzulösen:

$$\frac{1}{\xi_3} = \left(1 + \frac{1}{\xi}\right) - \frac{1}{1-\xi}; \qquad (\mathrm{III}_2)$$

$$\cdots \cdots \cdots \cdots \cdots \cdots$$

$$\frac{1}{\xi_7} = \left(1 + \frac{1}{\xi}\right) - \frac{1}{1-\xi_6}; \qquad (\mathrm{III}_6)$$

$$\frac{1}{\mu_8} = 2,5 \cdot \left(1 + \frac{1}{\xi}\right) - \frac{1}{10 - \xi_7}. \qquad (\mathrm{III}_7)$$

Aus (III_2) ergibt sich ξ_3 als $f(\xi)$ zu:

$$\xi_3 = \frac{\xi - \xi^2}{1 - \xi - \xi^2}; \quad \text{und weiter:} \quad \frac{1}{1-\xi_3} = \frac{1 - \xi - \xi^2}{\xi(1 - 2\xi)}; \text{ usw.}$$

Letzten Endes erhalten wir auf diesem Wege

$$0 = 1,0714 - 4,464\,\xi + 0,7886\,\xi^2 + 11,307\,\xi^3 - 2,34\,\xi^4 - 8,923\,\xi^5 - 0,5114\,\xi^6 + \xi^7.$$

---

[1]) In Fig. 31 S. 58 lauten die Bezeichnungen Δa_1 (statt $\Delta \alpha_1$), Δl (statt λ_1), T (statt T'_1), H (statt C').

Fig. 15 stellt dieses Gesetz als $f(\xi)$ über der ganzen Zahlenskala dar; dabei mußte viermal der Maßstab geändert werden, um die Schnitte der Kurve mit der ξ-Achse oder die Wurzeln $\xi_I \ldots \xi_{VII}$ scharf genug zu erhalten.

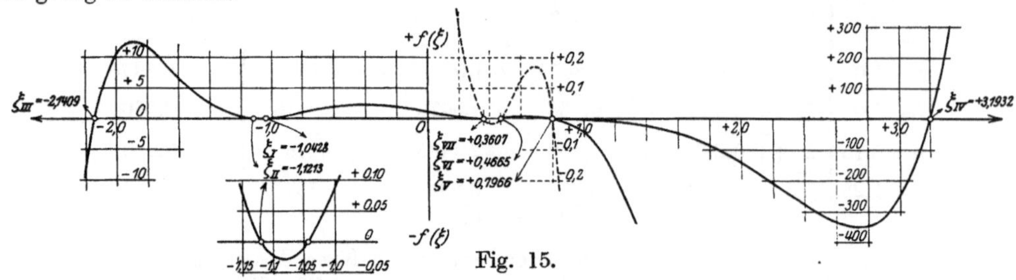

Fig. 15.

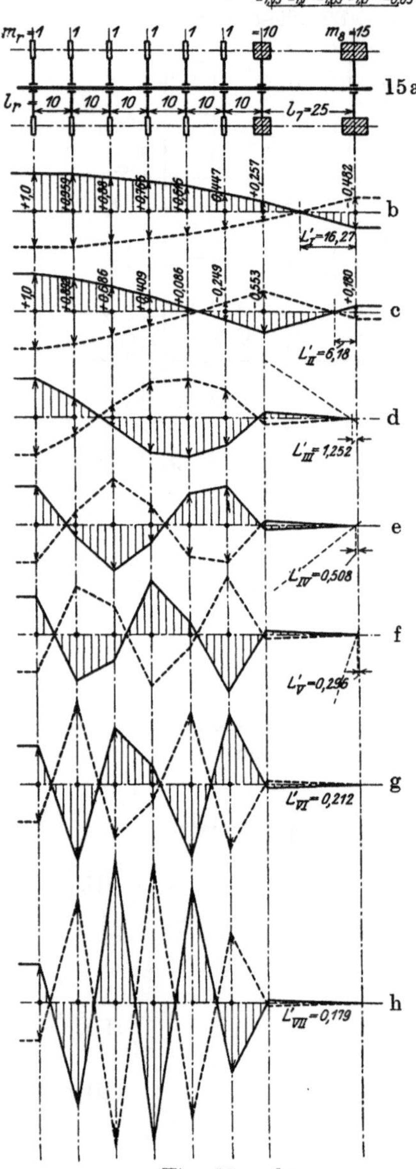

Fig. 15 a—h.

Mit diesen Wurzelwerten sind die Schwingungsformen wie in Zahlentafel 2a berechnet und in den Fig. 15 b bis 15 h wieder bildlich dargestellt. Wir sehen jedenfalls, daß die Ausschläge der beiden letzten großen Massen verhältnismäßig immer kleiner werden, ihr Bestreben, in der Ruhelage zu verbleiben, wird mit steigender Periodenzahl immer wirksamer.

Wir haben diese ziemlich umständliche Berechnung der Wurzelgleichung und sämtlicher Eigenschwingungsgrade hier des systematischen Abschlusses halber durchgeführt; in einem Fall der Praxis wird man immer nur nach einem der beiden S. 25 und 28 beschriebenen Probierverfahren die wenigen wichtigen Eigenschwingungszustände bestimmen. Man kommt damit viel schneller zu dem praktisch notwendigen Ziel und vermeidet leichter Rechenfehler.

Zusammenfassend können wir nun die gefundenen n_e-Werte aller Systeme den genauen Zahlen des 8-Massensystems gegenüberstellen:

System mit	2	3	4	5	8 Schwungmassen	
n_{eI}	1243	1304	1350	1361	1 367	
n_{eII}	—	2195	2210	2214	2 219	
n_{eIII}	—	—	4050	4584	4 935	
n_{eIV}	—	—	—	6253	7 739	1/min
n_{eV}	—	—	—	—	10 140	
n_{eVI}	—	—	—	—	11 970	
n_{eVII}	—	—	—	—	13 120	

Der Vergleich dieser Zahlen läßt erkennen, daß wir bei dem vorliegenden Typenbeispiel schon mit den einfachen zusammengefaßten 3- und 4-Massensystemen die ersten Eigenschwingungszustände in solcher Annäherung genau erhalten, daß diese Werte für viele Zwecke der Praxis eine ausreichende Orientierung gewähren. Die weniger radikale Zusammenfassung in 5 Einzelmassen bringt demgegenüber lediglich für die III. und IV. Eigenschwingungszahl wesentlich genauere Resultate, die aber meist schon gar nicht mehr interessieren.

Es wird sich daher für Praxisrechnungen im allgemeinen empfehlen, die unteren Eigenschwingungszahlen n_e erst angenähert mit den 3- oder 4-Massenformeln zu bestimmen und dann die in Frage kommenden Gebiete genau nach einem der beiden Probierverfahren zu überrechnen. Mit diesen Ergebnissen hat man dann auch schon wertvolle Unterlagen für genauere Untersuchungen nach den Ausführungen des nun folgenden zweiten Teiles gewonnen.

Zweiter Teil.
(Gedämpfte Systeme.)

Über die Eigenschaften und Wirkungen der harmonischen Drehkräfte und über den Ausgleich gefährlicher Verdrehungsschwingungen.

Bezeichnungen.

Neben den S. 4 festgelegten Schriftzeichen werden in diesem zweiten Teile noch folgende Symbole gebraucht:

1. $H_{0,1 \ldots n}$ = Harmonische Nr. 0, 1, ... n einer gegebenen Funktion. . . . . —

[1]) D . . . . = harmonische Drehkräfte . . . . \
    $D_{1/2}$ . . = harmonische Kraft $1/2$-ter Ordnung. . . . . \
    D_G . . = Gasdrehkräfte . . . . \
    D_M . . = Massendrehkräfte . . . . $\dfrac{\mathrm{kg}}{\mathrm{cm}^2}$ \
    D_r . . . = resultierende Drehkräfte . . . . \
    $D_{(I,\,II)}$ = Harmonische der Zylindergruppe (I), (II) . . . . \
[1]) E . . . . = Erregung oder beliebige, rein sinusförmig schwingende (Zwangs-) Kraft . \
    K . . . . = Totale Dämpfungskraft . . . .

  $k_{Zyl} = k_z$ = spezifische Dämpfungszahl der Ölmaschine . . . . $\dfrac{\mathrm{kg} \cdot \mathrm{sek}}{\mathrm{cm}^3}$

2. i . . . . . = Impuls- oder minutliche Periodenzahl der erregenden Kraft . . . . . . 1/min \
  η . . . . . = Kreisfrequenz der Erregung, entsprechend i Perioden, = Drehschnelle . . 1/sec

3. α . . . . = Amplitude des Ausschlages in Bogengraden . . . . — \
  $a = R \cdot \alpha$ = Amplitude des Ausschlages auf dem Radius R . . . . cm \
  α^0 . . . . = Zündabstand zweier Zylinder, ausgedrückt in α° Kurbeldrehung . . . . —

4. $\tau = \eta \cdot t$ = Bogen, innerhalb t Sekunden vom rotierenden Kraftvektor zurückgelegt \
         (Bogengrade) . . . . — \
  $\left.\begin{array}{c} v \\ h \end{array}\right\}$ als Indices $\left\{\begin{array}{l} \text{bezeichnen Vertikal- und Horizontalkomponenten eines Vektors in seiner} \\ \text{augenblicklichen Phase} \end{array}\right.$ . . . . — \
  φ . . . . = Phasenwinkel in einem bestimmten Augenblick (Bogengrade) . . . . . . — \
  $\varkappa$ . . . . = Ordnungsziffer = $1/2$, 1, $1\,1/2$ ... $n/2$ . . . . —

Die im ersten Teil berechneten Eigenschwingungen sind lediglich theoretisch mögliche Bewegungszustände, die strenggenommen niemals in der Natur vorkommen, welche aber immerhin die wirklichen Erscheinungen nahezu vollkommen genau abbilden, solange die Reibungswiderstände nur sehr klein bleiben. Unter der Einwirkung der immer vorhandenen Dämpfungen klingen alle freien Schwingungen einmal ab bzw. müssen immer wieder von neuem durch äußere Kräfte angeregt werden; als Beharrungszustand können sie sich insbesondere in der Form stehender Schwingungen nur so lange aufrecht erhalten, als sie durch äußere schwingende Kräfte erzwungen werden.

Bevor wir nunmehr an die nähere Untersuchung solcher erzwungener Schwingungen gehen, müssen wir eine klare Vorstellung von den in Maschinenanlagen wirksamen Kraftimpulsen zu gewinnen suchen,

---

[1]) Für die Erregungen benützen wir nebeneinander die gleichwertigen Symbole D und E; mit D bezeichnen wir jedoch immer nur die tatsächlich bei einer bestimmten Ausführung und Drehzahl vorhandenen Drehkraftharmonischen, während E jeweils Erregungen, entsprechend bestimmten Anfangsbedingungen (z. B. a_1 = const. = 1,0), also verhältnismäßige Harmonische bedeuten.

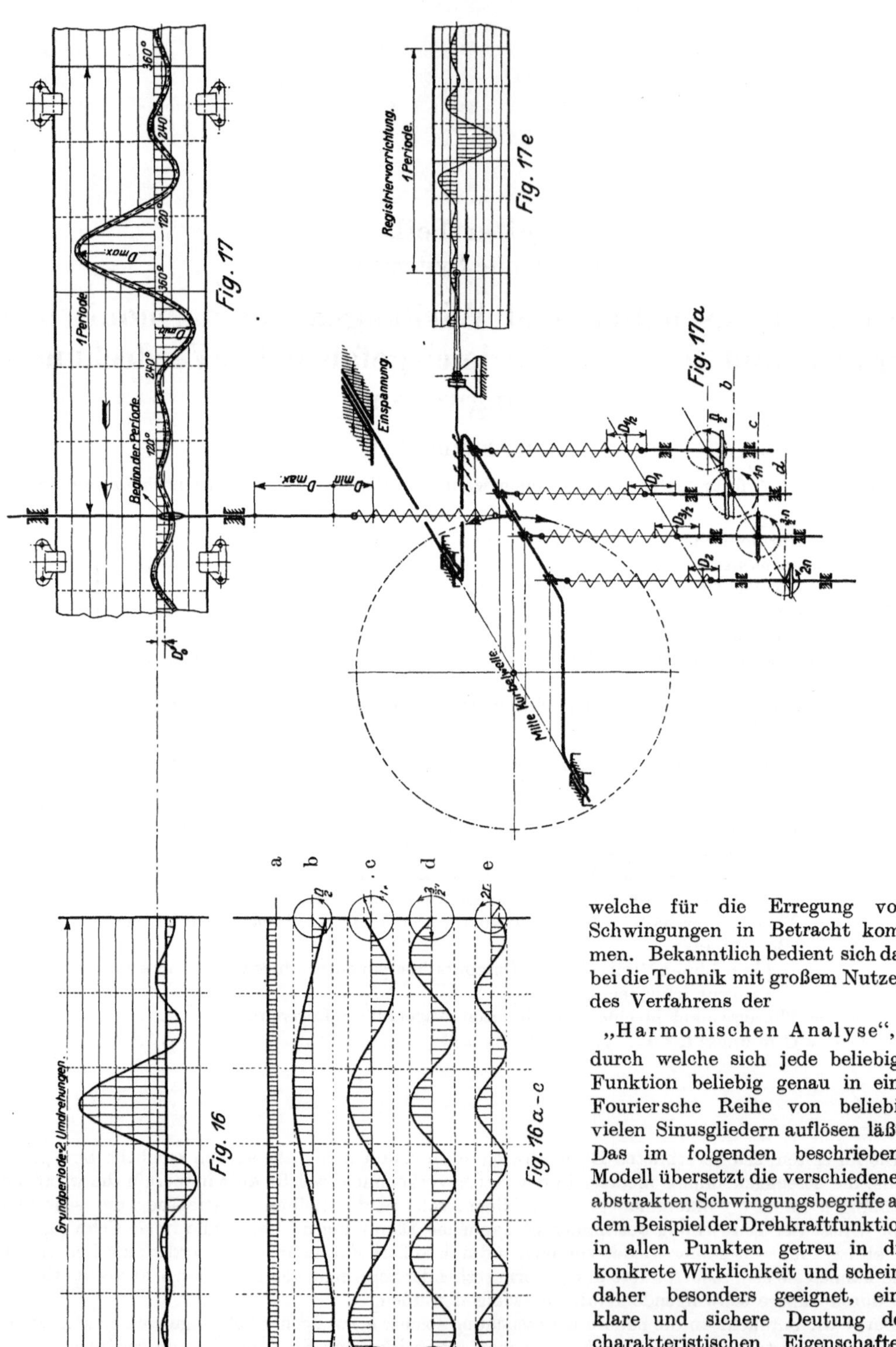

welche für die Erregung von
Schwingungen in Betracht kommen. Bekanntlich bedient sich dabei die Technik mit großem Nutzen
des Verfahrens der

„Harmonischen Analyse",

durch welche sich jede beliebige
Funktion beliebig genau in eine
Fouriersche Reihe von beliebig
vielen Sinusgliedern auflösen läßt.
Das im folgenden beschriebene
Modell übersetzt die verschiedenen
abstrakten Schwingungsbegriffe an
dem Beispiel der Drehkraftfunktion
in allen Punkten getreu in die
konkrete Wirklichkeit und scheint
daher besonders geeignet, eine
klare und sichere Deutung der
charakteristischen Eigenschaften
oder Attribute von harmonischen
Drehkräften zu vermitteln.

I. Schematisches Modell einer harmonischen Analyse.

Die Fig. 16a—e stellen das mathematische Ergebnis der harmonischen Analyse der in Fig. 16 gegebenen Grundfunktion dar; dieser Kurve sind somit im vorliegenden Falle ein „schwingungsfreies Glied" H_0 (Fig. 16a), eine „Grundschwingung" H_1 (Fig. 16b) und nur drei „Oberschwingungen" H_2, H_3, H_4 (Fig. 16c, d, e) als Auflösungen eigen [1]).

Wie nun die fünf Komponenten mathematisch der gegebenen Grundfunktion gleichwertig sind, so will das Modell (Fig. 17—17e) in analoger Weise zeigen, wie wir an einer (fest eingespannten) Kurbelwelle gleiche verdrehende Wirkung erzielen, wenn wir die Kurvenzüge der Fig. 16b—16e als Kräfte deuten und sie entweder als eine einzelne schwankende Drehkraft nach Fig. 17 oder als eine Summe von harmonisch schwingenden Kräften nach Fig. 17a—d an ihr angreifen lassen.

Der mit Schwingungsvorgängen weniger Vertraute mag anfangs leicht den Eindruck gewinnen, als würde durch die Auflösung der gegebenen einzelnen Funktion in eine mehrfache Vielheit von Veränderlichen künstlich eine unnötige Verwicklung in die Rechnungen hineingetragen. Demgegenüber ist aber zu sagen, daß trotzdem diese Methode eine höchst fruchtbare und willkommene Vereinfachung der Rechnungen bedeutet. Der

Vorteil der harmonischen Analyse

besteht einmal darin, daß die gegebene, rechnerisch kaum faßbare Kraft durch die Analyse auf das Urelement einer rein harmonischen Kraft zurückgeführt wird, welche freilich mit verschiedenen Impulszahlen schwingt: Jede Auflösung ist eben wieder eine Sinuslinie. Andererseits gelingt es, für eine solche einfachste Kraft, aber auch nur für eine solche immer, längs der ganzen Skalenreihe von Impulszahlen Schwingungswirkungen zu berechnen; Unterschiede in der Amplitude der Kräfte sind aufs einfachste durch proportionale Umrechnung zu berücksichtigen. — Weiterhin lassen sich dann aus einer einmalig durchgeführten Rechnungsreihe, aufgebaut nach steigenden Impulszahlen, nach dem „Gesetz der ungestörten Superposition von Einzelbewegungen" alle möglichen Summenbewegungen ableiten (vgl. Fig. 36p—s), ebenso wie wir durch die Synthese harmonischer Kräfte eine einzelne Summenkraft erhalten, die sich mit der gegebenen Grundkraft beliebig genau deckt (vgl. die Fig. 19—19n).

Ihrem physikalischen Sinn nach

sind die Harmonischen ebensowohl als Mittelwerte aufzufassen, wie etwa H_0 oder D_0: Es ist allgemein geläufig, zu sagen, die Summe aller Drehkräfte hat dieselbe integrale drehende Antriebswirkung, wie die mittlere Drehkraft D_0, die als Konstante unendlich wenig oder nullmal hin und her pendelt. In analoger Weise hat die Summe der Drehkräfte aber auch, einmal in und entgegen der Drehrichtung pendelnd, dieselbe Wirkung, wie die berechnete erste Harmonische. Oder: Wirkt die gegebene unregelmäßige Drehkraft auf ein System ein, das sich nicht nur zu drehen vermag, sondern auch auf solche hin und her schwingende Impulse besonders reagiert, dann wird es sich gleich verhalten, ob nun die gegebene Drehkraft oder aber die ausgemittelte erste Harmonische an ihm angreift; diese ist eben genau der nur einmal durchschwingende integrale Mittelwert der gegebenen Kraftzuckungen.

An Hand der Fig. 16—16e, 17—17e ist noch auf eine Reihe von

Einzelheiten

hinzuweisen:

1. Die Grundkurve Fig. 16 kehrt in dem Bilde der Kraftschablone Fig. 17 wieder, jedoch ist diese Kraftkurve nicht orientiert zur Nullinie, sondern zum „schwingungsfreien" Glied, als dem Mittelwert aller Schwankungen gegen die Nullinie, der somit also auch den mittleren konstanten Überschuß D_0 an Drehkraft bedeutet. Dieser Wert D_0 wird hier sowohl wie bei allen weiteren Schwingungsrechnungen nicht berücksichtigt, weil er Schwingungen weder erregen noch verhindern kann. Sein Vorhandensein beeinflußt nicht den Charakter der Grundkurve, verschiebt vielmehr nur ihr Nullniveau und besagt lediglich, daß sich die Maschine unter Überwindung eines dauernden Widerstandes D_0 am Kurbelarm dreht. Wir haben uns also den ganzen Modellapparat

---

[1]) Um ein möglichst einfaches Beispiel zu gewinnen, wurde diese Grundkurve rückwärts aus den genannten 5 Komponenten gebildet, die selbst wieder nahezu mit später wichtigen Harmonischen (vgl. Fig. 19a—d) übereinstimmen.

um die Kurbelwellenmittellinie rotierend zu denken; dabei ist die Schablone beim Viertaktprozeß um die Länge einer Periode = zweier Umdrehungen zu verschieben. Die Schwingungsbewegungen überlagern sich also der allgemeinen Drehbewegung und pendeln wie die ursächlichen erregenden Kräfte um die mittlere Verdrehungslinie (vgl. die Torsiogramme Fig. 36 l, m, n, o).

2. Nach dem Ergebnis der harmonischen Analyse zeigt die Registriervorrichtung Fig. 17 e das gleiche Verdrehungsbild, wenn man entweder die Kraftschablone in Pfeilrichtung verschiebt und dadurch auf die Kröpfung verschiedene Drehmomente ausübt, oder wenn man statt dieser einen Grundkraft vier Kurbelkräfte wirken läßt, welche dank den Schleifkurbelgetrieben ($\lambda = 0$) rein sinusförmig, entsprechend Fig. 16 b—e verlaufen. Die vier unteren Schraubenfedern müssen genau mit der einen oberen übereinstimmen.

3. Die vier Sinuslinien (Fig. 16 b—e) werden eindeutig und aufs einfachste, wie auch aus der Elektrotechnik bekannt, durch die entsprechenden, gleichförmig rotierenden Fahrstrahlen versinnbildet. Es entsprechen sich drei besondere Gruppen von Begriffen:

a) Länge der Fahrstrahlen oder
   Höhe (Amplitude) der Sinushalbwellen $\Big\}=\Big\{$ Länge der Ersatzkurbeln oder
   Intensität ihrer größten Kraftwirkungen im Verlaufe einer Periode.

b) Konstante Drehzahl der Vektoren
   Anzahl Vollwellen (Vollschwingungen) der Sinuslinien $\Big\}=\Big\{$ Konstante Drehzahl der Ersatzkurbeln
   Impulszahl i ihrer Kraftwirkungen

c) Richtungen der Fahrstrahlen
   Augenblickliche Phasen der Sinuslinien $\Big\}=\Big\{$ Richtungen der Ersatzkurbeln
   Phasen ihrer Kraftschwingungen.

Die Darstellung von Schwingungsvorgängen mittels kreisender Drehstrecken ist heute nicht mehr zu entbehren. Es ist daher notwendig, sich mit dieser Rechenmethode aufs eingehendste vertraut zu machen. Deshalb sei hier einmal im Zusammenhang gezeigt, auf welche verschiedene Weise, meist nur mit anderen Worten, sich einige wichtige Schlußfolgerungen aus den Parallelen unter b) und c) in der Sprache der Schwingungslehre ausdrücken lassen.

ad b)   Die erste harmonische Kraft beschreibt innerhalb $\Big\{$

zweier Maschinendrehungen (= einer Grundperiode)	eine ganze Vollschwingung (= 360 Schwingungsgrade)
einer Maschinendrehung	eine halbe Vollschwingung (= 360/2 Schwingungsgrade)
n Maschinendrehungen	$^n/_2$ Vollschwingungen (= $n \cdot ^{360}/_2$ Schwingungsgrade).

Oder: Die 1. Harmonische erteilt dem System innerhalb n Maschinenumdrehungen je $^n/_2$ Kraftimpulse in beiden Drehrichtungen.

Oder: Der 1. Fahrstrahl (die 1. Ersatzkurbel) beschreibt innerhalb n Maschinenumdrehungen nur $^n/_2$ Zeigerumdrehungen.

Oder: Die 1. Harmonische ist definiert durch die Bezeichnung „$^1/_2$-ter Ordnung", oder hat die Ordnungsziffer $\varkappa = ^1/_2$.

Oder: Harmonische Nr. 1 = **Harmonische $^1/_2$-ter Ordnung bedeutet einfach: Die Kraft pulsiert mit der $^1/_2$-fachen Drehzahl**[1]).

Nachdem die weiteren Harmonischen (die zweite = 1-ter Ordnung, die dritte = $1^1/_2$-ter Ordnung, die vierte = 2-ter Ordnung usw.) einfach 2-, 3-, 4- ... mal so schnell schwingen, wie die Grundschwingung H_1, so ergibt sich für deren Impulszahl die wichtige Beziehung

$$i_\varkappa = \varkappa \cdot n , \qquad\qquad (5)$$

d. h. z. B.: Die harmonische Kraft Nr. 12 oder 6-ter Ordnung ($\varkappa = 6$) schwingt bei 400 Maschinenumdrehungen pro Minute $6 \cdot 400 = 2400$ mal hin und her, oder sie erteilt dem ganzen System $6 \cdot 400 = 2400$ Kraftimpulse pro Minute.

ad c)   In der Zeichnung sind die Fahrstrahlen (bzw. die Ersatzkurbeln) in jener Richtung festgehalten, welche sie gerade im Augenblick des Beginns der Periode erreicht haben; die Berechnung der Auflösungen ergibt diese Phasen automatisch. Würden alle vier Fahrstrahlen gleiche Drehzahl besitzen, dann wären auch noch z. B. nach $^1/_6$ Periode die vier Strahlen unter gleichen Winkeln zueinander gerichtet oder würden noch die gleiche relative Konstellation gegeneinander aufweisen, als ganzes Strahlenkreuz freilich irgendwie verdreht gegenüber der Lage zu Beginn

---

[1]) Wir behalten damit im Gegensatz zu H o l z e r „Berechnung der Drehschwingungen" S. 22 f. die bisherige Bezeichnung der Ordnungen bei.

der Periode. Die verschiedene Drehzahl bringt es aber mit sich, daß sich die Drehstrecken (Ersatzkurbeln) nicht übereinstimmend mit der Maschinenkurbel, sondern nach der Beziehung drehen

$$\varphi_\varkappa = \varkappa \cdot \alpha \, , \tag{5a}$$

d. h. in derselben Zeit, in der die Maschinenkurbel α° zurücklegt, bringt der Fahrstrahl oder die Harmonische von der Ordnung $\varkappa$ einen Winkel von $(\varkappa \cdot \alpha)$ Schwingungsgraden hinter sich.

In der Folge interessiert uns nicht bloß die Frage, wie die harmonischen Kräfte eines bestimmten Zylinders in der Phase zueinander stehen; fast noch wichtiger ist es meist, zu wissen, wie die gleichen Harmonischen aller vorhandenen Zylinder in der Phase zusammen schwingen. In diesem Sinne wird Formel (5a) im III. Abschnitt S. 46 ausgiebigst angewandt.

II. Die harmonischen Drehkräfte der Ölmaschine.

Ein Einblick in das Labyrinth der schwingenden Umfangs- oder Drehkräfte läßt sich am besten gewinnen durch getrennte Behandlung einerseits der von den Gasdrücken herrührenden Umfangskräfte, andererseits der von den Massendrücken erzeugten Drehkräfte. Der Kürze halber sollen im folgenden die beiden Arten von Kräften nur mit „Gasdrehkräften" und „Massendrehkräften" bezeichnet werden. Ausdrücklich bemerkt sei, die letzteren umfassen nur die von den hin und her gehenden Getriebemassen erzeugten Drehkräfte, nicht auch etwa solche, die von trägen rotierenden Schwungmassen auf der Wellenleitung herrühren.

1. Die „Gasdrehkräfte".

Bei den folgenden Untersuchungen erscheinen nicht die totalen, nur für ein bestimmtes Beispiel gültigen Drehkräfte in kg, sondern immer nur bezogene Umfangskräfte in kg pro 1 qcm Kolbenfläche. Unsere Ergebnisse gewinnen dadurch von vornherein eine

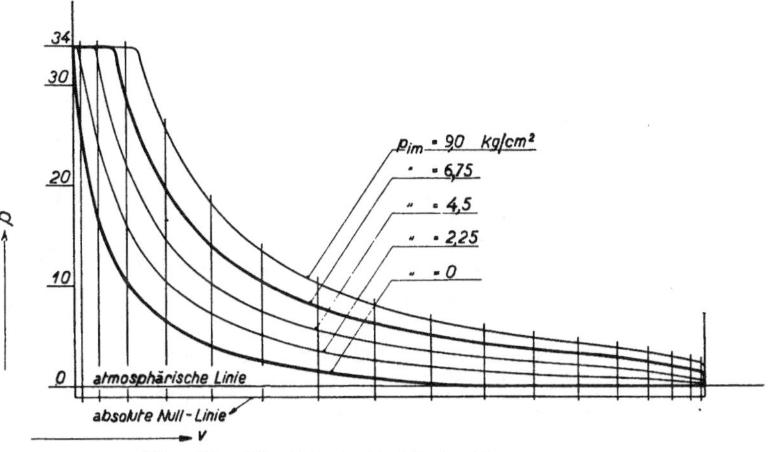

Fig. 18.   Idealisierte Indikatordiagramme.

breitere Basis, indem wir uns von der Maschinengröße im einzelnen Fall freimachen. Auch gewinnen wir sofort ein Urteil über die verhältnismäßige Wichtigkeit jeder einzelnen Größe.

Die Grundlage für die Untersuchungen bilden die in Fig. 18 dargestellten idealisierten Indikatordiagramme, die den ganzen überhaupt in Betracht kommenden Füllungsbereich von $p_{im} = 0$ bis $p_{im} = 9{,}0$ kg/qcm umfassen (p_{im} lediglich auf den Arbeitshub bezogen). Für die Periode ergibt sich als Mitteldruck $[p_{im} \cdot {}^1/_4]$. Sie besitzen sämtlich eine gemeinsame Verdichtungskurve $p \cdot v^{1,35} =$ konst. Für $p_{im} = 0$ ist somit auch für die Expansionskurve das Gesetz $p \cdot v^{1,35} =$ konst. gültig; für $p_{im} = 2{,}25$ folgt die Ausdehnung ungefähr dem Gesetz $p \cdot v^{1,3} \backsimeq$ konst., während für die weiteren drei Expansionskurven $p \cdot v^{1,2} \backsimeq$ konst. angenommen ist. Für die Charakterisierung der uns hier interessierenden Gesetzmäßigkeiten genügen diese Idealfälle in ausreichendem Maße.

Zu diesen Gasdrücken sind die zugehörigen Drehkräfte D, unter Zugrundelegung eines mittleren Treibstangenverhältnisses, $\lambda = 1 : 4{,}25$ bestimmt. Eine dieser vier Drehkraftkurven, die zu $p_{im} = 6{,}75$ gehörige, ist in Fig. 19 dargestellt. Das entsprechende Indikatordiagramm ist auch in Fig. 18 kräftig hervorgehoben, um es als dasjenige zu kennzeichnen, welches der bei Verbrennungsmaschinen üblichen normalen Belastung eines Zylinders am nächsten kommt.

Es war nun unsere Aufgabe, für die so bestimmten Drehkraftkurven den Verlauf aller Oberschwingungen nach Größe und vor allem nach der Phase zu bestimmen. Diese Arbeit ist rechnerisch durchgeführt nach dem in der Literatur (vgl. z. B. Hort, Technische Schwingungslehre 1910, S. 72/73, Starkstromtechnik S. 643, 2. Auflage) des öfteren beschriebenen Verfahren. Wir übergehen hier diese ziemlich umständliche Rechnung und erwähnen nur, daß wir die gegebene Grundperiode in verhältnismäßig viele ($2 \cdot 36 = 72$) Teile unterteilt haben, um auch noch die höheren Harmonischen genau genug zu erhalten. Wegen der Ordinaten $y = 0$ im Ansauge- und Auspuffhub scheiden für die Zahlenrechnung von vornherein $2 \cdot 18 = 36$ Teile aus. In der Tabelle 3 sind die Zahlenergebnisse der ganzen Rechnung zusammengestellt[1]). Wie bekannt, erhält man die Amplitude (C) jeder einzelnen Harmonischen als geometrische Summe einer Sinuskomponente (A) und einer dazu senkrechten Kosinuskomponente (B). Hinsichtlich der Vorzeichen gelten unsere Regeln S. 58.

In den Fig. 19 und 20 sind die Ergebnisse der Zahlenrechnung graphisch dargestellt. Eine erste Gruppe von Figuren (19—19 n) gibt für die zu $p_{im} = 6{,}75$ gehörige Drehkraftkurve die 12 ersten und die 15. harmonische Auflösung wieder. Diese sind sowohl in Lineardiagrammen in der Form von Sinuslinien längs einer ganzen Grundperiode

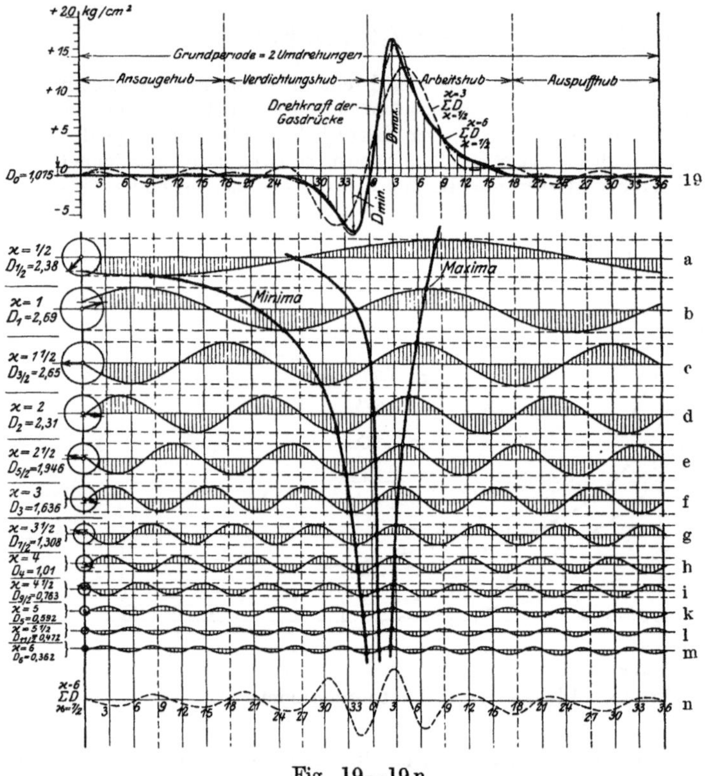

Fig. 19—19 n.

dargestellt (Fig. 19 a—m), als auch links seitlich in Polardiagrammen als Fahrstrahlen in jener Augenblickslage festgehalten, die dem Beginn der Grundperiode entspricht.

Für die übrigen Drehkraftkurven ($p_{im} = 0$, $= 2{,}25$, $= 4{,}5$, $= 9{,}0$) wurden die Harmonischen in den Fig. 20 a—20 h nur noch als Fahrstrahlen aufgetragen, die ja auch schon die Oberschwingungen vollkommen eindeutig nach Größe, Phase und Impulszahl bestimmen. Fig. 20 i zeigt noch außerdem den Verlauf der Amplituden allein ohne Berücksichtigung der Phase.

---

[1]) Holzer gibt in der Zahlentafel 2, S. 23 seiner „Berechnung der Drehschwingungen" gleichfalls A- und B-Komponenten an. Die Zahlen für große Füllung a) und kleine Füllung b) entsprechen etwa unseren Werten für $p_{im} = 8{,}0$ bzw. 3,5 kg/cm². Die numerischen Unterschiede sind wohl in erster Linie auf die verschieden gewählten Indikatordiagramme und das abweichende $\lambda = \frac{1}{5}$ zurückzuführen (Holzers Fig. 12 a zeigt einen Höchstdruck = $\sim$40 kg/cm², gegenüber 34 kg/cm² in unserer Fig. 18). Die Vorzeichen decken sich für die Harmonischen Nr. 2, 4, 6, 8, 10 (Bezeichnung „h" nach Holzer) und sind für die anderen Nr. 1, 3, 5, 7, 9 oder $\frac{1}{2}$-, $1\frac{1}{2}$-, $2\frac{1}{2}$-, $3\frac{1}{2}$-, $4\frac{1}{2}$-ter Ordnung entgegengesetzt. Diese Abweichung rührt davon her, daß Holzer nach seinen Figuren 13 a—14 b die Phase der Harmonischen beim Beginn des Expansionshubes erhält, während bei uns die Phase zu Beginn des Ansaughubes bestimmt ist.

Zahlentafel 3.

Zusammenstellung aller Harmonischen 1 ÷ 12 und 15.

Harmonische Nr.		1	2	3	4	5	6	7	8	9	10	11	12	15
mit Ordziff.		$\frac{1}{2}$	1	$1\frac{1}{2}$	2	$2\frac{1}{2}$	3	$3\frac{1}{2}$	4	$4\frac{1}{2}$	5	$5\frac{1}{2}$	6	$7\frac{1}{2}$
$p_{im} = 0$														
A	kg/cm²	−0,53	+0,96	−1,23	+1,31	−1,24	+1,07	−0,87	+0,691	−0,548	+0,443	−0,368	+0,307	−0,168
B	„	0	0	0	0	0	0	0	0	0	0	0	0	0
$C = \sqrt{A^2 + B^2}$	„	0,53	0,96	1,23	1,31	1,24	1,07	0,87	0,691	0,548	0,443	0,368	0,307	0,168
$\operatorname{tg} \varphi = B/A$	—	0	0	0	0	0	0	0	0	0	0	0	0	0
$\sphericalangle \varphi =$	—	180°	0°	180°	360°	180°	360°	180°	360°	180°	360°	180°	360°	180°
$p_{im} = 2,25$														
A	kg/cm²	−0,870	+1,47	−1,70	+1,65	−1,47	+1,24	−1,0	+0,79	−0,622	+0,5	−0,408	+0,339	−0,173
B	„	−0,60	+0,32	−0,06	−0,02	+0,105	−0,1	+0,098	−0,101	+0,095	−0,116	+0,086	−0,061	+0,0611
$C = \sqrt{A^2 + B^2}$	„	1,057	1,504	1,70	1,65	1,473	1,245	1,0	0,797	0,629	0,513	0,418	0,344	0,182
$\operatorname{tg} \varphi = B/A$	—	+0,69	+0,218	+0,0341	−0,0121	−0,0715	−0,081	−0,098	−0,128	−0,153	−0,232	−0,210	−0,180	−0,353
$\sphericalangle \varphi$	—	214° 36′	12° 18′	181° 58′	359° 12′	175° 53′	355° 20′	174° 22′	352° 43′	171° 18′	346° 56′	168° 9′	349° 48′	160° 34′
$p_{im} = 4,5$														
A	kg/cm²	−1,25	+2,0	−2,16	+1,97	−1,69	+1,42	−1,16	+0,902	−0,696	+0,548	−0,433	+0,328	−0,1313
B	„	−1,20	+0,63	−0,11	−0,08	+0,22	−0,21	+0,222	−0,239	+0,240	−0,220	+0,214	−0,196	+0,131
$C = \sqrt{A^2 + B^2}$	„	1,733	2,10	2,16	1,97	1,702	1,436	1,182	0,933	0,736	0,590	0,483	0,382	0,186
$\operatorname{tg} \varphi = B/A$	—	+0,96	+0,315	+0,051	−0,0406	−0,13	−0,148	−0,191	−0,265	−0,345	−0,403	−0,494	−0,60	−1,0
$\sphericalangle \varphi$	—	224° 50′	17° 30′	182° 56′	357° 40′	172° 36′	351° 35′	169° 10′	345° 10′	161°	338°	153° 42′	329° 10′	135°
$p_{im} = 6,75$														
A	kg/cm²	−1,61	+2,54	−2,65	+2,30	−1,9	+1,58	−1,23	+0,908	−0,651	+0,482	−0,355	+0,24	−0,0427
B	„	−1,76	+0,89	−0,08	−0,20	+0,417	−0,41	+0,444	−0,440	+0,396	−0,345	+0,312	−0,27	+0,132
$C = \sqrt{A^2 + B^2}$	„	2,83	2,69	2,65	2,31	1,946	1,636	1,308	1,01	0,763	0,592	0,472	0,362	0,141
$\operatorname{tg} \varphi = B/A$	—	+1,09	+0,35	+0,0302	−0,087	−0,22	−0,260	−0,360	−0,485	−0,608	−0,716	−0,880	−1,125	−3,09
$\sphericalangle \varphi$	—	227° 30′	19° 17′	181° 44′	355°	167° 35′	345° 26′	160° 10′	334° 8′	148° 40′	324° 20′	138° 40′	311° 35′	107° 54′
$p_{im} = 9,0$														
A	kg/cm²	−1,98	+3,07	−3,13	+2,65	−2,12	+1,71	−1,29	+0,880	−0,562	+0,354	−0,207	+0,081	+0,0396
B	„	−2,32	+1,14	−0,04	−0,34	+0,635	−0,65	+0,68	−0,687	+0,587	−0,485	+0,400	−0,307	+0,0524
$C = \sqrt{A^2 + B^2}$	„	3,05	3,27	3,13	2,675	2,215	1,831	1,46	1,118	0,814	0,60	0,451	0,318	0,066
$\operatorname{tg} \varphi = B/A$	—	+1,171	+0,372	+0,0128	−0,128	−0,30	−0,38	−0,528	−0,780	−1,045	−1,37	−1,94	−3,80	+1,322
$\sphericalangle \varphi$	—	229° 30′	20° 25′	180° 44′	352° 42′	163° 15′	339° 10′	152° 10′	322°	133° 44′	307° 8′	117° 15′	284° 44′	52° 55′

Als kritisches Ergebnis

dieser Rechnungen können wir nun, zum Teil auf Grund unmittelbarer Anschauung, folgende Sätze aussprechen:

1. Führen wir in Fig. 19 zur Kontrolle der Analyse rückwärts auch wieder die Synthese der berechneten Harmonischen durch, so zeigt die Summe der Auflösungen $^1/_2$ter bis 3ter Ordnung noch starke Abweichungen, die von der Summe $3^1/_2$ bis 6 (Fig. 19 n) so ergänzt und berichtigt werden, daß die Totalsumme $^1/_2$ bis 6 bereits eine sehr gute Annäherung ergibt. Zu beachten ist dabei, daß die Summenordinaten in Fig. 19 von dem „schwingungsfreien Gliede" D_0 aus aufgetragen werden müssen, nicht etwa von der Nullinie aus, zu der die gegebene Drehkraftkurve orientiert ist. Die berechneten Harmonischen ersetzen eben mittelwertartig die Pendelungen der

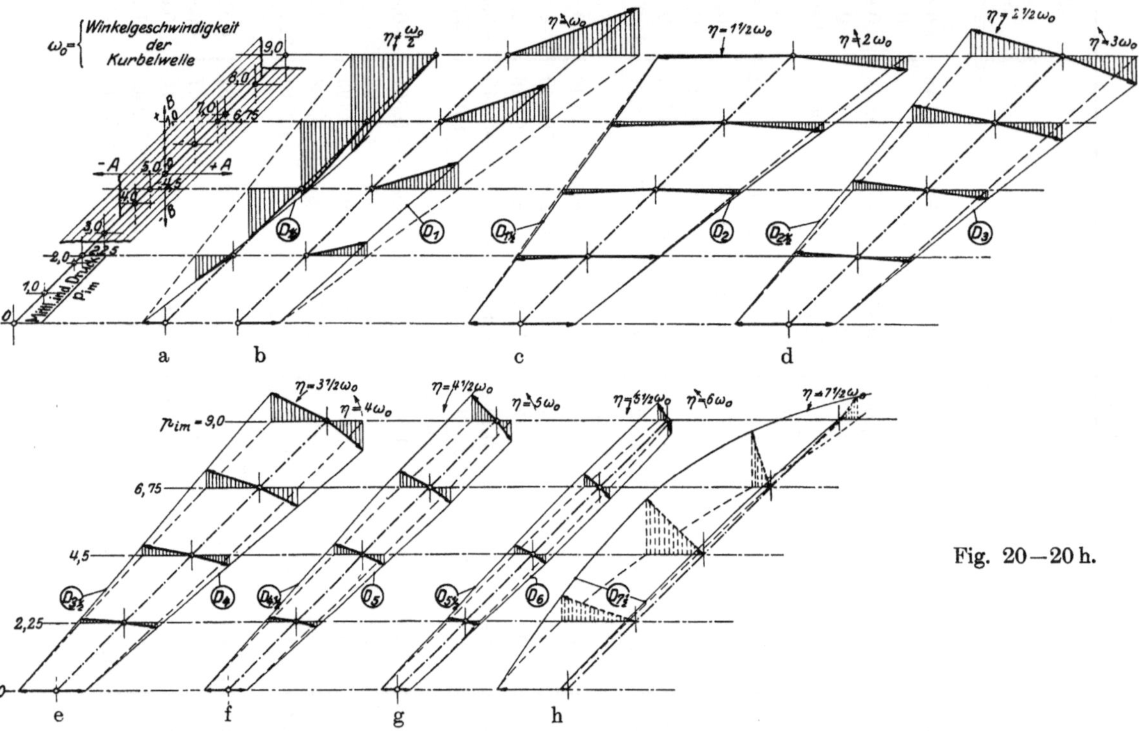

Fig. 20—20 h.

gegebenen Funktion relativ zu ihrem schwingungsfreien Glied, das auch berechnet werden kann aus der Bedingungsgleichung:

$$D_0(2r\pi) \cdot 2 = p_{im} \cdot 2r; \quad D_0 \quad \text{oder} \quad D_{\text{mittel}} = \frac{p_{im}}{2\pi} = 1,075 \ \frac{\text{kg}}{\text{cm}^2};$$

2. Über die drei für die berechneten harmonischen Teilkräfte charakteristischen Attribute lassen sich folgende Aussagen machen:

a) Ihre Schwingungs- oder Periodenzahl oder auch ihre Impulszahl i ist in einfachster Weise mit der Grundperiodenzahl verkettet, die selbst wieder gleich der halben Drehzahl $= \dfrac{n}{2}$ ist. Die Impulszahlen i oder die zugehörigen Drehschnellen η der Kraftvektoren sind:

$$i_{1/_2} = 1 \cdot \frac{n}{2}; \qquad i_1 = 2 \cdot \frac{n}{2}; \qquad i_{3/_2} = 3 \cdot \frac{n}{2} \quad \text{usw.}$$

$$\eta_{1/_2} = 1 \cdot \frac{\omega}{2}; \qquad \eta_1 = 2 \cdot \frac{\omega}{2}; \qquad \eta_{3/_2} = 3 \cdot \frac{\omega}{2} \quad \text{usw.}$$

„Harmonische x ter Ordnung" bedeutet demnach einfach: Die harmonische Kraft schwingt mit der x-fachen Drehzahl. Vgl. hierzu S. 34.

b) Über die numerische Größe der Amplituden einer gegebenen Drehkraftkurve läßt sich nur aussagen, daß sie sich in dem untersuchten Bereiche stetig aneinander anreihen, für stärkere Füllungen, d. h. für wachsende p_{im}, auch ihrerseits zunehmen, für die höheren Harmonischen immer mehr abnehmen.

Es hat einen gewissen theoretisch physikalischen Sinn, in der hierher gehörigen Fig. 20 i die Endpunkte der Amplitudenordinaten nicht etwa durch einen gebrochenen Linienzug, sondern durch einen stetigen Kurvenzug zu verbinden, obwohl wir nur Harmonische ableiten, die eine ganze, also 1; 2 . . ., aber keine gebrochene z. B. etwa 1,01; 1,2; . . . Vollschwingungen innerhalb der Grundperiode zurücklegen. Auflösungen mit nur ganzen Vollschwingungen innerhalb der Grundperiode durften wir nur deshalb aufsuchen, weil wir ja eine periodisch wiederkehrende Grundkurve zerlegen wollten. Es müssen daher auch am Ende der Periode die Harmonischen genau in der

Phase des Beginns wiederkehren. Im übrigen stünde es uns rein rechnerisch auch frei, für eine gegebene Grundkurve einen harmonischen Mittelwert zu bestimmen, der mit einer beliebig gebrochenen Anzahl, z. B. mit $1^1/_5$ Vollschwingungen wiederkehrt, also am Periodenende eine andere Phase besitzt, als am Beginn. Solch eine Harmonische würde dann eine Amplitude besitzen, die aus den stetig verlaufenden Kurven der Fig. 20 i interpoliert werden kann.

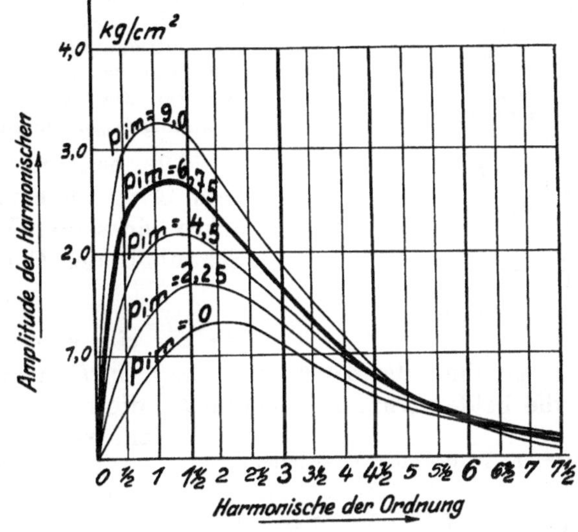

Fig. 20 i.

c) Die Phasen der Auflösungen am Anfang der Grundperiode erscheinen auf den ersten Blick sehr unregelmäßig, doch läßt sich bald eine bestimmte Tendenz erkennen. Ausgehend von der gegebenen Drehkraftkurve Fig. 19 sehen wir, daß diese nur zwei nahe aufeinanderfolgende Erhebungen bei D_{min} und D_{max} besitzt. Die sämtlichen Auflösungen lagern sich nun offenbar so untereinander, daß sich je eines ihrer Maxima und Minima möglichst nahe zu D_{max} und D_{min} orientiert, wie die beiden kräftigen Verbindungslinien „Minima" und „Maxima" in der Figur deutlich erkennen lassen. Es überlagern sich eben bei D_{max} möglichst nur positive und bei D_{min} möglichst nur negative Höchstbeiträge der einzelnen Auflösungen zu den Zünd- bzw. zu den Verdichtungsstößen. Somit beginnt ungefähr in der Höhe der Halbierungsvertikalen der Grundperiode bei jeder Harmonischen eine neue Sinuswelle. Dies hat wiederum zur Folge, daß am Anfang und am Ende der Grundperiode zwei aufeinanderfolgende Harmonische immer möglichst gegeneinander schwingen und sich, wie gewünscht, zu Null ergänzen.

Für die übrigen Füllungen sind die harmonischen Drehkräfte nur noch als Fahrstrahlen maßstäblich aufgetragen in den Fig. 20a—h. Mit ihnen ist das ganze Gebiet der Gasdrehkräfte ein für allemal erledigt, soweit die Indikatordiagramme nicht von der Fig. 18 abweichen. Man sieht, daß sich für kleine Füllungsunterschiede die Amplituden und Phasen gerade der höheren Harmonischen so wenig ändern, daß es für generelle Betrachtungen immer genügt, nur einen einzigen Fall, etwa normale Füllung, herauszugreifen und mit seinen Harmonischen zu rechnen.

Die Diagramme der Wirklichkeit werden freilich mehr oder weniger von Fig. 18 abweichen und gerade für die höheren Harmonischen Werte ergeben, die sich von unseren Ergebnissen Fig. 20a—h im ganzen etwas unterscheiden. Unsere Werte dürften indes für die weitaus meisten Fälle genügen. Wir haben z. B. mit ihnen die Torsiogramme Fig. 36 l—s berechnet und die dort erkennbare, sehr befriedigende Übereinstimmung mit den Messungen erzielt. —

2. Die „Massendrehkräfte".

Wir schalten wiederum die zufälligen Niveau- oder Maßstabsgrößen aus und beschränken uns auf die Untersuchung des charakteristischen Falles, wo die Zentrifugalkraft der oszillierenden Getriebemassen m entweder total $m \cdot r \cdot \omega^2 = 1$ kg oder, bezogen auf die Einheit der Kolbenfläche, $C_0 = \dfrac{C}{F} = \dfrac{m \, r \, \omega^2}{F} = 1 \dfrac{\text{kg}}{\text{cm}^2}$ beträgt.

Bei unendlich langer Schubstange ($\lambda = 0$, $l = \infty$) würde dann das Getriebe in den Totpunkten jeweils 1 kg bzw. 1 kg/cm² Trägheitskraft erzeugen, für endliches l ergibt sich $(1 + \lambda)$ und $(1 - \lambda)$ kg/cm².

Wir haben uns in Fig. 21 und 22 für die Untersuchung eines mittleren Falles ($-\lambda = 1 : 4{,}25 = 0{,}235$ —) entschieden, weil sich daran bereits alle interessierenden Fragen behandeln lassen und weil wir anderen Werten λ zahlenmäßig sehr einfach Rechnung tragen können, wie im folgenden noch gezeigt wird.

Die bekannten Kurven in Fig. 21 stellen die beim Gang der Einzylindermaschine in der Zylinderachse wirksamen Massendrücke dar; sie sind direkt Schaubild der Funktion

$$- (\cos \alpha + \lambda \cos 2\,\alpha)^{[1]}$$

Verhältnismäßige Massenträgheitskraft in Richtung der Zylinderachse $(\lambda = {}^1/_{4,25})$

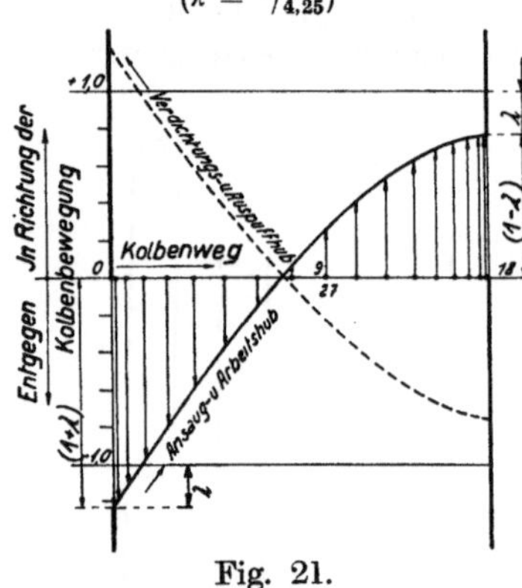

Fig. 21.

für die einzelnen Kurbelwinkel $\bar\alpha$, da sich ja nach unserer Annahme die Konstanten m, r, w, F zu dem Werte 1 vereinigen. Zugleich geben die beiden Kurven zahlenmäßig die negativen Beschleunigungen des Kolbens an, wenn am Kurbelzapfen $r \cdot \omega^2 = 1$ cm/sec² ist; für $\lambda = 0$ würden sie in Gerade übergehen, verlaufend von -1 nach $+1$.

Fig. 22 gibt den Verlauf der zugehörigen tangentialen Drehkraft an, stellt also die Funktion

$$D = -(\cos \alpha + \lambda \cos 2\,\alpha) \cdot \frac{\sin(\alpha + \beta)}{\cos \beta}$$

dar, wobei β die augenblickliche Neigung der Pleuelstange gegen die Zylinderachse bedeutet. Für $\lambda = 0$ würde sich diese Drehkraft bekanntlich als eine Sinuslinie in jedem Hub ergeben, entsprechend $\sin \alpha \cdot \cos \alpha = \frac{1}{2} \cdot \sin 2\,\alpha$, während sie für endliches λ etwas verdrückt erscheint. Die darunter gezeichneten Fig. 22a—d sind die rechnerisch gefundenen harmonischen Mittelwerte der Funktion Fig. 22.

Harmonische Analyse der Massendrehkraft

Fig. 22—22 d.

In den 5 Figuren 22—22d ist die jeweilige Drehkraft nur zur Hälfte längs einer halben Umdrehung dargestellt, weil sie ja beim Rückgang negativ spiegelbildlich zur Mitte der Periode verläuft.

Wir gelangen bezüglich der Analyse zu folgenden

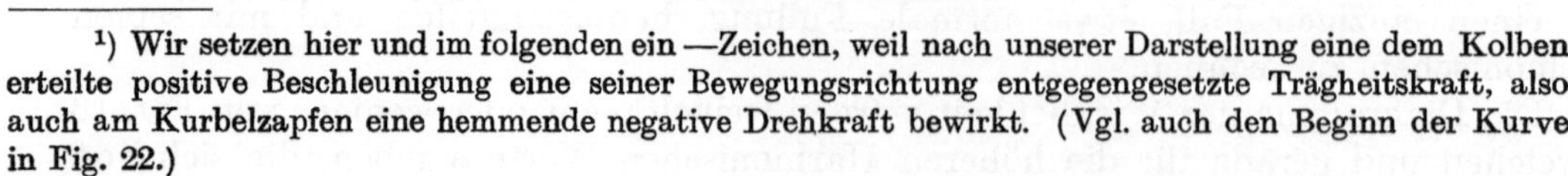

[1] Wir setzen hier und im folgenden ein —Zeichen, weil nach unserer Darstellung eine dem Kolben erteilte positive Beschleunigung eine seiner Bewegungsrichtung entgegengesetzte Trägheitskraft, also auch am Kurbelzapfen eine hemmende negative Drehkraft bewirkt. (Vgl. auch den Beginn der Kurve in Fig. 22.)

Ergebnissen:

1. Die Massendrehkraft besitzt kein schwingungsfreies Glied, weil auch kein Arbeitsüberschuß in einer der beiden Drehrichtungen vorhanden sein kann; die Synthese der Auflösungen hat also relativ zur Nullinie zu geschehen. Bereits die ersten 4 Harmonischen ergeben eine fast vollkommene Annäherung an die gegebene Funktion; dabei ist die 4. Harmonische Fig. 22d ihrerseits auch schon verschwindend klein.

2. Bezüglich der 3 Attribute der Harmonischen ist zu ersehen:

a) Die Periodenzahl der Grundfunktion stimmt hier mit der Drehzahl überein; sie ist also doppelt so groß, wie die oben behandelte Periodenzahl der Gasdehkraft, Fig. 19. Die Impulszahlen der berechneten 4 Harmonischen sind deshalb auch nicht mehr das 1-, 2-, 3-, 4fache der halben Drehzahl, sondern $= 1 \cdot n$, $= 2 \cdot n$, $= 3 \cdot n$, $= 4 \cdot n$. Die Massendrücke liefern also keine Beiträge zu den resultierenden Harmonischen von der Ordnung $^1/_2$, $1^1/_2$, $2^1/_2$, $3^1/_2$, $4^1/_2$, 5, $5^1/_2$, 6, $6^1/_2$ usw. Man gelangt zu diesem Ergebnis auch unmittelbar, wenn man von vornherein nicht die Gas- und Massendrehkräfte getrennt analysiert, sondern gleich die aus Gas- und Massendrücken resultierende Drehkraft zugrunde legt. Deren Auflösungen von der Ordnung $^1/_2$, $1^1/_2$, $2^1/_2$, $3^1/_2$, $4^1/_2$, 5, $5^1/_2$ usw. decken sich dann direkt mit den unter 1. (S. 35ff.) bestimmten harmonischen Mittelwerten der Gasdrehkraft.

b) Die Amplituden konnten hier auf zweierlei Weise, durch goniometrische Umformungen, sowie durch rechnerische Analyse ermittelt werden.

Wie schon erwähnt wurde, bedeutet Fig. 22 die Drehkraftfunktion

$$D = - (\cos \alpha + \lambda \cdot \cos 2\,\alpha) \cdot \frac{\sin (\alpha + \beta)}{\sin \beta} \,.$$

Da man für kleine Winkel β setzen darf $\operatorname{tg} \beta \cong \sin \beta$, und da weiterhin $\sin \beta = \lambda \sin \alpha$, so ergibt sich

$$D = - (\cos \alpha + \lambda \cos 2\,\alpha)\,(\sin \alpha + \frac{\lambda}{2} \sin 2\,\alpha) \qquad \text{und damit}$$

$$\boldsymbol{D} = \sum_1^4 \boldsymbol{D} = \left[\frac{\lambda}{4} \sin \alpha - \frac{1}{2} \sin 2\,\alpha - \frac{3}{4} \lambda \sin 3\,\alpha - \frac{\lambda^2}{4} \sin 4\,\alpha \right] \qquad (6)$$

wobei wir in die bekannte 3-gliedrige Formel[1]) nunmehr auch das 4. Glied mit $\frac{\lambda^2}{4}$ aufgenommen haben; für Ein- und Zweizylindermaschinen bleibt es sehr klein; für 4- und 8-Zylindermaschinen nimmt es aber bereits ganz fühlbare Werte an $(= \lambda^2 \sin 4\,\alpha$, bzw. $= 2\,\lambda^2 \sin 4\,\alpha)$.

Die Amplituden der einzelnen Harmonischen sind somit

$$D_1 = + \frac{\lambda}{4}\,; \qquad\qquad D_3 = - \frac{3}{4} \lambda\,;$$

$$D_2 = - \frac{1}{2}\,; \qquad\qquad D_4 = - \frac{\lambda^2}{4}\,.$$

Als zweiter Weg stand uns die unmittelbare rechnerische Analyse offen. Um gute Vergleichswerte zu erhalten, genügte es nicht, die Kurven in Fig. 21 in üblicher Weise zu konstruieren; ihre Ordinaten wurden vielmehr direkt aus $\cos \alpha + \lambda \cos 2\,\alpha$ berechnet für $\alpha = 0^0$, $= 5^0$, $= 10^0$, $= 15^0$, $\ldots\ldots = 180^0$ und damit dann Fig. 22 konstruiert.

---

[1]) Vgl. z. B. T o l l e , „Regelung der Kraftmaschinen" 1909 S. 40; oder G e i g e r , Dissertation 1911, S. 67.

Nach den beiden Methoden erhalten wir mit $\lambda = \dfrac{1}{4,25}$ folgende Amplituden der harmonischen Mittelwerte;

$$
\begin{aligned}
D_1 &= +\frac{\lambda}{4} = +\frac{1}{17} = +0{,}0588 \\
D_2 &= -\frac{1}{2} = \phantom{-\frac{3}{17}} = -0{,}500 \\
D_3 &= -\frac{3\lambda}{4} = -\frac{3}{17} = -0{,}1765 \\
D_4 &= -\frac{\lambda^2}{4} = -\frac{1}{72,2} = -0{,}01382
\end{aligned}
\quad
\left.\begin{aligned}
&\\&\\&\\&\\&\\&\\&
\end{aligned}\right\}
\begin{aligned}
&\text{gegenüber}\\
&\text{dem aus}\\
&\text{der Analyse}\\
&\text{gewonnenen}\\
&\text{Werte}
\end{aligned}
\quad
\left\{\begin{aligned}
D_1 &= +0{,}0590 \;: \\
D_2 &= -0{,}4999 \;; \\
D_3 &= -0{,}1761 \;; \\
D_4 &= -0{,}01378 \;;
\end{aligned}\right.
$$

Die Abweichungen dürften auf Rechenungenauigkeiten zurückzuführen sein; die Übereinstimmung ist indes schon recht befriedigend, wenn berücksichtigt wird, daß bei der rechnerischen Analyse die Auswertung mit einem gewöhnlichen 25-cm Rechenschieber geschah und daß bei der gewählten Unterteilung der Funktion in 36 Teile pro Halbwelle der 4. Hormonischen 9 Punkte gerechnet wurden.

Anmerkung: Holzer gibt in seinem Buch „Berechnung der Drehschwingungen" S. 23 in der unteren Reihe der Zahlentafel 2 ebenfalls Massendruckharmonische für $\lambda = \tfrac{1}{5}$ an. Es ergibt sich folgende Gegenüberstellung:

$$
\begin{aligned}
D_1 &= +\frac{\lambda}{4} = +\frac{1}{20} = +0{,}050 \\
D_2 &= -\frac{1}{2} \phantom{= -\frac{3}{20}} = -0{,}500 \\
D_3 &= -\frac{3\lambda}{4} = -\frac{3}{20} = -0{,}150 \\
D_4 &= -\frac{\lambda^2}{4} = -\frac{1}{100} = -0{,}01 \\
D_5 &= \phantom{-\frac{\lambda^2}{4}} = \quad - \\
D_6 &= \phantom{-\frac{\lambda^2}{4}} = \quad -
\end{aligned}
\quad
\left.\begin{aligned}
&\\&\\&\\&\\&\\&\\&\\&\\&
\end{aligned}\right\}
\begin{aligned}
&\text{dagegen}\\
&\text{nach}\\
&\text{Holzer}
\end{aligned}
\quad
\left\{\begin{aligned}
D_1 &= +0{,}047 \\
D_2 &= -0{,}497 \\
D_3 &= -0{,}153 \\
D_4 &= -0{,}011 \\
D_5 &= +0{,}003 \\
D_6 &= +0{,}006
\end{aligned}\right.
$$

Die Analyse müßte nach der von Holzer angewandten theoretisch genauen Methode noch besser übereinstimmende Werte liefern als nach der von uns angewandten angenäherten Integration. Praktisch dürfte es aber schwer fallen, die nach Holzer notwendigen Sinuskurven genau genug einzuzeichnen und richtige Flächeninhalte herauszuplanimetrieren. Die Werte für $D_5 \,\&\, D_6$ dürften stark unsicher sein, da sie bereits die Größenordnung der Fehler bei $D_1 \div D_3$ erreichen. Bei unserem Beispiel erhielten wir ein $D_6 = -\dfrac{0{,}001}{18} = -0{,}000055$; wahrscheinlich ist auch noch dieser schon sehr kleine Wert durch eine Rechenungenauigkeit zu erklären. Wir setzen $D_5 + D_6 = \infty\, 0$.

Wir erkennen jedenfalls, die 2. Massendruckharmonische besitzt immer die größte Amplitude ($= \tfrac{1}{2} C_0$), da ihre Wellenzahl von vornherein am meisten der gegebenen Funktion Rechnung trägt, oder da die gegebene Funktion in erster Annäherung in jedem Hub sinusförmig verläuft.

c) Die Harmonischen der Massendrehkraft zeigen auch noch in ihren Phasen zu Beginn der Periode (Fig. 22 a—d) eine Besonderheit.

Besteht die gegebene Funktion aus 2 symmetrischen Ästen, wie in Fig. 22 die Massendruckkurve (oder auch wie die dem Indikatordiagramm $p_{im} = 0$ (Fig. 29) entsprechende Drehkraftkurve), wo immer die zweite Hälfte der Funktion das negative Spiegelbild der ersten Hälfte ist, dann müssen auch die harmonischen Auflösungen diese Symmetrieeigenschaften aufweisen, d. h. die Sinuskurven müssen am Anfang der Periode nach vorwärts und nach rückwärts symmetrisch, nur mit entgegengesetztem Vorzeichen verlaufen. Das ist aber nur möglich, wenn die Harmonischen am Anfang der Periode mit einer Halbwelle beginnen, d. h. die Phasen 0, oder π besitzen. (Vgl. Fig. 22a, b, c, d, oder Fig. 20a—h die Fahrstrahlen auf der Horizontalen $p_{im} = 0$). Es durften sich daher auch bei der rechnerischen Analyse nur für die Sinuskomponenten endliche Amplituden A ergeben, während für die Cosinuskomponenten alle Amplituden B zu Null werden mußten.

Diese selbe Gesetzmäßigkeit tritt uns auch in der oben unter b) besprochenen Näherungsformel (6) für D entgegen, insofern als sie nur Sinuskomponenten und kein Cosinusglied aufweist.

3. Zusammenfassend erkennen wir, daß eine Änderung der Getriebemassen m oder eine Drehzahländerung lediglich die Zentrifugalkraft $C = m\,r\,\omega^2$ und damit die Amplitude der Harmonischen, aber nicht deren Phase am Beginn der Grundperiode beeinflußt, wie das bei den Gasdrehkräften festzustellen war. Auch die Massendrehkräfte sind durch die Ausführungen dieses Abschnittes ein für allemal bestimmt: Für alle Stangenverhältnisse $\lambda = {}^1/_4$ und kleiner sind die Amplituden nach der Formel 6 S. 41 zu bemessen. Im übrigen kommen sie immer nur bei Harmonischen 1., 2., 3. und 4. Ordnung in Betracht. Die Summierung mit den Gasdrehkräften dieser selben Ordnungen geschieht geometrisch, wie das beispielsweise in den Fig. 36r und 36s zu sehen ist. Die gefährlichen Harmonischen sind aber meist viel höherer Ordnung, so daß sie für die gefährlichen Resonanzschwingungen nur selten wichtig sind.

III. Resultierende Harmonische von Mehrzylindermaschinen.

Um den Zusammenhang zwischen den harmonischen Oberschwingungen der Ein- und Mehrzylindermaschinen möglichst fundamental darlegen zu können,

beschränken

wir uns in doppelter Beziehung:

1. Die vielzylindrige Maschine sei aus zwei symmetrischen Elementen aufgebaut. In jeder der beiden elementaren Zylindergruppen seien vorerst die Kurbeln immer gleichmäßig auf den Umfang verteilt. Die Zylinder beider Gruppen sollen einander in der Zündung abwechselnd folgen. Als Beispiel sei die aus zwei symmetrischen Dreizylindermaschinen aufgebaute Sechszylindermaschine behandelt.

2. Die Drehkraftdiagramme der einzelnen Zylinder seien sich alle gleich und besonders einfach nach Fig. 23a gestaltet: Jedes Diagramm besitze nur ein schwingungsfreies Glied D_0 und die ersten sechs Auflösungen, entsprechend den Fig. 19a—f, wie wir sie oben ermittelt haben. Die Drehkraftkurven Fig. 23a, b, c decken sich also mit der gestrichelten Kurve in Fig. 19.

Unter diesen Voraussetzungen bestimmen die Fig. 23 und 24 die resultierenden Drehkraftoberschwingungen einer Dreizylindermaschine. In den Fig. 25—28 werden zwei Dreizylindermaschinen auf verschiedene Weise zu einer Sechszylindermaschine kombiniert.

1. Die Dreizylindermaschine (Fig. 23 und 24).

Über das Zusammenwirken von drei gleichen Drehkräften läßt sich auf zwei verschiedenen Wegen ein Überblick gewinnen:

Wir können zuerst in gewohnter Weise aus den drei Einzeldrehkräften (Fig. 23a, b, c) die resultierende Drehkraft (Fig. 24a) bilden. Von dieser ist als gesetzmäßig bekannt, daß ihr Mittelwert auf jeden Fall gleich wird dem 3fachen Einzylindermittelwert $= 3 \cdot D_0$ und daß dank dem immer gleichen Zündabstand von 240° Kurbeldrehung $(= {}^1/_3$ Grundperiode $= {}^2/_3$ Umdrehung) die resultierende Drehkraft sich bereits nach je ${}^1/_3$ Grundperiode wiederholt.

An zweiter Stelle beschreiten wir nunmehr einen weniger bekannten Weg und setzen statt der gegebenen Einzeldrehkräfte deren harmonische Auflösungen zusammen. In den Fig. 23d—l sind die sämtlichen $6 \cdot 3 = 18$ Harmonischen mit der richtigen Versetzung längs der ganzen Periode graphisch dargestellt, und zwar sind in Fig. 23d, e, f die ersten drei Kräfte der Deutlichkeit halber noch getrennt gezeichnet, während von allen weiteren je drei gleicher Ordnung zusammengelegt sind.

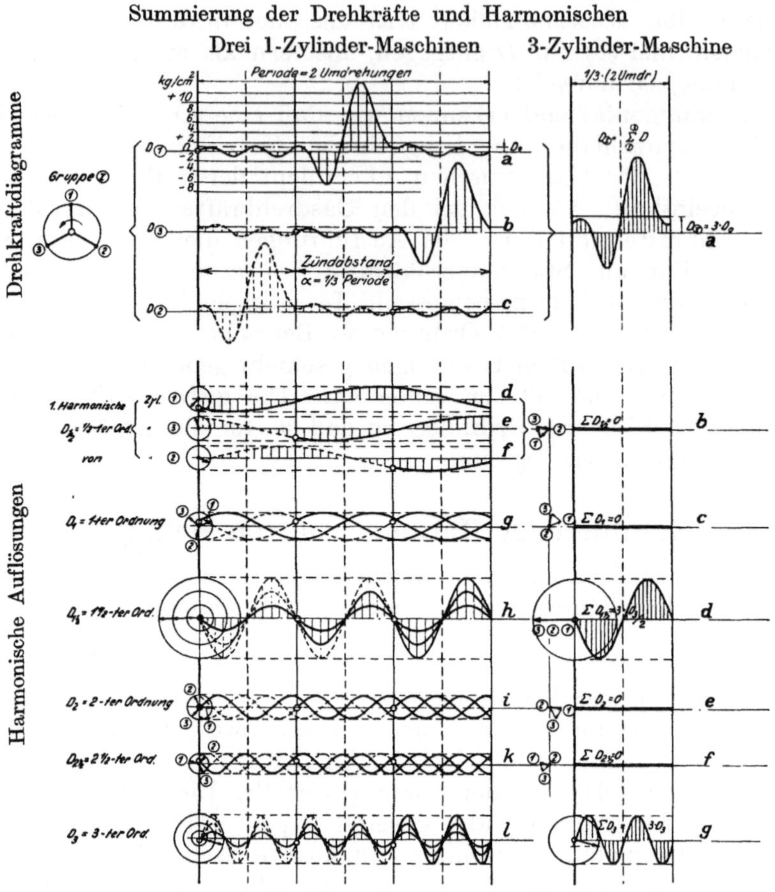

Addieren wir dann algebraisch die Ordinaten von je drei Sinuslinien an jeder Stelle, oder summieren wir die Harmonischen als Ganzes in ihren Fahrstrahlen geometrisch, dann finden wir: Von den $(6 \cdot 3)$ Auflösungen ergänzen sich $(4 \cdot 3)$ zu Null, und zwar die Kräfte $^1/_2$-ter, 1-ter, 2-ter, $2^1/_2$-ter Ordnung; die noch übrigen Kräfte $1^1/_2$-ter und 3-ter Ordnung dagegen verstärken sich zu „Gruppenkräften" vom 3-fachen Betrag der entsprechenden Einzylinder-Harmonischen. Es bleiben also resultierend nur diese beiden Oberschwingungen (Fig. 24d und g) übrig und sie sind

Fig. 23 a—l.   Fig. 24 a—g.

es auch, aus denen die resultierende Drehkraft (Fig. 24a) besteht. Man kann sich davon leicht durch Zusammensetzen der beiden Fig. 24d und 24g überzeugen, wobei die Summenordinaten wieder relativ zum schwingungsfreien Glied (und nicht relativ zur Nullinie) aufgetragen werden müssen.

Klarer erkennt man diese Zusammenhänge vielleicht noch aus den folgenden Ausführungen, welche lediglich die soeben erläuterte graphische Darstellung in mathematischen Symbolen wiedergeben:

Nach Fourier können wir die drei Einzylinderdrehkräfte (Fig. 23a, b, c) durch Reihen ersetzen. Es ist

$$D_{(1)} = F(\omega t) = D_0 + D_{1/2} \cdot \sin\left(\frac{\omega t}{2} + \varphi_1\right) + D_1 \cdot \sin(\omega t + \varphi_2)$$

$$+ D_{1^1/_2} \cdot \sin\left(\frac{3\omega t}{2} + \varphi_3\right) + \cdots\cdots + D_3 \cdot \sin(3\omega t + \varphi_6);$$

$$D_{(2)} = F(\omega t + \alpha) = D_0 + D_{1/2} \cdot \sin\left(\frac{\omega t}{2} + \varphi_1 + \frac{\alpha}{2}\right) + D_1 \cdot \sin(\omega t + \varphi_2 + \alpha)$$

$$+ D_{1^1/_2} \cdot \sin\left(\frac{3\omega t}{2} + \varphi_3 + \frac{3}{2}\alpha\right) + \cdots\cdots + D_3 \cdot \sin(3\omega t + \varphi_6 + 3\alpha);$$

$$D_{(3)} = F(\omega t + 2\alpha) = D_0 + D_{1/2} \cdot \sin\left(\frac{\omega t}{2} + \varphi_1 + \alpha\right) + D_1 \cdot \sin(\omega t + \varphi_2 + 2\alpha)$$

$$+ D_{1^1/_2} \cdot \sin\left(\frac{3\omega t}{2} + \varphi_3 + 3\alpha\right) + \cdots\cdots + D_3 \cdot \sin(3\omega t + \varphi_6 + 6\alpha);$$

wenn $\omega = \dfrac{n}{9,55}$ bei n Maschinenumdrehungen/Minute (NB! Die Erregerfrequenz η der Grundschwingung $D_{1/2}$ muß $= \omega/2$ gesetzt werden, weil 1 Umdrehung gleich $^1/_2$ Grundperiode!)

$\alpha = $ Zündabstand oder Versetzungsintervall der 3 Funktionen.

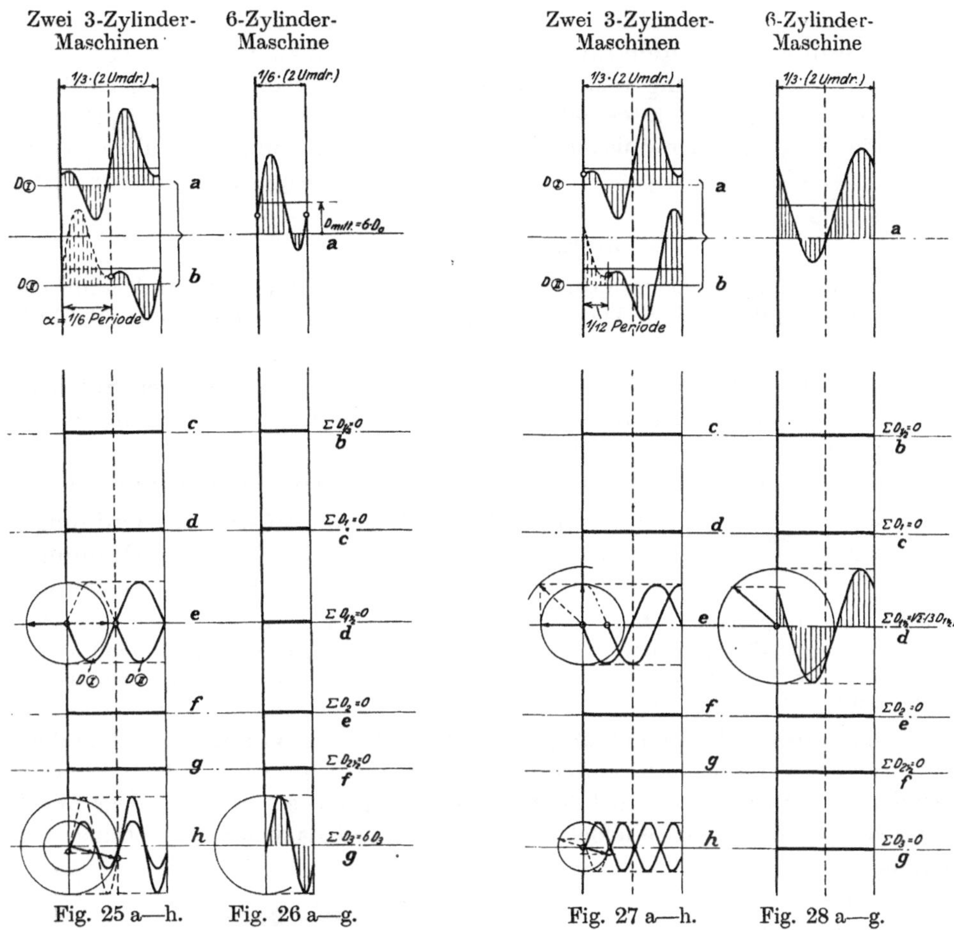

Fig. 25 a—h.   Fig. 26 a—g.   Fig. 27 a—h.   Fig. 28 a—g.

Addieren wir diese drei Funktionen, dann wird die Summe maßgebend von dem Zündabstand α bestimmt. In unserem Falle beträgt $\alpha = 240° \left(= \dfrac{720}{3} \right)$ und dafür ergänzen sich alle Sinuskomponenten der $D_{1/2}$, D_1, D_2, $D_{2^1/_2}$, $D_{3^1/_2}$, D_4 ... zu Null, diejenigen der Kräfte $D_{1^1/_2}$, D_3, $D_{4^1/_2}$ ... dagegen addieren sich zu gleichen Beträgen, da sich die Winkel unter dem Sinuszeichen in jedem beliebigen Augenblick t nur um Vielfache von $^3/_2 \cdot 240 = 360° = 2\,\pi$ unterscheiden. Graphisch stellt sich das in Fig. 23 so dar, daß sich die einzelnen Kraftschwingungen direkt übereinanderlagern, oder daß sich die Fahrstrahlen in gleicher Richtung aneinander anschließen, da innerhalb des Zündungsintervalls gerade eine oder mehrere volle Kraftschwingungen ablaufen.

2. Die Sechszylindermaschine (Fig. 25—28).

Ähnliche Beziehungen kehren nun sinngemäß wieder, wenn wir entweder sechs Einzeldrehkräfte von der Art der Fig. 23a oder einfacher zwei Dreizylindergruppen (I) und (II), also zwei Drehkräfte $D_{(I)}$ und $D_{(II)}$ von der Art der Fig. 24a mit je einem schwingungsfreien Glied $= 3 \cdot D_0$ und mit nur je zwei Auflösungen Fig. 24d und 24g zu einer Sechszylindermaschine vereinigen.

Wir erhalten die zu Fig. 23 und 24 analogen Verhältnisse, wenn wir wieder nach Fig. 25 und 26 gleiche Zündabstände der beiden Gruppen wählen. Für diesen Fall verkürzt sich die Periode der resultierenden Drehkraft auf $^1/_6$ Grundperiode. Die beiden Oberschwingungen $1^1/_2$-ter Ordnung verlaufen entgegengesetzt oder sind um 180° phasenverschoben und heben sich auf; resultierend bleibt nur noch eine Oberschwingung 3-ter Ordnung mit der Amplitude $2 \cdot (3 \cdot D_3) = 6 \cdot D_3$ relativ zum schwingungsfreien Glied $(6 \cdot D_0)$ übrig.

Für jeden anderen Zündabstand bleibt die resultierende Periode $= \frac{1}{3}$ Grundperiode und die resultierende Drehkraft besitzt im allgemeinen wieder je eine Auflösung $1\frac{1}{2}$-ter und 3-ter Ordnung relativ zu $(6 \cdot D_0)$. Ein besonderer Fall ist dabei noch möglich, wie er in Fig. 27 a, b festgehalten ist: Beim Zündabstand $= \frac{1}{12}$ Periode und $= \frac{3}{12}$ Periode wird die harmonische Drehkraft 3-ter Ordnung zu Null ergänzt; die resultierende Drehkraft wird wieder eine reine Sinusschwingung $1\frac{1}{2}$-ter Ordnung relativ zu $6 \cdot D_0$ (Fig. 28 a).

3. Ergebnis.

Den beiden bekannten Gesetzmäßigkeiten über den Mittelwert und über die Periodenlänge der resultierenden Drehkraft können wir nunmehr neue Schlußfolgerungen anreihen:

a) Das resultierende Drehkraftdiagramm ist in seiner inneren Struktur aufs einfachste durch die Harmonischen der Einzylinderdrehkraft bestimmt; es enthält nur die jeweils „ausgezeichneten" Harmonischen der Einzylinderdrehkraft. Diese sind (durchweg gleiche Zündabstände vorausgesetzt)

bei 3-Zyl.-Masch.				
bei 3-Zyl.-Masch.	gleich den	3-fachen	1-Zyl.-	$1\frac{1}{2}$-, 3-, $4\frac{1}{2}$-ter ... Ordnung
„ 4-Zyl.-Masch.	gleich den	4-fachen Harmo-		2-, 4-, 6-ter ... Ordnung
„ 5-Zyl.-Masch.		5-fachen nischen		$2\frac{1}{2}$-, 5-, $7\frac{1}{2}$-ter ... Ordnung

Nachdem wir also die Einzylinder-Harmonischen längs des ganzen Betriebsbereiches im vorhergehenden Abschnitt zahlenmäßig bestimmt haben, können wir ohne weiteres auch die resultierende Drehkraft für jeden mittleren Druck p_{im} in ihren Auflösungen angeben, ohne erst jedes resultierende Diagramm konstruieren und analysieren zu müssen.

b) Durch entsprechende Bemessung der Zündabstände können wir beliebige Drehkraftoberschwingungen vollkommen entgegengesetzt oder mit 180° Phasenverschiebung schwingen und sich zu Null ergänzen lassen. Der Zündabstand, ausgedrückt durch $\alpha°$ Kurbeldrehung, ist dabei nach der Beziehung (5a) S. 35 zu bemessen.

$$\varphi_\varkappa = \left.\begin{array}{l} 180 \\ 180 + 2\,\pi \\ 180 + 4\,\pi \end{array}\right\} = \varkappa \cdot \alpha\;; \qquad \text{oder} \quad \varkappa = \frac{180 + 2\,n\,\pi}{\varkappa} \qquad\qquad (5\,\mathrm{b})$$

d. h. z. B.: Die Harmonischen $\varkappa = 1\frac{1}{2}$-ter Ordnung der Zylinder (1) und (5) schwingen immer dann gegeneinander, wenn sich die Kurbeln (1) und (5) in einem Abstand $\alpha = \frac{180}{1\frac{1}{2}} = 120°$ oder $\frac{540}{1\frac{1}{2}} = 240°$ usw. folgen. Die Harmonischen $4\frac{1}{2}$-ter Ordnung sind ausgeglichen für alle Zündabstände $\alpha = \frac{180}{4\frac{1}{2}} = 40°$; bzw. $\frac{540}{4\frac{1}{2}} = 120°$; bzw. $\frac{900}{4\frac{1}{2}} = 200°$ usw.

Für unsere besonderen Zwecke sagt die Beziehung (5b) noch folgendes aus: Schwingen bei einer bestimmten Kurbelanordnung (z. B. durchweg gleiche Abstände α) gewisse Harmonische gleichphasig und wollen wir sie unter sich ausgleichen, dann müssen die entsprechenden Kurbelwinkel rechnungsmäßig um

$$\pm \varDelta = \frac{180}{\varkappa} \qquad\qquad (5\,\mathrm{c})$$

geändert werden. Wir erhalten also folgende Reihe:

Der Ausgleich gleichphasiger harmonischer Kräfte				
	4 -ter Ordnung	erfordert	$\varDelta = \frac{180}{4}$	$= \pm\, 45°$
	$4\frac{1}{2}$-ter Ordnung	eine	. . . . .	$=\ 40°$
Der Ausgleich	5 -ter Ordnung	Änderung	. . . . .	$=\ 36°$
gleichphasiger	6 -ter Ordnung	der	. . . . .	$=\ 30°$
harmonischer	$7\frac{1}{2}$-ter Ordnung	Kurbel-	. . . . .	$=\ 24°$
Kräfte	8 -ter Ordnung	winkel	. . . . .	$=\ 22\frac{1}{2}°$
	9 -ter Ordnung	um	. . . . .	$=\ 20°$

Eine bestimmte Wahl oder Änderung der Kurbelwinkel legt die Phasen aller Harmonischen der entstehenden resultierenden Drehkraft fest, was wohl zu beachten ist. An dem Beispiel des V. Abschnittes werden diese Zusammenhänge weiter verfolgt.

4. Ergänzung.

Die so gewonnene Einsicht über Entstehung und Entwicklung resultierender harmonischer Drehkräfte bedarf aber noch einer sehr wichtigen Ergänzung, damit den wirklich zu erwartenden Vorgängen Rechnung getragen wird.

Die in den Fig. 26 und 28 dargestellten Kurvenzüge mit ihren Auflösungen geben wohl die Drehkräfte an, welche vom Flansch der Ölmaschine aus in die angebaute Arbeitsmaschine weitergegeben werden und diese jedenfalls ungleichförmig beschleunigen. Für die Erregung von Torsionsschwingungen kommen aber diese endlichen resultierenden Auflösungen nur dann allein und ausschließlich in Frage, wenn die Kurbelwellenstücke zwischen den einzelnen Zylindermassen starr, d. h. die entsprechenden reduzierten Längen $l_r = 0$ sind, oder wenn die sämtlichen Zylinder, wie bei den Stern-, Umlauf- oder zum Teil bei den Fächermotoren der Flugmaschinen, in eine Ebene zusammengeschoben sind. Wenn aber, wie bei allen Maschinen mit Ausnahme der genannten, elastische Relativbewegungen zwischen den einzelnen Kurbeln möglich sind, dann genügt es nicht mehr, nur das resultierende Drehkraftdiagramm mit seinen endlichen Oberschwingungen (z. B. Fig. 26g, 28d) in den Bereich der Betrachtungen zu ziehen, dann müssen mindestens noch die gegeneinander schwingenden, sich scheinbar zu Null ergänzenden Harmonischen der beiden Zylindergruppen (I) und (II), Fig. 25e, 27h diskutiert werden. Es sind im Zusammenhang mit den Schwingungsformen Fälle möglich, wo diese scheinbar verschwindenden Gruppenkräfte gefährlicher werden als die gleichphasigen Kräfte, die sich bei der hier angewandten Darstellungsmethode zu einem endlichen Betrage übereinander lagern. Strenggenommen müßten wir nunmehr alle einzelnen Harmonischen berücksichtigen, weil sie ja unter Umständen Relativbewegungen der Kurbeln unterstützen möchten. Dieser Fall würde aber erst aktuell werden bei Schwingungsformen etwa nach Fig. 15h, d. h. bei Frequenzen, mit welchen diese Kräfte bei heutigen Ausführungen nicht auftreten. Es genügt daher für praktische Bedürfnisse vollkommen, die gleichphasig schwingenden Kräfte jeder Gruppe zu berücksichtigen (vgl. hierzu Zahlentafel 6, Spalte 3 und Fig. 36g—s).

IV. Die von harmonischen Kräften gleicher und entgegengesetzter Phase erzwungenen Schwingungen.

Im III. Abschnitt haben wir soeben gesehen, wie wir gleiche Harmonische von Mehrzylindermaschinen gegeneinander in der Phase verschieben können. Nunmehr wollen wir zahlenmäßig den Einfluß einer solchen Phasenverschiebung hinsichtlich der erzwungenen Ausschläge feststellen, indem wir Kräfte gleicher Größe einmal ohne jede Phasendifferenz, das andere Mal mit Phasenverschiebung auf ein bestimmtes System einwirken lassen. Hierbei ist es bekanntlich unumgänglich notwendig, auch dämpfende Kräfte in die Rechnung einzuführen. Denn jede äußere erregende Kraft, ob groß oder klein, würde an einem idealen ungedämpften System unendlich große, also unterschiedslose Ausschläge erzwingen, wenn sie im Rhythmus einer Eigenschwingungszahl auf das System einwirkt. Erst bei gedämpften Systemen erhalten wir auch in den Eigenschwingungsgebieten endliche und unterschiedliche Ausschläge für unterschiedliche Kraftwirkungen, so wie sie in der Wirklichkeit zu erwarten sind. Leider ist nun die Frage der dämpfenden Widerstände bei Schwingungsvorgängen bis heute sehr wenig geklärt. Es mußte daher unsere erste Aufgabe sein, uns in dieser Richtung eine brauchbare Zahl abzuleiten, die uns dann die Wirkung einer Phasenverschiebung der Kräfte erkennen läßt. Zu diesem Ende wählten wir drei möglichst einfache ausgeführte Anlagen aus und stellten uns die Frage: Wie groß müssen bei diesen Anlagen

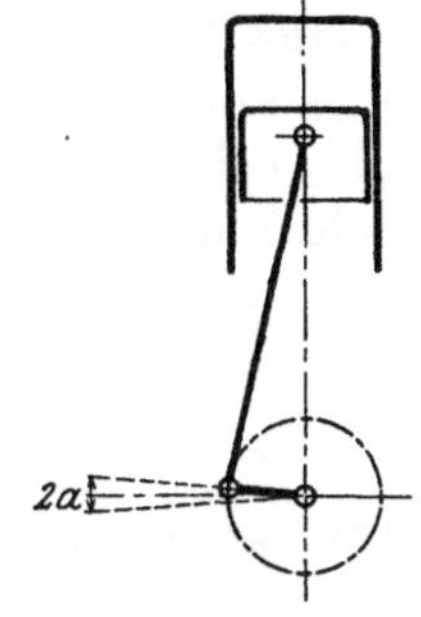

Fig. 29.

die Dämpfungen gewesen sein, wenn schon die Ausschläge die gemessenen Beträge erreicht haben? Wir beantworteten die Frage unter der Annahme, daß bei diesen einfachen Systemen nur in der Ölmaschine

Dämpfungswiderstände aufgetreten seien. Auf diese Weise erhalten wir die Zylinderdämpfungen etwas zu groß, da beim tatsächlichen Vorgang noch andere, zumal elektrische Hemmungen wirksam waren; in den vorliegenden Fällen sind jedoch die Generatorausschläge und damit auch die dortigen Dämpfungen verhältnismäßig klein, so daß wir in erster Annäherung die ganze Dämpfung dem Triebwerk der Öl-maschine zur Last legen durften. Nehmen wir weiterhin die Zylinderdämpfungen im ganzen proportional der Geschwindigkeit an, und suchen wir den Ort und Ursprung der reibenden Kraft etwa nach um-stehender Skizze Fig. 29 an der Gleitstelle zwischen Zylinder und Kolben, dann werden wir von selbst zwanglos darauf hingewiesen, die Zahlenwerte auf den jeweiligen Kurbelkreis zu beziehen. Die Berechnung baut sich dann auf der Beziehung auf, daß die von den erregenden Kräften längs des Schwingungsweges geleistete Arbeit ebenso groß sein muß, wie die von der angenommenen Dämpfung verzehrte Arbeit. Um darin ganz allgemein verständlich zu sein, schicken wir unter A. eine fundamen-tale Untersuchung über die Arbeitsbegriffe bei der schwingenden Bewegung voraus.

Haben wir uns so unter B. nach den eben geschilderten Grundsätzen eine empirische Dämpfungs-zahl gebildet, dann können wir in C. ganz allgemein die von gleichphasigen und von phasenverschobenen Kräften erzwungenen Ausschläge berechnen. Neben einer Reihe wichtiger Folgerungen lernen wir speziell für die Resonanzzustände eine sehr einfache Methode der Ausschlagsberechnung kennen, die auch für die Auswertung von Versuchsergebnissen große Bedeutung hat.

A. Studie über den Begriff der Schwingungsarbeit „A".

Es sei $t =$ Zeit [sec];

       $\omega =$ Kreisfrequenz der schwingenden Masse m [1/sec];

       $\eta =$ Kreisfrequenz der schwingungserregenden Kraft P [1/sec];

       $s =$ Ausschlag zur Zeit t [cm];

       $\tau = (\omega t)$ oder $(\eta t) =$ zurückgelegte Bogenlänge der zur Schwingung gehörigen Kreisbewegung [Bogengrade];

       $a =$ Amplitude der Ausschläge [cm];

       $c =$ elastische Gegenkraft pro 1 cm Ausschlag [kg/cm];

       $\varphi =$ Phasenwinkel zwischen Kraft und augenblicklichem Ausschlag (und nicht zwischen Kraft und Wegänderung ds, längs deren die Kraft wirkt!).

1. Die in einer frei schwingenden Masse aufgespeicherte Energie.

Schwingt ein materieller Punkt reibungsfrei und sich selbst überlassen, dann wohnt ihm ein bestimmter Energiebetrag „E" inne, der sich immer aus 2 Summanden, aus potentieller Energie E_p und kinetischer Energie E_k zusammensetzt. Diese beiden Teilbeträge ändern sich dauernd, aber ihre Summe ist konstant.

α) Beim Passieren der neutralen Gleichgewichtslage ($\omega t = \tau = 0$ oder π), ent-hält das System nur kinetische oder Geschwindigkeitsenergie

$$\left.\begin{array}{l} \omega t = 0 \\ \omega t = \pi \end{array}\right\} \; E_k = m \cdot \frac{(a \cdot \omega)^2}{2} = m \cdot \omega^2 \frac{a^2}{2}. \tag{7}$$

β) Im Augenblick der größten Auslenkung oder der Bewegungsumkehr ($\omega t = \tau = {}^1/_2 \pi$ oder ${}^3/_2 \pi$) ist die ganze lebendige Kraft der Masse entweder zur Leistung elastischer Formänderungsarbeit bei allen federnden Aufhängungen oder zur Leistung von Hubarbeit beim Pendel usw. verbraucht; das eben noch vorhandene E_k hat sich gewandelt und ist sozusagen in die elastische Aufhängung abgewandert: Das System besitzt potentielle Energie

$$\left.\begin{array}{l} \omega t = {}^1/_2 \pi \\ {}^3/_2 \pi \end{array}\right\} \; E_p = \int\limits_{s=0}^{s=a} c s \cdot ds = c \cdot \frac{a^2}{2}. \tag{8}$$

γ) In einer beliebigen Zwischenlage ist vorhanden

$$E_k' = m \cdot \frac{(a \omega \cos \omega t)^2}{2} = m \omega^2 \cdot \left(\frac{a^2}{2}\right) \cdot \cos^2 (\omega t) ; \tag{7a}$$

$$E_p' = c \cdot \frac{s^2}{2} = c \cdot \frac{(a \sin \omega t)^2}{2} = c \cdot \left(\frac{a^2}{2}\right) \cdot \sin^2 (\omega t) ; \tag{8a}$$

Beachten wir, daß bei der freien Schwingung $m \cdot \omega^2 = c$, so folgt

$\cdot$ aus (7) und (8)   1) $m \cdot \omega^2 \cdot \dfrac{a^2}{2} = c \cdot \dfrac{a^2}{2}$;   oder $E_k = E_p$;

aus (7 a) und (8 a)   2) $E_k' + E_p' = E_k = E_p = \text{konstant.}$ (9)

Schwingt die Masse frei mit Dämpfung, dann wird dieser anfänglich vorhandene Energievorrat zur Leistung der Reibungsarbeit verbraucht, die Bewegung kommt nach (theoretisch) unendlich langer Zeit zum Stillstand. Soll sie in der anfänglichen Stärke aufrechterhalten werden, dann muß das eine äußere Nachhilfe erzwingen.

2. Arbeitsleistung einer schwingungserregenden Kraft $P' = P \cdot \sin(\eta t)$.

Lassen wir nunmehr auf das soeben behandelte schwingungsfähige System eine periodisch veränderliche oder „schwingende" Kraft einwirken, so unterscheidet sich der jetzt gegebene Vorgang in 2 wesentlichen Punkten von dem eben unter 1) besprochenen: Die Untersuchung gilt nicht mehr bloß für eine Bewegung im Rhythmus einer freien Eigenschwingung n_e, sondern für jede erzwungene Periodenzahl; sodann umfaßt die Betrachtung jetzt nicht nur die reibungsfreie Eigenschwingung, sondern auch jede mit Dämpfung behaftete Schwingung. Wir gelangen zu einer klaren Einsicht, wenn wir jeweils von der erregenden Kraft ausgehen und an Hand der Fig. 30 folgende 3 Fälle unterscheiden:

$$\alpha) \quad \varphi = 0 \text{ (oder } \pi)$$

d. h. Die Fahrstrahlen der Kraft P und des Ausschlages s sind gleich (oder entgegengesetzt) gerichtet. **Fall der allgemeinen von der Kraft P im Rhythmus ihrer Periodenzahl erzwungenen reibungsfreien Schwingung.**

Nach einem Schwingungsweg τ ist entsprechend Fig. 30a für $\varphi = 0$

der Augenblickswert der Kraft $= P' = P \cdot \sin \tau$
der augenblickliche Ausschlag $= s' = a \cdot \sin \tau$
das Wegelement, längs dessen $= ds' = (a \cdot d\tau)\cos \tau$
     P' wirkt

der Arbeitsbeitrag $\qquad = dA = P' \cdot ds' = Pa \cdot \sin\tau \cdot \cos\tau \cdot d\tau = Pa \dfrac{\sin 2\tau}{2} \cdot d\tau$;

die ganze Arbeit $\qquad = A_0 = Pa \cdot \int \dfrac{\sin 2\tau}{2}\, d\tau = Pa \left(-\dfrac{\cos 2\tau}{4} \right)_0^\tau.$ (10)

Von $\tau = 0$ bis $\tau = {}^1/_4 \cdot \pi$ wird $A_0 = -Pa \dfrac{0-1}{2} = Pa \cdot \dfrac{1}{4}$

„ $\tau = 0$ „ $\tau = {}^1/_2 \cdot \pi$ „ $A_0 = \qquad +Pa \cdot \dfrac{1}{2}$ Vgl. hierzu in Fig. 30g die Linie für

„ $\tau = 0$ „ $\tau = {}^3/_4 \cdot \pi$ „ $A_0 = \qquad +Pa \cdot \dfrac{1}{4}$ $\varphi = 0$. Für $\varphi = \pi$ würden sich dieselben Werte A_0 negativ ergeben.

„ $\tau = 0$ „ $\tau = 1 \cdot \pi$ „ $A_0 = \qquad 0$

Stellen wir den Verlauf der Funktion dA dar ohne Rücksicht auf die Maßstabsgrößen P und a, d. h. für $P \cdot a = 1{,}0$ [kg $\cdot$ cm], dann gehen der P- und der a- (bzw. s-) Vektor nach Voraussetzung in Phase, aber der ds-Vektor rotiert senkrecht zum P-Vektor, d. h. eilt um eine Viertelperiode voraus (vgl. Fig. 30a), oder in Fig. 30b ist der Faktor P durch die Sinuslinie, der Faktor ds durch die Cosinuslinie vertreten. Es läßt sich aus Fig. 30b unmittelbar durch Bildung der Produkte aus je zwei an einer bestimmten Stelle vorhandenen Ordinaten die trigonometrische Beziehung $\sin \tau \cdot \cos \tau = \dfrac{\sin 2\tau}{2}$ ablesen, wonach das Produkt $(\sin \tau \cdot \cos \tau)$ wieder eine Sinusfunktion, nur mit doppelter Schwingungszahl (2τ) und mit der Amplitude $^1/_2$ ergibt. Das Arbeitselement dA ist durch das Flächenelement „dA", die ganze Arbeit innerhalb einer halben Periode durch die schraffierte Fläche dargestellt.

Im Verlauf der ersten Viertelperiode (Quadrant $0 \div \dfrac{\pi}{2}$ in Fig. 30a) unterstützen die Kräfte P' die Bewegung und geben nur positive Arbeitsbeiträge ins

System, weil sie mit den *ds'* gleichgerichtet sind. Die Summe der Beiträge dA erreicht schließlich den Höchstwert $A = \frac{1}{2} \cdot Pa$, bzw. (ohne Maßstabsfaktor $P \cdot a$) $A' = + \frac{1}{2}$. In der zweiten Viertelperiode (Quadrant $\frac{\pi}{2}$ bis π) bleiben die Sinuskomponenten P' des Vektors P nach aufwärts gerichtet, während sich die *ds'* nach abwärts aneinander anreihen. Längs der rückläufigen Bewegung nach der Gleich-

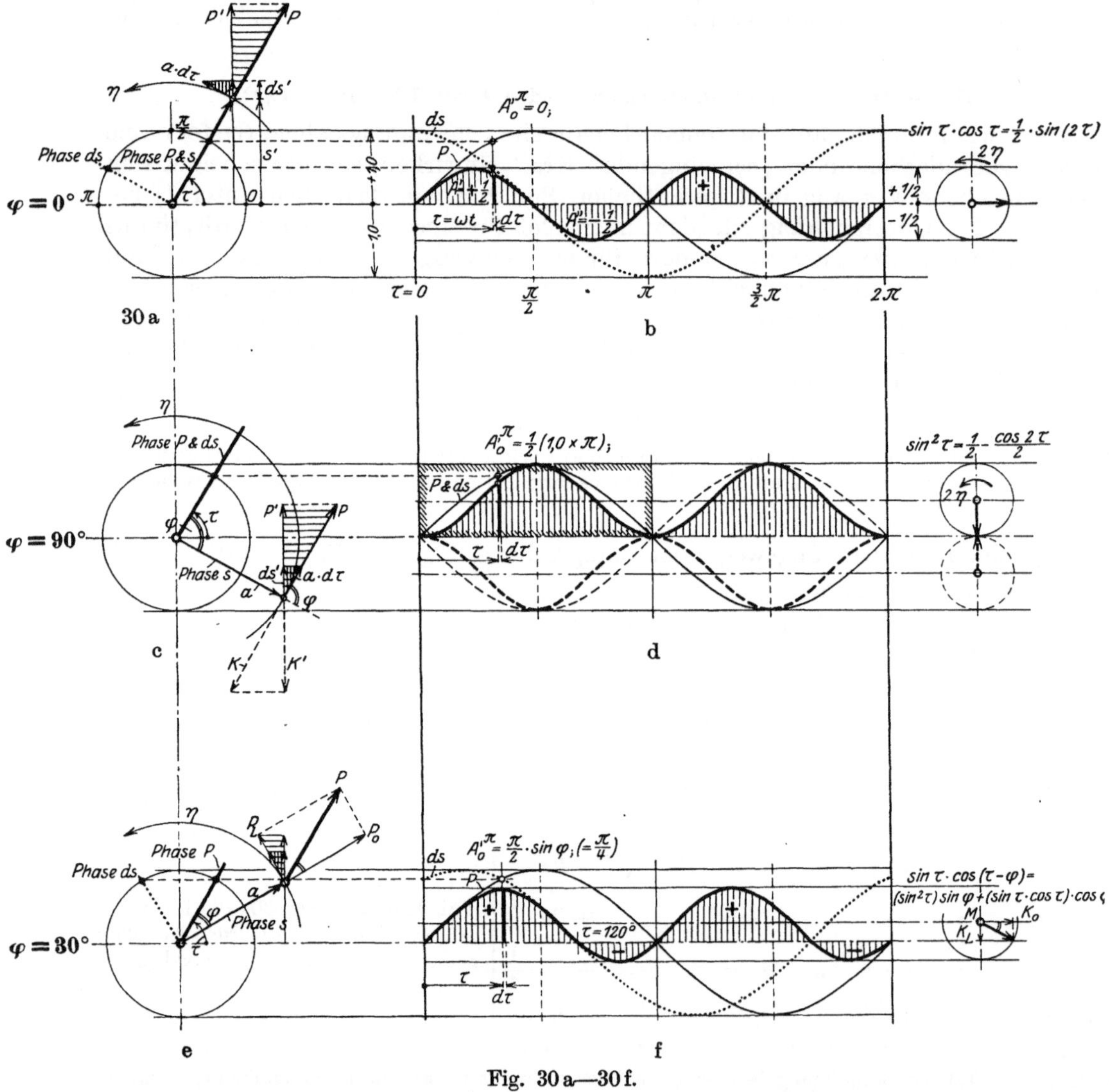

Fig. 30 a—30 f.

gewichtslage hin wird also kontinuierlich zur Überwindung der jetzt widerstrebenden Kräfte P' Arbeit aus dem System heraus aufgewendet (im ganzen $A'' = - \frac{1}{2}$), d. h. das soeben aufgenommene Arbeitsvermögen A' wird wieder zurückgegeben usw. (vgl. auch in Fig. 30g die Integralkurve $\varphi = 0$ bzw. $= 180°$).

Trotzdem also die Bewegung von der Kraft P erzwungen wird, ist dieser theoretische Vorgang doch ein umkehrbarer, arbeitsloser Energiewandlungsprozeß. Er enthält als Spezialfall den Vorgang unter 1), wenn $\eta = \omega_e$ (bzw. die Impulszahl i der Kraft $(= 9{,}55 \cdot \eta)$ gleich n_e $(= 9{,}55\omega_e)$ wird und wenn weiter die Amplitude P unendlich klein oder $= 0$ wird; es sind dann am System lediglich die Trägheitskraft der Masse und die elastische Gegenkraft der federnden Aufhängung wirksam. Gehen wir noch einen

Schritt weiter und denken uns diese letztere „innere" Kraft ersetzt durch eine äußere Zwangskraft (die aber entgegengesetzt zu dem in Fig. 30a angenommenen $P' = P \cdot \sin \eta\, t$ gerichtet sein müßte), dann ist die allgemeine Betrachtung unter 2α gleichzeitig eine Untersuchung des Spezialfalles unter 1.

$$\beta)\ \ \varphi = 90°,$$

d. h.: Die Kraft P eilt dem Ausschlag s um eine Viertelperiode ($\varphi = 90$ Schwingungsgrade) voraus. Resonanzfall der gedämpften Schwingung: Die Kraft P hält die schwingende Bewegung im Rhythmus einer Eigenschwingungszahl des Systems unter dauernder Überwindung von Reibungswiderständen aufrecht.

$$\left.\begin{aligned} P' &= P \cdot \sin \tau \\ s' &= a \cdot \sin(\tau - 90) = -a \cdot \cos \tau \\ ds' &= (a \cdot \sin \tau) \cdot d\tau = (a \cdot d\tau) \cdot \sin \tau; \end{aligned}\right\} \quad \begin{aligned} dA &= P \cdot a\,(\sin^2 \tau)\,d\tau; \\ &= P \cdot a \left(\frac{1}{2} - \frac{\cos 2\tau}{2}\right) d\tau; \end{aligned}$$

$$A = \int P' \cdot ds' = Pa \cdot \int \left(\frac{1}{2} - \frac{\cos 2\tau}{2}\right) d\tau; \qquad A_L = Pa \left(\frac{\tau}{2} - \frac{\sin 2\tau}{4}\right). \tag{11}$$

$$\left.\begin{aligned} \text{Von } \tau = 0 \text{ bis } \tau = {}^1\!/_4\,\pi \quad \text{wird} \quad A_L &= Pa\left(\frac{\pi}{8} - \frac{1}{4}\right) = +0{,}143 \cdot Pa \\ \text{„ } \tau = 0 \text{ „ } \tau = {}^1\!/_2\,\pi \text{ „ } \quad A_L &= \hspace{3em} +0{,}786 \cdot Pa \\ \text{„ } \tau = 0 \text{ „ } \tau = {}^3\!/_4\,\pi \text{ „ } \quad A_L &= \hspace{3em} +1{,}429 \cdot Pa \\ \text{„ } \tau = 0 \text{ „ } \tau = {}^4\!/_4\,\pi \text{ „ } \quad A_L &= \hspace{3em} +1{,}571 \cdot Pa \end{aligned}\right\}$$

Vgl. in Fig. 30g die Arbeitskurve für $\varphi = 90$. d. h. die Hälfte des Rechtecks mit Höhe 1,0 und Grundlinie π.

$$\left.\begin{array}{l}\text{Arbeit innerhalb einer vollen} \\ \text{Schwingung } \tau = 0 \text{ bis } 2\pi\end{array}\right\} \quad \boldsymbol{A_L = P \cdot a \cdot \pi} \cdot [\text{cmkg}]. \tag{11a}$$

Befolgen wir bei der Darstellung der Funktion dA wieder die unter α) gewählte Methode, dann stehen jetzt der P-Vektor und der s-Vektor zueinander senkrecht; dagegen rotieren nunmehr der P- und ds-Vektor in Phase und ihre schwingenden Sinuskomponenten P' und ds' (Fig. 30c) verlaufen dauernd gleichgerichtet. Die Kraft P kann daher kontinuierlich positive Arbeit leisten.

In Fig. 30d ergibt die Quadrierung der Sinusordinaten wieder unmittelbar, entsprechend der trigonometrischen Beziehung $\sin^2 \tau = \sin \tau \cdot \sin \tau = \frac{1}{2} - \frac{\cos 2\tau}{2}$ die dA-Kurve, d. h. im Grunde genommen dieselbe Sinuslinie, wie in Fig. 30b, als Kosinuslinie mit doppelter Periodenzahl ($2\,\tau$) und Amplitüde $^1/_2$, doch nicht mehr zur τ-Achse orientiert, sondern um die halbe Einheit nach oben verschoben. Die schraffierten Flächen geben wieder Arbeitsdifferential und -integral an. Die Kraft P leistet bei dieser Phase $\varphi = 90$ Grad das überhaupt mögliche Maximum an Schwingungsarbeit (vgl. Fig. 30g).

Um die Schwingungsleistung zu berechnen, hat man nur festzustellen, wie oft der Arbeitsbetrag einer Vollschwingung $A_L = Pa\pi$ in der Zeiteinheit geleistet wird. Bei $n_e = 9{,}55\,\eta$ Vollschwingungen pro Minute oder bei $\frac{n_e}{60} = \frac{\eta}{2\,\pi}$ Schwingungen pro Sekunde beträgt die Leistung der erregenden Kraft P

$$\tilde{N} = \frac{\boldsymbol{P \cdot a}}{\boldsymbol{2}} \cdot \eta \left[\frac{\text{cm kg}}{\text{sec}}\right] \tag{11b}$$

$$= \frac{P \cdot a\,\pi}{2 \cdot 7500} \cdot \frac{n_e}{60}\,[\text{PS}].$$

$$\gamma)\ \ \ 0 < \varphi < 180°$$

d. h.: Die Kraft P eilt dem Ausschlag s um einen beliebigen Phasenwinkel innerhalb der Grenzwerte 0 und 180° voraus. Fall der allgemeinen von der Kraft P im Rhythmus ihrer Periodenzahl erzwungenen Schwingung mit Reibungswiderständen.

Die Kraft P leistet nur mit einer Komponente P_L Arbeit. Sie kann gleichwertig durch zwei um eine Viertelperiode gegeneinander versetzte Komponenten ersetzt werden, deren eine P_0 mit dem Ausschlag s (a-Vektor) in Phase geht und nach Fall α) arbeitslos ist, deren andere P_L in Phase mit ds geht, und nach β) voll und kontinuierlich Arbeit leisten kann (vgl. Fig. 30e).

$$\left.\begin{aligned} P' &= P \cdot \sin\tau \\ s' &= a \cdot \sin(\tau - \varphi) \\ ds' &= (a \cdot d\tau) \cdot \cos(\tau - \varphi) \end{aligned}\right\} \quad \begin{aligned} dA &= Pa \cdot \sin\tau \cdot \cos(\tau - \varphi)\,d\tau \\ &= \underbrace{Pa\,[(\sin\tau \cdot \cos\tau\,d\tau) \cdot \cos\varphi}_{dA_0 \cdot \cos\varphi} + \underbrace{(\sin^2\tau\,d\tau)\sin\varphi]}_{dA_L \cdot \sin\varphi}\,; \end{aligned}$$

$$A = A_0 \cdot \cos\varphi + A_L \cdot \sin\varphi \tag{12}$$

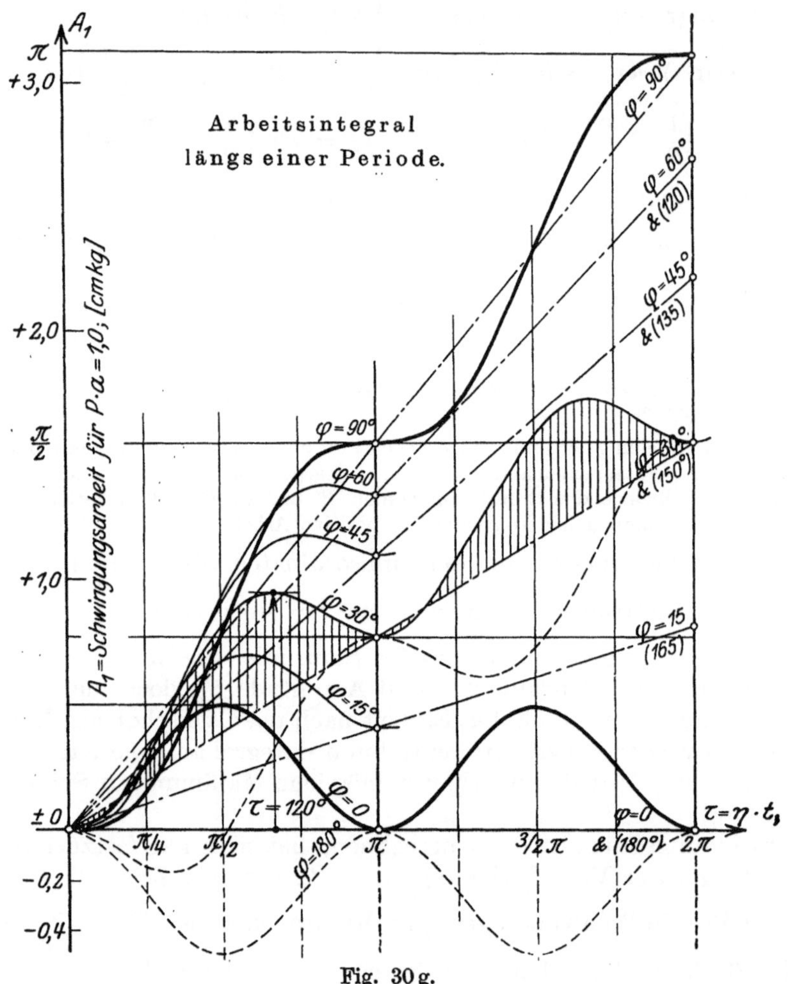

Fig. 30g.

Für je eine halbe Periode ($\tau = 0$ bis $\tau = \pi$) wird $A_0 = 0$ und $A_L = Pa \cdot \dfrac{\pi}{2}$, so daß wir als Arbeit innerhalb einer Vollschwingung ($\eta t = 2\pi$) erhalten

$$\tilde{A} = P \cdot a \cdot \pi \cdot \sin\varphi \quad \text{[cmkg]} \tag{12a}$$

und entsprechend die Leistung

$$\tilde{N} = \left(\frac{Pa}{2} \cdot \sin\varphi\right) \cdot \eta \left[\frac{\text{cmkg}}{\text{sec}}\right]. \tag{12b}$$

In Fig. 30g sind für mehrere Phasenwinkel die Schwingungsarbeiten berechnet und aufgetragen. Für $\varphi = 30°$ ergeben sich z. B. folgende Werte:

$$\cos 30° = 0,866; \qquad \sin 30° = 0,5;$$

$$\text{Von } \tau = 0 \text{ bis } \tau = {}^1\!/_4 \cdot \pi \text{ wird } A = Pa\left(\frac{1}{4} \cdot 0{,}866 + 0{,}143 \cdot 0{,}5\right) = 0{,}288 \cdot Pa$$

$$\text{,, } \tau = 0 \text{ ,, } \tau = {}^1\!/_2 \cdot \pi \text{ ,, } A = Pa\left(\frac{1}{2} \cdot 0{,}866 + 0{,}786 \cdot 0{,}5\right) = 0{,}826 \cdot Pa$$

$$\text{,, } \tau = 0 \text{ ,, } \tau = {}^3\!/_4 \cdot \pi \text{ ,, } A = Pa\left(\frac{1}{4} \cdot 0{,}866 + 1{,}429 \cdot 0{,}5\right) = 0{,}931 \cdot Pa$$

$$\text{,, } \tau = 0 \text{ ,, } \tau = {}^4\!/_4 \cdot \pi \text{ ,, } A = Pa\left(\quad 0 \quad + 1{,}571 \cdot 0{,}5\right) = 0{,}786 \cdot Pa\,.$$

In Fig. 30f ist wieder der Verlauf der Funktion $(\sin\tau \cdot \cos\tau)\cos\varphi + (\sin^2\tau \cdot)\sin\varphi$ dargestellt; sie ist wieder wie unter $\alpha)$ und $\beta)$ eine Sinuslinie mit der doppelten Periodenzahl (2τ) und der Amplitude $^1\!/_2$; ihre eine Komponente $(\sin\tau \cdot \cos\tau)\cos\varphi$ entspricht der Länge $M K_0$, die andere $\sin^2\tau \cdot \sin\varphi$ entspricht $M K_L$ (Fig. 30f, rechts!).

Wie wir sehen, treten hier innerhalb einer Halbperiode noch Arbeitsentnahmen auf [im Gegensatz zu β), wo nur positive Arbeitszufuhr geleistet wird]. Im Einklang hiermit fallen auch die Integral-Kurven in Fig. 30g gegen Ende einer Halbperiode hin etwas ab.

3. Arbeitsverbrauch eines dämpfenden Widerstandes.

Es sei $k = $ reibende Kraft pro je 1 cm/sec Geschwindigkeit $\left[\dfrac{\text{kg} \cdot \text{sec}}{\text{cm}}\right]$. Die totale Reibungskraft schwingt also in Phase mit ds, d. h. dieser Vorgang entspricht immer dem unter 2β) $\varphi = 90°$ behandelten. Es ist

die augenblickliche Schwingungsgeschwindigkeit $\ldots\ldots\ldots \cdot \dfrac{ds'}{dt} = (a\eta)\sin\tau$;

der augenblickliche Reibungswiderstand $\ldots\ldots\ldots\ldots K = -(a\eta k)\sin\tau$;

das Element des Arbeitsweges $\ldots\ldots\ldots\ldots\ldots ds' = a \cdot d\tau \cdot \sin\tau$;

somit

$$dA_k = K \cdot ds = -(a^2\eta k)\sin^2\tau \cdot d\tau = -a^2\eta k\left(\frac{1}{2} - \frac{\cos 2\tau}{2}\right)d\tau\ ;$$

$$A_k = \int dA_k = -a^2\,\eta\,k\left(\frac{\tau}{2} - \frac{\sin 2\tau}{4}\right) \tag{13}$$

Vgl. hierzu die dick gestrichelte Kurve in Fig. 30 d.

Arbeitsverbrauch einer Vollschwingung

$$A_k = -a^2\,\eta\,k \cdot \pi\,. \qquad [\text{cmkg}] \tag{13a}$$

Leistungsverbrauch

$$N_k = -k \cdot \frac{a^2\eta^2}{2}\ ; \qquad \left[\frac{\text{cmkg}}{\text{sec}}\right]. \tag{13b}$$

4. Arbeitsgleichung.

Bei jeder erzwungenen Schwingung mit Dämpfung muß von der Zwangskraft ein Arbeitsbetrag geleistet werden, wie er durch die Beziehung (11) angegeben wird, d. h. die Arbeiten der Kräfte P und K müssen sich zu Null ergänzen. Ist nur eine Kraft P und ein Widerstand K wirksam, dann muß z. B. im Resonanzfall die Beziehung bestehen

$$A_L \qquad + \qquad A_k \qquad\qquad = 0\ ;$$

$$P \cdot a_P\left(\frac{\tau}{2} - \frac{\sin 2\tau}{4}\right) - (a_k)^2 \cdot \eta \cdot k \cdot \left(\frac{\tau}{2} - \frac{\sin 2\tau}{4}\right) = 0\ ;$$

oder

$$Pa_P - (a_k)^2 \cdot \eta k = 0\,. \tag{14}$$

Treten mehrere Kräfte P und verschiedene Widerstände K auf, dann erhält die Arbeitsgleichung (14) unter bestimmten Voraussetzungen (vgl. weiter unten S. 66) die allgemeine Form

$$\sum(Pa_P) - \sum[(a_k)^2\,\eta k] = 0 \tag{14a}$$

B. Die Dämpfungszahl der Oelmaschine.

Eine Dämpfungszahl k_{Zyl} oder kurz k_z einheitlichen Charakters berechnet sich mit Hilfe der Arbeitsgleichung (14a) aus den Beobachtungen an drei verschiedenen Anlagen nach folgender Tabelle:

Zahlentafel 4.

1	Leistung	N	PS	550	1200	3000
2	Normale Drehzahl	n	1/Min	450	450	390
3	Zylinderbohrung	d	cm	35,0	45,0	53,0
4	Kurbel-(Reduktions-)Radius	R	cm	17,5	21,0	26,5
5	Reduz. ⎱ eines Zylinders	m_r	kg · sec²	0,31 (1)	0,69 (1)	1,1 (1,0)
6	Massen ⎰ Schwungrad (Kuppl.)	(μ)	———	3,1 (10)	0,27 (0,39)	13,0 (11,8)
7	m_r bzw. (μ) Generator		cm	5,1 (16,5)	16,2 (23,5)	19,8 (18,0)
8	Pol. Red.-Trägh.-Moment	J_p	cm⁴	12 150	27 600	92 300
9	Reduz. ⎱ Abstand zweier Zyl.	l_r		60 (1)	70 (1)	95 (1)
10	Längen ⎰ Zyl. (1) – Kupplung	(λ)	cm	70 (1,17)	65 (0,93)	95 (1)
11	l_r bzw. (λ) Kupplung-Generator			160 (2,67)	115 (1,64)	200 (2,1)
12	Eigenschwingungszahl	n_c	1/Min	2340	2138	1450
13	Eigenfrequenz	ω_e	1/sec	245	224	152
14	Kritische Drehzahl	n_k	1/Min	390	358	290
15	Gefährliche ⎱ Ordnungszahl	χ	—	6	6	5
16	Harmonische ⎰ Amplitude	D	kg/cm²	0,362	0,37	0,54
17	Größter gemessener ⎱	α	Bogengr.	1,13° = 0,0197	1,19° = 0,0208	1,25° = 0,0218
18	Ausschlag an $\quad R \cdot \alpha =$	a	cm	= 0,345	0,437	0,578
19	Kurbel (6) bzw. (10) ⎰	a^2	cm²	0,119	0,191	0,334
20	Für alle ⎱ (Summenwerte)	$\sum a$	cm	= 1,61	1,89	3,89
21	Kurbeln ⎰	$\sum a^2$	cm²	= 0,459	0,655	1,76
22	Dämpfungszahl $k_{Zyl} = \dfrac{D \cdot \sum a}{\eta \cdot \sum a^2} =$	k_z	$\dfrac{\text{kg} \cdot \text{sec}}{\text{cm}^3}$	= 0,0052	0,00473	0,00788

Die Daten für die 550 PS- und 3000 PS-Anlage verdanke ich den Vulcan-Werken Hamburg und Stettin und der M. A. N.; die mittlere Spalte (1200 PS) bezieht sich auf das in dem Aufsatz von Hermann Frahm[1]) in der Z. d. V. d. I. 1918, S. 177 ff. untersuchte Aggregat.

Jede Anlage ist ein Generatoraggregat mit einer Schwungmasse zwischen Ölmaschine und Generator. Die 550 PS-Anlage deckt sich in ihren Längen- und Massenverhältnissen ziemlich genau mit unserem Typenbeispiel Fig. 15a, sodaß wir der weiteren Rechnung die erste Eigenschwingungsform (Fig. 15b) zugrunde legen dürfen. Die 1200 PS-Anlage ist genauer in Fig. 36a dargestellt. Die kleinen Luftpumpenschwungmassen sind nicht berücksichtigt; ebenso konnte eine kleine Kupplungsschwungmasse $m_K = 0,39 \cdot m_Z$ zwischen Ölmaschine und Generator bei der I. Eigenschwingung vernachlässigt werden, da sie sehr nahe am Knoten liegt. Die 3000 PS-Anlage besteht aus einer Zehnzylinder-Ölmaschine, anschließend folgt im Abstand $l_{10} = 1,0 \cdot l_Z$ eine Reibungskupplung ($m_R = 11,8 \cdot m_Z$), darauf im Abstand $l_{11} = 2,1 \cdot l_Z$ die Generatormasse $m_G = 18 \cdot m_Z$. Die I. Eigenschwingungsform, besonders der 1200-PS-Anlage zeigt die Eigenschaft, daß an der schweren Generatorschwungmasse nur geringe Ausschläge und darum auch nur verhältnismäßig kleine Dämpfungen auftreten. Wir konnten somit in erster Annäherung den ganzen Verbrauch an Schwingungsarbeit der Ölmaschine zur Last legen und das berechnete k_z als ihre Dämpfungszahl bezeichnen.

Zu den einzelnen Spalten unserer Tabelle ist folgendes zu bemerken:
Spalte 1—11 sind Konstruktionszahlen.
Spalte 12—14: Die Zahlen sind Rechnungswerte und stimmen genau genug mit den mittleren Meßwerten überein. Diese sind nie scharf begrenzt, vielmehr erstrecken sich die kritischen Drehzahlen bei Anlagen der betrachteten Art etwa über Bereiche von 25—50 Umdrehungen, d. h. über 150—300 Schwin-

---

[1]) Einige weitere dankenswerte Angaben von Herrn Direktor Frahm eröffneten mir die Möglichkeit, diese bis heute wohl vollkommensten Messungen von Verdrehungsschwingungen noch zu weiteren Nachrechnungen heranzuziehen. Vgl. unten S. 70 ff.

gungsperioden pro Minute. Am ausgedehntesten machten sie sich bei der langen Zehnzylindermaschine bemerkbar.

Spalte 15 und 16: Die eingeschriebenen Amplituden sollen gelten für den bei der betreffenden kritischen Drehzahl vorhandenen mittleren Druck und für die bewirkte Drehkraft. Sie sind gewählt nach Ergebnissen aus der Analyse abgenommener Indikatordiagramme und weichen nur wenig von unseren theoretischen Werten (Fig. 20 i) ab.

Spalte 17: Die Ausschläge 1,13° und 1,25° sind direkt mit einem Geigerschen Torsiographen gemessen. Der Ausschlag 1,19° der 1200 PS-Anlage ist aus Abb. 8, Ausschnitt Nr. 9 des Frahm'schen Aufsatzes (unsere Fig. 36 i) auf folgende Weise berechnet: Das Diagramm zeigt im Mittel eine stärkste Verdrehung $a' = 2{,}0$ cm (vgl. hierzu eingehender S. 70). Infolge der $\left(61 \cdot \dfrac{24}{2}\right)$-fachen Übersetzung[1]) verdreht sich also die Meßlänge 42,8 cm (nicht 46,2 cm!) um $\dfrac{2{,}0}{61 \cdot 12} = 0{,}00273$ cm auf dem Kreis mit Radius 1 cm d. h. um 0,00273 Bogengrade. Die ganze reduzierte Länge zwischen Generator und 1. Zylinder verdreht sich sonach um $0{,}00273 \cdot \dfrac{180}{42{,}8} = 0{,}0115$ Bogengrade. In der Schwingungsform entspricht diese Verdrehung einem Ausschlagsunterschied $= 0{,}553$. Der Ausschlag an der Kurbel (6) wird somit $0{,}0115 \cdot \dfrac{1{,}0}{0{,}553} = 0{,}0208$ Bogengrade.

Spalte 20—21: Wie weiter unten S. 64/66 gezeigt wird, bleiben im Resonanzzustand die reibungsfreien Eigenschwingungsformen auch bei den wirklichen, gegenüber Dämpfungen kontinuierlich erzwungenen Schwingungen fast vollkommen erhalten, solange die Dämpfungen klein bleiben. Wir können daher in unseren drei Fällen aus der Größe des Ausschlags an einer einzigen Stelle des Systems, z. B. am Luftpumpenende auf alle weiteren Ausschläge schließen. Die Summe der tatsächlichen Ausschläge berechnet sich sonach z. B. für das 550 PS-System nach Fig. 15 b zu

$$0{,}345 \cdot (1 + \alpha_2 + \cdots \alpha_6) = 0{,}345 \,(1 + 0{,}959 + 0{,}88 + 0{,}765 + 0{,}616 + 0{,}447) = 0{,}345 \cdot 4{,}667 \,.$$

Spalte 22: k_z ergibt sich mit den entsprechenden Zahlenwerten der Spalten 13, 16, 20, 21 aus der Arbeitsgleichung (14a)

$$D \cdot \sum_1^6 a = k_z \cdot \eta \cdot \sum_1^6 (a^2);$$

Wie schon oben bemerkt wurde, ist k_z nur insoweit die Dämpfungszahl der betreffenden Ölmaschine, als elektrische Dämpfung, Luftreibung des Schwungrades usw. unwesentlich groß waren.

Am richtigsten scheint der Wert $k_z = 0{,}0047$ die Dämpfung der Ölmaschine wiederzugeben, aber auch diese Zahl dürfte nicht als unbedingt und konstant anzunehmen sein. Genauere Nachrechnungen der Frahmschen Torsiogramme zeigen, daß die Widerstände mit kleineren Verdrehungen auch ihrerseits abnehmen. Wir mußten z. B. für Ausschläge, halb so groß wie die größten kritischen, ein $k_z = \sim 0{,}004$ annehmen, um gute Übereinstimmung zwischen Messung und Rechnung zu erhalten (vgl. Tabelle S. 74).

Es erscheint sehr wohl möglich, durch weitere, zielbewußte und genaue Messungen in diese Zahlenwerte eine bestimmte Gesetzmäßigkeit zu bringen. Für die folgenden Beispielrechnungen einigen wir uns auf eine ungefähre mittlere Pauschalzahl

$$k_z = 0{,}005 - 0{,}006 \left[\frac{\text{kg} \cdot \text{sec.}}{\text{cm}^3}\right]; \tag{15}$$

und verstehen darunter den

Dämpfungswiderstand pro je 1 Zylinder
pro je 1 cm² Kolbenfläche
pro je 1 cm/sec Schwingungsgeschwindigkeit auf dem Kurbelkreis, als Kraft angreifend am jeweiligen Kurbelradius R.

In dieser Fassung ist die Zahl den Bedürfnissen der Rechnung angepaßt. Sie erfüllt für unsere Zwecke ihre Aufgabe, wenn sich die mit ihr berechneten Ausschläge gut mit den gemessenen decken.

---

[1]) Vgl. hierzu auch Fußnote S. 74.

Anmerkung: Holzer leitet in seiner „Berechnung der Drehschwingungen" S. 98 ff für die Kurbeldämpfung die Funktion $k = 0{,}04 \cdot m \cdot \omega$ ab, wobei k das totale dämpfende Moment pro Einheit der Schwingungsdrehschnelle, m das Trägheitsmoment der reduzierten Zylindermasse und ω die Drehschnelle der fraglichen Schwingung bedeutet. Um diesen Faktor k mit unserem k_z vergleichen zu können, müssen wir ihn einerseits auf die Einheit der Kolbenfläche beziehen und außerdem noch mit r^2 dividieren, weil unser k_z die dämpfende Kraft am Hebelarm r und pro Einheit der Schwingungsgeschwindigkeit auf dem Kreis mit Radius r (und nicht mit Radius 1) bedeutet. Für die 3 Anlagen der Zahlentafel 4 erhalten wir sonach k_z rechnungsmäßig zu

$$ k_z = \frac{0{,}04 \cdot (m_r \cdot r^2) \cdot \omega_c}{F \cdot r^2} = 0{,}04 \cdot \frac{m_r}{F} \cdot \omega_c\,; $$

N	PS	550	1200	3000
$\dfrac{m_r}{F}$	$\dfrac{\mathrm{kg}\cdot\mathrm{sec}^2}{\mathrm{cm}^3}$	$\dfrac{0{,}31}{960} = 0{,}000\,323$	$\dfrac{0{,}69}{1590} = 0{,}000\,434$	$\dfrac{1{,}1}{2200} = 0{,}000\,50$
ω_r	$\dfrac{1}{\mathrm{sec}}$	245	225	152
k_z	$\dfrac{\mathrm{kg}\cdot\mathrm{sec}}{\mathrm{cm}^3}$	$0{,}003\,17$	$0{,}003\,906$	$0{,}003\,04$

Der zweite dieser rechnungsmäßigen Werte deckt sich nahe mit dem entsprechenden der rein empirisch abgeleiteten Werte in Spalte 22 der Tafel 4, die im übrigen alle Widerstände in der ganzen Anlage in sich schließen. Da bei der 1200-PS-Anlage alle Nebendämpfungen nur gering sein konnten, so darf in dieser fürs erste befriedigenden Übereinstimmung eine Bestätigung der Holzerschen Funktion erblickt werden.

C) Berechnung und Vergleich der erzwungenen Schwingungen.

1. Problemstellung.

Es sei ein Massensystem mit folgenden Daten gegeben: Fig. 10, 33a, 34a

$$
\begin{aligned}
&m_1 = 15; \\
&m_2 = 10; \\
&m_3 = 3; \\
&m_4 = 3;
\end{aligned}
\left[\frac{\mathrm{kg}\cdot\mathrm{sec}^2}{\mathrm{cm}}\right]
\quad
\begin{aligned}
&\mu_2 = {}^2/_3; \\
&\mu_3 = {}^1/_5; \\
&\mu_4 = {}^1/_5;
\end{aligned}
\quad
\begin{aligned}
&l_1 = 25\,[\mathrm{cm}] \\
&l_2 = 20 \quad\text{,,} \\
&l_3 = 30 \quad\text{,,}
\end{aligned}
\quad
\begin{aligned}
&\lambda_2 = {}^4/_5; \\
&\lambda_3 = {}^6/_5;
\end{aligned}
\quad
\begin{aligned}
&J_p = 2400\,[\mathrm{cm}^4]; \\
&r = 10\,[\mathrm{cm}]; \\
&H = 20 \cdot 10^6\,[\mathrm{kg}].
\end{aligned}
$$

Nach S. 23 besitzt dieses System seine Eigenschwingungszustände bei $n_{eI} = 2700$, $n_{eII} = 4420$, $n_{eIII} = 8100$ (wegen der viermal so großen Konstanten $H = 20 \cdot 10^6$ statt $5 \cdot 10^6$!). Wir wollen hier lediglich den Bereich der ersten Eigenschwingungszahl untersuchen in der Voraussetzung, daß die antreibende Ölmaschine nur noch bis hinauf zu dieser Periodenzahl genügend starke Impulse abgeben könne (z. B. bei 450 U/Min die Harmonische sechster Ordnung mit $6 \cdot 450 = 2700$ Imp/Min). Die reibungsfreie theoretische I. Eigenschwingungsform ist genau durch Fig. 10a wiedergegeben.

Auf dieses System lassen wir äußere Kräfte von zweierlei Art einwirken:

a) Die erregenden Kräfte mögen die Harmonischen sechster Ordnung ($D_6 = 0{,}37\ \mathrm{kg}\cdot\mathrm{cm}^2$; Fig. 19g) einer Sechszylinder-Ölmaschine von 35 cm Zylinderbohrung ($F = 960\ \mathrm{cm}^2$) und $(2 \cdot 17{,}5)$ cm Hub sein. An jeder reduzierten Zylinderschwungmasse wirkt dann am Kurbelradius $R = 17{,}5$ cm eine rein sinusförmig schwingende Kraft von der Amplitude $0{,}37 \cdot 960 = 356$ kg. Dementsprechend wählen wir dann am Reduktionsradius $r = 10$ cm für je eine Gruppe von drei Zylindern eine schwingungserregende harmonische Drehkraft D

$$ D_{(I)} = D_{(II)} = 3 \cdot (356 \cdot 1{,}75) = \sim 1850\ \mathrm{kg}\,. $$

b) Für die dämpfenden Kräfte haben wir nach den Ausführungen unter B) S. 55 eine Zahl $k_z = \sim 0{,}006$ zugrunde zu legen, d. h. wir müssen für 3 Zylinder mit Kurbelradius $R = 17{,}5$ cm ein totales Bremsmoment $= 3 \cdot (0{,}006 \cdot 960) \cdot 17{,}5 = 302{,}5\ \mathrm{cm}\cdot\mathrm{kg}$ pro $v = 1$ cm/sec Schwingungsgeschwindigkeit auf dem Kreis mit $R = 17{,}5$ cm in Rechnung stellen. Pro $v = 1$ cm/sec auf $r = 10$ cm entspricht dem ein Bremsmoment $= 302{,}5 \cdot 1{,}75 = 530$ cm $\cdot$ kg; oder für unser Rechnungssystem mit dem Reduktionshalbmesser $r = 10$ cm ist eine Dämpfungskraft $K = 53$ kg anzunehmen. Wir rechnen rund mit 50 kg pro 1 cm/sec Schwingungsgeschwindigkeit, d. h. mit $k_z = 0{,}0057$ statt $0{,}006$. Die totale Dämpfungskraft für $v = (\alpha \eta)$ cm/sec wird somit

$$K_{(\mathrm{I})} = K_{(\mathrm{II})} = (\mathrm{a}\eta) \cdot 50 \,\mathrm{kg}; \qquad \text{und} \qquad K' = \frac{K}{\eta^2} = \left(\frac{\mathrm{a} \cdot 50}{\eta}\right);$$

Je eine schwingende Kraft $D = 1850$ kg und $K = 50\,a\,\eta$ kg sollen also an den beiden Massen m_3 und m_4 angreifen; m_1 und m_2 sind vollständig frei von äußeren Einwirkungen. Die Kräfte K sollen reine Geschwindigkeitsdämpfungen sein, d. h. den Ausschlägen um eine Viertelperiode nachhinken. (Wir könnten auch reine Reibung der Lage, d. h. Klemmungen, in Phase mit den Ausschlägen, oder jede andere Zwischenphase annehmen; es fehlt jedoch vorab noch eine genügende versuchsmäßige Klärung und Begründung für eine präzisere Annahme.)

Unser Ziel

ist es nun, festzustellen, wie groß die erzwungenen Ausschläge werden und wie sie sich unterscheiden, wenn die Erregungen D[1]) einmal gleichphasig und das andere Mal mit entgegengesetzter Phase angreifen.

2. Anordnung und Durchführung der Rechnung.

Die folgenden Rechnungen sind unter Anlehnung an das bewährte graphische Verfahren von Gümbel (mitgeteilt in der Z. d. V. d. I. 1912, S. 1025) durchgeführt. Indes verändern und erweitern sie die dort gebotenen Ausführungen in solch weitgehendem Maße, daß eine genauere Darlegung der nicht ganz einfachen Operationen besonders für den Ingenieur der Praxis dringend geboten erscheint. Wir geben zuerst einen in großen Zügen gehaltenen Überblick und besprechen dann nähere Einzelheiten.

a) Allgemeiner Rechnungsgang.

Um die eben gestellte Frage nach dem Unterschied der Ausschläge zu beantworten, berechnen wir in den Zahlentafeln 5 und 5a zwei Reihen von Schwingungsformen, geordnet nach steigenden Impulszahlen etwa von $i = 1900$ bis $i = 4200$ Imp/Min, oder für Erregerfrequenzen $\eta = 180, 200, 220 \ldots 400$ 1/sec, die erste Reihe a) mit gleichgerichteten, die zweite Reihe b) mit entgegengesetzten Kräften E bzw. D.

Die den Ausschlägen um eine Viertelperiode nachhinkenden Dämpfungskräfte an m_3 und m_4 können nur durch äußere Kräfte überwunden werden, die um eine Viertelperiode voreilen. In unserer Rechnung werden also die Erregungen E (bzw. D), die Dämpfungen K und die Trägheitskräfte T_4 (und damit a_4) nicht bloß in der gemeinsamen Phase der Trägheitskräfte T_1, T_2, T_3 oder der Ausschläge a_1, a_2, a_3 vorkommen (als Vektoren mit augenblicklich vertikaler Richtung „v"), sondern sie werden auch Komponenten besitzen, die um $90°$ dazu verschoben sind (dargestellt durch Vektoren mit augenblicklich horizontaler Richtung „h"). Die sämtlichen Kräfte und Ausschläge erreichen also nicht mehr im selben Augenblick ihren Null- oder Höchstwert, vielmehr sind diese Höchst- oder Nullwerte zeitlich mehr oder minder auseinandergedrängt. Nach wie vor aber muß in jedem Augenblick für das ganze System Gleichgewicht bestehen, oder die geometrische Summe aller Kraftvektoren den Wert 0 ergeben.

In den Spalten 1—34a und b der Zahlentafeln 5 und 5a wird bestimmt, in welcher Größe und Phase die Ausschläge bei den einzelnen Impulszahlen nebeneinander bestehen und in welcher Größe zwei erregende Kräfte zur Erzwingung dieser Ausschläge

---

[1]) Bezüglich des unterschiedlichen Gebrauchs der Symbole D und E für die erregenden Kräfte vgl. S. 31.

notwendig an den Massen m_3 und m_4 angreifen müssen, wenn die Verdrehung a_1 auf dem Kreis mit $r = 10$ cm nach Annahme z. B. jeweils 1 cm betragen soll. (Die zwei erregenden Kräfte ergänzen die geometrische Summe aller übrigen Kraftvektoren zu Null, treten also sinngemäß an die Stelle der einen Gümbelschen Restkraft[1]) und sind ebenso wie diese Restkraft verhältnismäßige Größen.) In Spalte 35—38a und b werden dann die Werte von Spalte 3, 6, 10, 34a und b auf die tatsächlich gegebene Erregung $D = 1850$ kg umgerechnet. Diese reduzierten Werte $(a_1 \ldots {}_4)_r$ stellen somit die gesuchten Verdrehungen dar, welche an unserem System bei den angenommenen Reibungswiderständen unter der Einwirkung zweier gleich und entgegengesetzt schwingender Drehkräfte D von je 1850 kg Amplitude erwartet werden müssen.

Die Zahlentafel 5a ist eine nebenherlaufende Zwischenrechnung, welche die weiter unten S. 59 u. 62 abgeleiteten Formeln 17—18a auswertet, und somit die in den Spalten 18 und 27a und b eingeführten verhältnismäßigen Erregungen bestimmt. Zweckmäßig werden die Spalten in der Reihenfolge ihrer Nummerierung, d. h. also

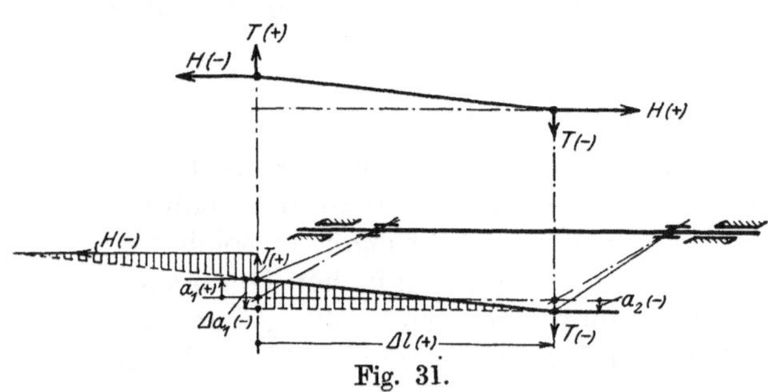

Fig. 31.

die beiden Zahlentafeln absatzweise durcheinander ausgewertet. Es wird zuerst das System bis zum Angriff der ersten äußeren Kräfte E_3 und K_3 durchgerechnet, dann E_v und die weitere Form v, und damit E_h und die Form h bestimmt.

b) Einzelheiten.

Ausschaltung der Kräftepläne: Die Neigungen der Seilstrahlen, die sich zum Polygon der Schwingungsform aneinander reihen, sind nicht mit besonderen Kräfteplänen graphisch bestimmt, sondern (was genauer auf dasselbe hinauskommt) direkt berechnet nach der Proportion:

$$\Delta l : \Delta a = H : T ; \quad \text{bzw.} \ = H : \Sigma T \\ \Delta a = \Delta l \cdot \frac{T}{H} ; \quad \text{bzw.} \ = \Delta l \cdot \frac{\Sigma T}{H}$$

vgl. in Fig. 31 die beiden schraffierten Dreiecke.

Dabei bedeutet T bzw. ΣT immer einen Ausdruck $\Sigma(ma) \cdot \eta^2$, worin η^2 jeweils eine Konstante ist. Zur Vereinfachung der Zahlenrechnung eliminieren wir diesen unhandlichen großen Zahlenfaktor durch Vermengung mit H, und rechnen nach der Beziehung:

$$\Delta a = \Delta l \cdot \frac{\Sigma T'}{H'} \qquad \text{wobei} \qquad \begin{aligned} \Sigma T' &= \Sigma(ma); \\ H' &= \frac{H}{\eta^2} ; \end{aligned} \qquad \boxed{16}$$

Sinngemäß haben wir dann aber auch alle Kräfte E' mit $\left(\dfrac{E}{\eta^2}\right)$ und K' mit $\left(\dfrac{K}{\eta^2}\right)$ einzusetzen [kg · sec²].

Vorzeichen: Die Vorzeichen sind in unseren Schwingungsrechnungen nach bestimmten Voraussetzungen und Vereinbarungen zu verstehen: Sie gelten lediglich für den in der Rechnung gerade festgehaltenen Augenblick (meist eine der beiden Grenzlagen bei Umkehrung der Bewegung). Geht man von einer Anfangsbedingung aus (z. B. Ausschlag $a_1 = +1{,}0$), so reihen sich die einzelnen Werte (Ausschläge und Kräfte) mit ganz bestimmten Vorzeichen aneinander. Für einen anderen Augenblick könnten sich freilich andere Vorzeichen ergeben, aber das allein Wesentliche ist, daß sie immer in der gleichen relativen Constellation zueinander stehen werden, die auch schon durch die erste Annahme festgelegt ist.

Im einzelnen seien die in der analytischen Geometrie üblichen Rechenregeln beibehalten: Wir zählen also in den Schwingungsformen (oder Seilpolygonen) alle nach rechts und aufwärts gerichteten Längen und Kräfte positiv, alle nach links und abwärts gerichteten Komponenten negativ (vgl. die Vorzeichen in Fig. 31 und 32); desgleichen wird der Drehsinn aller in „Ebenen, senkrecht zum Zeichenpapier" rotierenden Fahrstrahlen, welche rein harmonisch schwingende Größen darstellen, entgegen dem Uhrzeigersinn angenommen, gesehen in Richtung von Masse m_1 gegen Masse m_2, $m_3 \ldots$ hin. Ein

---

[1]) Vgl. Z. d. V. d. I. 1912, S. 1030, sowie unsere Erläuterung S. 28.

nacheilender Vektor ist somit um einen bestimmten Winkelbetrag i m Uhrzeigersinn, ein voreilender e n t-gegengesetzt verlagert (vgl. Fig. 32, 33, 34).

Mit dem Drehsinn der Maschine haben diese Rechenregeln nichts zu tun.

Die Auswertung der beiden Zahlentafeln wurde mit einem 50 cm langen Rechenschieber vor-genommen.

Spalte 1—12 ist den beiden folgenden Spaltenreihen 13—38a und b gemeinsam.

Spalte 5, 9, 19a und b' 28a und b: Bei der zahlenmäßigen Bestimmung der Größen Δa muß ein negativer Horizontalzug ($-H'$) gewählt werden, weil wir das Seilpolygon von links nach rechts herein berechnen, der Horizontalzug also immer nach links gerichtet ist (vgl. Fig. 31), oder analytisch aus-gedrückt, weil wir bei der Rechnung von der Stelle n zur Stelle $(n + 1)$ fortschreiten. Positives H ist zu wählen, wenn man rückwärts rechnet, also von Masse n zur Masse $(n - 1)$ fortschreitet.

Ableitung einer Beziehung für E'_v und E'_h: Die Summe S'_3 (Spalte 12) ist jene Gesamt-trägheitskraft, welche von den 3 Schwungmassen m_1, m_2 und m_3 auf das noch übrige Restsystem (Länge l_3 mit Schwungmasse m_4) übertragen wird. Am Beginn der Länge l_3 wirken somit außer S'_3 noch die Erregung E'_3 und die Dämpfung K'_3; am anderen Ende von l_3 an der Masse m_4 wirken E'_4, K'_4 und T'_4.

Unsere Aufgabe ist, die Erregungen $+ E'_3 = + E'_4$ (bei gleicher Phase) bzw. $+ E'_3 = - E'_4$ (bei entgegengesetzter Phase) so zu bestimmen, daß sich alle Kräfte Gleichgewicht halten, oder die Summe 0 er-geben. Außerdem muß am Anfang von l_3 gerade der volle Ausschlag a_3 vorhanden sein, damit die Länge l_3 zwanglos mit dem Hauptteil $(l_1 + l_2)$ zusammengefügt schwingen kann.

Durch öfter wiederholtes Probieren könnten wir immer in jeder einzelnen Rechnungsreihe die Werte E' entsprechend diesen beiden Bedingungen mit sukzessiver Annäherung berechnen. Mit Hilfe der unten folgenden Be-ziehungen (17 und 18) sind wir indes in der Lage, die Be-träge E'_v und E'_h wenigstens für kleine (normale) Dämpfungen fast vollkommen genau direkt vorauszuberechnen.[1]

Wir wissen, der Vektor S'_3 steht augenblicklich vertikal; er bedeutet also eine Kraft, die ebenso wie der Ausschlag a_3 gerade ihre volle Amplitude erreicht hat. Der Vektor K'_3 da-gegen befindet sich gerade in horizontaler Lage und vertritt die Dämpfung, die soeben den Wert ± 0 erreicht hat, weil an m_3 im Augenblick der Bewegungsumkehr keine Reibung auf-tritt. Die übrigen Kräfte E'_3, E'_4, K'_4, T'_4 haben dagegen wie auch der Ausschlag a_4 in beiden Richtungen oder Phasen eine Komponente.

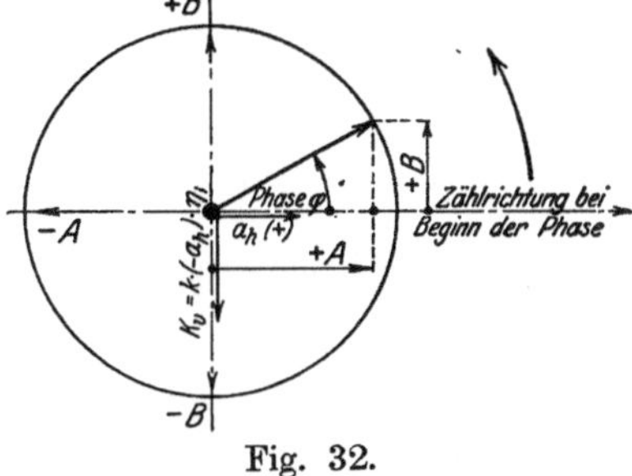

Fig. 32.

Als vertikale Kraftvektoren sind somit zu rechnen S'_3, $E'_{3v} = \left(\dfrac{E_{3v}}{\eta^2}\right)$, $E'_{4v} = \left(\dfrac{E_{4v}}{\eta^2}\right)$, T'_{4v} und $K'_{4v} \cdot T'_{4v}$ kann direkt durch S'_3 und E'_{3v} ausgedrückt werden:

$$\left.\begin{aligned} \Delta a_{3v} &= \frac{l_3}{-H'}(E'_{3v} + S'_3)\,; \\[4pt] a_{4v} &= a_3 + \Delta a_{3v}\,; \end{aligned}\right\} \qquad T'_{4v} = m_4 a_{4v} = m_4 a_3 - E'_{3v}\frac{m_4 l_3}{H'} - S'_3\frac{m_4 l_3}{H'}\,;$$

K'_{4v} besitzt folgende Herkunft: Die rein horizontale Dämpfungskraft K'_3 bedingt notwendig einen horizon-talen Ausschlag a_{4h} und dieser hat wieder eine um $90°$ nachhinkende, also vertikale Dämpfungskraft K'_{4v} zur Folge. Über seine Bedeutung ist zu sagen, daß es meist vernachlässigt werden kann, da es für kleine k_z gewissermaßen klein von zweiter Ordnung wird. K'_3 und damit a_{4h} wird bereits einmal klein von k_z her; K'_{4v} wird also aus dem kleinen a_{4h} noch einmal um eine Ordnung kleiner. Diese Vertikalkräfte müssen die Summe 0 ergeben. Wir erhalten also die Gleichungen

a) $\qquad + E_3 = + E_4$ (gleiche Phase)

$$S'_3 + 2E'_v + T'_{4v} + K'_{4v} = 0\,;$$

$$E'_v = \frac{S'_3\left(\dfrac{m_4 l_3}{H'} - 1\right) - m_4 a_3 - K'_{4v}}{2 - \dfrac{m_4 l_3}{H'}}\,; \quad \overline{(17)}$$

b) $\qquad + E_3 = - E_4$ (entgegengesetzte Phase)

$$S'_3 + 0 + T'_{4v} + K'_{4v} = 0\,;$$

$$E'_v = \frac{S'_3\left(\dfrac{m_4 l_3}{H'} - 1\right) - m_4 a_3 - K'_{4v}}{-\dfrac{m_4 l_3}{H'}}\,; \quad \overline{(17\,\text{a})}$$

[1] Holzer hat in seiner „Berechnung der Drehschwingungen" in den Zahlentafeln 6—6c eine streng richtige Methode zur Berechnung erzwungener Schwingungen entwickelt, die besonders für genaue Detailrechnungen mit einer größeren Anzahl erregender Kräfte geeignet erscheint: Er führt den Ausschlag der 1. Schwungmasse als Unbekannte x ein und überrechnet damit das ganze System, so daß jeder einzelne berechnete Wert und somit auch die Restsumme aller Kräfte als ein von x abhängiger Ausdruck resultiert. Die Restsumme der Kräfte gleich Null gesetzt, ergibt dann die ein-fache Bestimmungsgleichung für x.

Zahlen-

Stehende gedämpfte Verdrehungsschwingungen, erzwungen von

System m_1 bis m_3;

			180	200	220	240	260	280
1	η	1/sek	180	200	220	240	260	280
2	$H' = \dfrac{H}{\eta^2}$	kg · sek²	617,5	500	413	347	296	255,1
3	$a_1 =$	cm	=	=	=	=	=	als konstant an-
4	$T'_1 = m_1 a_1$	kg · sek²	=	=	=	=	=	=
5	$\Delta a_1 = l_1 \cdot \dfrac{T'_1}{(-H')}$	cm	− 0,607	− 0,75	− 0,909	− 1,081	− 1,267	− 1,4705
6	$a_2 = a_1 + \Delta a_1$	cm	+ 0,393	+ 0,25	+ 0,091	− 0,081	− 0,267	− 0,4705
7	$T'_2 = m_2 a_2$	kg · sek²	+ 3,93	+ 2,5	+ 0,91	− 0,81	− 2,67	− 4,705
8	$S'_2 = T'_1 + T'_2$	kg · sek²	+18,93	+17,5	+15,91	+14,19	+12,33	+10,295
9	$\Delta a_2 = l_2 \cdot \dfrac{\Sigma T'}{-H'}$	cm	− 0,613	− 0,700	− 0,7705	− 0,818	− 0,833	− 0,807
10	$a_3 = a_2 + \Delta a_2$	cm	− 0,22	− 0,45	− 0,6795	− 0,899	− 1,10	− 1,278
11	$T'_3 = m_3 a_3$	kg · sek²	− 0,66	− 1,35	− 2,039	− 2,697	− 3,3	− 3,833
12	$S'_3 = T'_1 + T'_2 + T'_3$	kg · sek²	+18,27	+16,15	+13,872	+11,493	+ 9,03	+ 6,4625

System l_3 mit m_4;

			180	200	220	240	260	280
18 a	$S'_3 + E'_v =$	kg · sek²	+10,207	+ 9,61	+ 8,924	+ 8,153	+ 7,272	+ 6,252
19 a	$\Delta a_{3v} = (S'_3 + E'_v)\,\dfrac{l_3}{-H'}$	cm	− 0,496	− 0,577	− 0,648	− 0,705	− 0,737	− 0,735
20 a	$a_{4v} = a_{3v} + \Delta a_{3v}$	cm	− 0,716	− 1,027	− 1,328	− 1,604	− 1,837	− 2,013
21 a	$T'_{4v} = m_4 \cdot a_{4v}$	kg · sek²	− 2,147	− 3,080	− 3,983	− 4,811	− 5,511	− 6,038
22 a	$S'_3 + 2E'_v + T'_{4v} =$	kg · sek²	− 0,003	− 0,01	− 0,006	+ 0,002	+ 0,003	+ 0,0032
27 a	$(K'_{3h} + E'_h)$	kg · sek²	+ 0,0743	+ 0,0791	+ 0,0825	+ 0,0844	+ 0,0835	+ 0,0798
28 a	$a_{4h} = \Delta a_{3h} = (K'_{3h} + E'_h)\,\dfrac{l_3}{-H'}$	cm	− 0,00361	− 0,00475	− 0,00599	− 0,00730	− 0,00846	− 0,00939
29 a	$T'_{4h} = m_4 \cdot a_{4h}$	kg · sek²	− 0,01083	− 0,01424	− 0,01797	− 0,02189	− 0,0254	− 0,02817
30 a	$K'_{3h} + 2E'_h + T'_{4h} + K'_{4h}$	kg · sek²	− 0,00003	− 0,00004	− 0,00017	+ 0,00021	+ 0,0001	+ 0,00013
31 a	$K'_{4v} = \dfrac{50\,(-a_{4h})}{\eta}$	kg · sek²	+ 0,001	+ 0,00119	+ 0,00136	+ 0,00153	+ 0,00163	+ 0,001675
33 a	$E = \eta^2 \cdot \sqrt{(E'_v)^2 + (E'_h)^2}$	kg	261 300	261 700	239 750	193 100	120 750	29 280
34 a	$\left.a_4\right\} = \sqrt{(a_{4h})^2 + (a_{4v})^2} = \infty\,a_{4v}$	cm	∞ 0,716	∞ 1,027	∞ 1,328	∞ 1,604	∞ 1,837	∞ 2,013

Reduktion der Ausschläge,

			180	200	220	240	260	280
35 a	$(a_1)_r = a_1 \cdot \dfrac{1850}{E} = a_1 \cdot \varepsilon$	cm	+ 0,00708	+ 0,00707	+ 0,00772	+ 0,00958	+ 0,01532	+ 0,0632
36 a	$(a_2)_r = a_2 \cdot \varepsilon$	cm	+ 0,00278	+ 0,00177	+ 0,000702	− 0,000776	− 0,00409	− 0,02973
37 a	$(a_3)_r = a_3 \cdot \varepsilon$	cm	− 0,001558	− 0,00318	− 0,005245	− 0,00861	− 0,01685	− 0,0815
38 a	$(a_4)_r = a_4 \cdot \varepsilon$	cm	− 0,005068	− 0,00726	− 0,01025	− 0,01537	− 0,02814	− 0,1272

System l_3 mit m_4;

			180	200	220	240	260	280
18 b′	$S'_3 + E'_{3v}$	kg · sek²	+119,77	+81,55	+53,89	+33,663	+18,685	+ 7,3435
19 b′	$\Delta a_{3v} = (S'_3 + E'_{3v}) \cdot \dfrac{l_3}{-H'}$	cm	− 5,817	− 5,893	− 3,914	− 2,910	− 1,894	− 0,8635
20 b′	$a_{4v} = a_{3v} + \Delta a_{3v}$	cm	− 6,037	− 5,343	− 4,5935	− 3,809	− 2,994	− 2,141
21 b′	$T'_{4v} = m_4 \cdot a_{4v}$	kg · sek²	− 18,111	− 16,029	− 13,7805	− 11,427	− 8,982	− 6,423
22 b′	$S'_3 \pm 0 + T'_{4v} + K'_{4v}$	kg · sek²	− 0,003	− 0,008	+ 0,0002	− 0,0024	− 0,0027	+ 0,003
27 b	$K'_{3h} + E'_{3h}$	kg · sek²	− 12,0211	− 8,0975	− 5,5295	− 3,7973	− 2,5997	− 1,7372
28 b	$a_{4h} = \Delta a_{3h} = (K'_{3h} + E'_{3h})\,\dfrac{l_3}{-H'}$	cm	+ 0,584	+ 0,486	+ 0,4018	+ 0,3283	+ 0,2635	+ 0,2043
29 b	$T'_{4h} = m_4 \cdot a'_{4h}$	kg · sek²	+ 1,752	+ 1,458	+ 1,2054	+ 0,9849	+ 0,7905	+ 0,6129
30 b	$K'_{3h} + T'_{4h} \pm 0 + K'_{4h}$	kg · sek²	− 0,0011	− 0,0005	− 0,0001	± 0	± 0	± 0
31 b	$K'_{4v} = \dfrac{50 \cdot (-a_{4h})}{\eta}$	kg · sek²	− 0,162	− 0,1215	− 0,0913	− 0,0684	− 0,05068	− 0,03651
33 b	$E = \eta^2 \cdot \sqrt{(E'_v)^2 + (E'_h)^2}$	kg	380,8 · 10⁴	263,6 · 10⁴	195,3 · 10⁴	129,4 · 10⁴	67,24 · 10⁴	13,70 · 10⁴
34 b	$a_4 = \sqrt{(a_{4v})^2 + (a_{4h})^2}$	cm	6,065	5,365	4,613	3,823	3,005	2,15

Reduktion der Ausschläge,

			180	200	220	240	260	280
35 b	$(a_1)_r = a_1 \cdot \dfrac{1850}{E} = a_1 \cdot \varepsilon$	cm	+ 0,000559	+ 0,000702	+ 0,000947	+ 0,001429	+ 0,002752	+ 0,0135
36 b	$(a_2)_r = a_2 \cdot \varepsilon$	cm	+ 0,00022	+ 0,0001755	+ 0,000086	− 0 0001158	− 0,000735	− 0,00635
37 b	$(a_3)_r = a_3 \cdot \varepsilon$	cm	− 0,000123	− 0,0003158	− 0,000643	− 0,001285	− 0,003027	− 0,01725
38 b	$(a_4)_r = a_4 \cdot \varepsilon$	cm	0,00339	0,003763	0,00437	0,005465	0,00827	0,02903

tafel 5.

zwei Erregungen gleicher (a) und entgegengesetzter (b) Phase.

(Länge $l_1 + l_2$).

282	283	284	300	325	329,7	350	365	375	400
251,5	249,7	248	222,2	189,6	184,0	163,3	150	142,2	125
genommen zu $a_1 = +1$ cm	=	=	=	=	=	=	=	=	=
=	= +15,0	=	=	=	=	=	=	=	=
- 1,4915	- 1,502	- 1,5125	- 1,688	- 1,978	- 2,038	- 2,295	- 2,5	- 2,64	- 3,0
- 0,4915	- 0,502	- 0,5125	- 0,688	- 0,978	- 1,038	- 1,295	- 1,5	- 1,64	- 2,0
- 4,915	- 5,02	- 5,125	- 6,88	- 9,78	- 10,38	- 12,95	- 15	- 16,4	- 20,0
+ 10,085	+ 9,98	+ 9,875	+ 8,12	+ 5,22	+ 4,62	+ 2,05	± 0	- 1,4	- 5,0
- 0,8015	- 0,799	- 0,796	- 0,731	- 0,5505	- 0,502	- 0,251	0	+ 0,1969	+ 0,8
- 1,293	- 1,301	- 1,309	- 1,419	- 1,529	- 1,540	- 1,546	- 1,5	- 1,4431	- 1,2
- 3,879	- 3,903	- 3,926	- 4,257	- 4,586	- 4,62	- 4,638	- 4,5	- 4,329	- 3,6
+ 6,206	+ 6,077	+ 5,95	+ 3,863	+ 0,635	± 0	- 2,588	- 4,5	- 5,729	- 8,6

a) $+E_3 = +E_4$;   Form „v",

282	283	284	300	325	329,7	350	365	375	400
(+ 6,141)	(+ 6,084)	(+ 6,031)	+ 5,091	+ 3,423	+ 3,057	+ 1,412	± 0	- 1,026	- 3,905
- 0,7323	- 0,7312	- 0,7293	- 0,687	- 0.5415	- 0,498	- 0,2592	0	+ 0,2165	+ 0,937
- 2,025	- 2,0322	- 2,038	- 2,106	- 2,07	- 2,038	- 1,8052	- 1,5	- 1,2266	- 0,263
- 6,076	- 6,097	- 6,113	- 6,318	- 6,21	- 6,115	- 5,416	- 4,5	- 3,680	- 0,789
- 0,0005	- 0,006	- 0,0009	± 0	+ 0,001	- 0,001	- 0,006	± 0	- 0,003	+ 0,001

Form „h".

282	283	284	300	325	329,7	350	365	375	400
+ 0,079	+ 0,0787	+ 5,0784	+ 0,0719	+ 0,0548	+ 0,050	+ 0,0255	- 0,0002	- 0,0211	- 0,09145
- 0,00943	- 0,00946	- 0,00950	- 0,0097	- 0,00867	- 0,00815	- 0,00468	+ 0,00004	+ 0,0445	+ 0,02195
- 0,02829	- 0,02838	- 0,0784	- 0,02909	- 0,02601	- 0,02445	- 0,01405	+ 0,00012	+ 0,01335	+ 0,06585
- 0,00019	- 0,00008	+ 0,00023	- 0,00001	+ 0,00009	- 0,00005	- 0,00095	- 0,00018	+ 0,00015	+ 0,0001
+ 0,001673	+ 0,001672	+ 0,001672	+ 0,001617	+ 0,001335	+ 0,00122	+ 0,00067	- 0,00005	- 0,0006	- 0,00275
25060	24715	25790	113 940	296 200	333 300	490 700	600 600	661 500	751 500
∞ 2,025	∞ 2,0322	∞ 2,038	∞ 2,106	∞ 2,07	∞ 2,038	∞ 1,8052	∞ 1,5	∞ 1,2266	∞ 0,263

entsprechend $D = 1850$ kg.

282	283	284	300	325	329,7	350	365	375	400
+ 0,0738	+ 0,0748	+ 0,0717	+ 0,01623	+ 0,00625	+ 0,00555	+ 0,00377	+ 0,00308	+ 0,00280	+ 0,00246
- 0,03628	- 0,0376	- 0,0368	- 0,01117	- 0,00611	- 0,00577	- 0,00488	- 0,00462	- 0,00459	- 0,00492
- 0,0954	- 0,0973	- 0,0938	- 0,02304	- 0,00955	- 0,00854	- 0,00583	- 0,00462	- 0,004038	- 0,00296
- 0,1496	- 0,1522	- 0,1462	- 0,03418	- 0,01293	- 0,01132	- 0,0068	- 0,00462	- 0,003432	- 0,00065

b) $+E_3 = -E_4$;   Form „v";

282	283	284	300	325	329,7	350	365	375	400
+ 6,4038	+ 5,9448	+ 5,481	- 1,029	- 8,3555	- 9,47	- 13,123	- 15,0	- 15,889	- 16,941
- 0,764	- 0,714	- 0,6627	+ 0,139	+ 1,322	+ 1,544	+ 2,411	+ 3,0	+ 3,353	+ 4,064
- 2,057	- 2,015	- 1,9712	- 1,28	- 0,2065	+ 0,004	+ 0,865	+ 1,5	+ 1,9099	+ 2,864
- 6,171	- 6,045	- 5,9136	- 3,84	- 0,6195	+ 0,012	+ 2,595	+ 4,5	+ 5,7297	+ 8,592
- 0,0002	- 0,0026	+ 0,0024	- 0,002	+ 0,0018	+ 0,0002	+ 0,0024	± 0	+ 0,0034	+ 0,0007

Form „h";

282	283	284	300	325	329,7	350	365	375	400
- 1,6663	- 1,6319	- 1,5978	- 1,1140	- 0,5634	- 0,4778	- 0,1771	- 0,0004	+ 0,0979	+ 0,2898
+ 0,1987	+ 0,1961	+ 0,1932	+ 0,1504	+ 0'0891	+ 0.0779	+ 0,0325	± 0	- 0,02066	- 0,06956
+ 0,5961	+ 0,5883	+ 0,5796	+ 0,4512	+ 0.2673	+ 0,2337	+ 0,09753	± 0	- 0,06198	- 0,2086
± 0	+ 0,0003	- 0,0002	+ 0,0001	- 0,0002	± 0	+ 0,00003	- 0,0002	- 0,00008	± 0
- 0,03523	- 0,03463	- 0,034	- 0,02507	- 0,01372	- 0,0118	- 0,00465	0	+ 0,00275	+ 0,0087
11,54 · 10⁴	11,28 · 10⁴	11,65 · 10⁴	44,73 · 10⁴	94,97 · 10⁴	102,9 · 10⁴	129 · 10⁴	140,1 · 10⁴	142,95 · 10⁴	133,75 · 10⁴
2,067	2,025	1,981	1,288	0,2250	0,078	0,8655	1,5	1,910	2,865

entsprechend $D = \pm 1850$ kg.

282	283	284	300	325	329,7	350	365	375	400
+ 0,01603	+ 0,01640	+ 0,01588	+ 0,00413	+ 0,00194	+ 0,00179	+ 0,001434	+ 0,00132	+ 0,001295	+ 0,001383
- 0,00788	- 0,00823	- 0,00814	- 0,002845	- 0,00196	- 0,001867	- 0,001857	- 0,001981	- 0,002122	- 0,002767
- 0,02073	- 0,02133	- 0,02078	- 0,00587	- 0,002978	- 0,002770	- 0,002217	- 0,00198	- 0,001868	- 0,00166
0,03312	0,03322	0,03146	0,00533	0,000462	0,00014	0,001241	0,001981	0,002472	0.003963

Zahlen-
Berechnung der verhältnismäßigen Erregungen

			180	200	220	240	260	280
13	η	1/sek	180	200	220	240	260	280
14	$\dfrac{m_4 \cdot l_3}{H'}$	—	0,1458	0,180	0,218	0,2593	0,304	0,353
15	$2 - \dfrac{m_4 l_3}{H'}$	—	+1,854	+1,82	+1,782	+1,7407	+1,696	+1,647

Berechnung von $\pm E'_v$

			180	200	220	240	260	280
16	$S'_3\left(\dfrac{m_4 l_3}{H'} - 1\right) - m_4 \cdot a_3$	kg·sek²	−14,96	−11,9	−8,817	−5,816	−2,986	−0,348
17 a	$E'_{3v} = + E'_{4v}$	kg·sek²	−8,063	−6,54	−4,947	−3,34	−1,758	−0,2108
17 b	$E'_{3v} = - E'_{4v}$	kg·sek²	+102,55	+66,1	+40,46	+22,41	+9,82	+0,985

Berechnung von $\pm E'_h$

			180	200	220	240	260	280
23	$K'_3 = \dfrac{50 \cdot a_3}{\eta}$	kg·sek²	−0,0611	−0,1125	−0,1545	−0,1873	−0,2117	−0,2282

a) $+ E'_{3h}$

			180	200	220	240	260	280
24 a	$K'_{4h} = \dfrac{50 \cdot a_{4v}}{\eta}$	kg·sek²	−0,1989	−0,2565	−0,3017	−0,334	−0,3532	−0,3595
25 a	$K'_{3h}\left(\dfrac{m_4 l_3}{H'} - 1\right) - K'_{4h}$	kg·sek²	+0,2511	+0,3487	+0,4225	+0,4728	+0,5006	+0,5072
26 a	$E'_{3h} = + E'_{4h}$	kg·sek²	+0,1354	+0,1916	+0,2370	+0,2717	+0,2952	+0,308

b) $+ E'_{3h}$

			180	200	220	240	260	280
24 b	$K'_{4h} = \dfrac{50 \cdot a_{4v}}{\eta}$	kg·sek²	−1,692	−1,346	−1,051	−0,7976	−0,5788	−0,3847
25 b	$K'_3 \cdot \left(\dfrac{m_4 l_3}{H'} - 1\right) - K'_{4h}$	kg·sek²	+1,744	+1,438	+1,1718	+0,9364	+0,7262	+0,5324
26 b	$E'_{3h} = - E'_{4h}$	kg·sek²	−11,96	−7,985	−5,375	−3,610	−2,388	−1,509

Wiederholte Berechnung von $+ E'_{3v} = - E'_{4v}$

			180	200	220	240	260	280
16 b′	$S'_3\left(\dfrac{m_4 l_3}{H'} - 1\right) - m_4 a_3 - K'_{4v}$	kg·sek²	−14,8	−11,779	−8,726	−5,748	−2,935	−0,311
17 b′	$E'_{3v} = - E'_{4v}$	kg·sek²	+101,5	+65,4	+40,02	+22,17	+9,65	+0,881

Totale Erregung

			180	200	220	240	260	280
32 a	$E'_3 = E'_4 = \sqrt{(E'_v)^2 + (E'_h)^2}$	kg·sek²	8,064	6,542	4,953	3,352	1,786	0,3733
33 a	$E_3 = E_4 = \eta^2 \cdot E'_3$	kg	26,13·10⁴	26,17·10⁴	23,98·10⁴	19,31·10⁴	12,08·10⁴	2,928·10⁴
32 b	$E'_3 = - E'_4 = \sqrt{(E'_v)^2 + (E'_h)^2}$	kg·sek²	102,1	65,9	40,37	22,45	9,945	1,747
33 b	$E_3 = - E_4 = \eta^2 \cdot E'_3$	kg	330,8·10⁴	263,6·10⁴	195,3·10⁴	129,4·10⁴	67,24·10⁴	13,70·10⁴

Als horizontale Kraftvektoren kommen in Frage: E'_{3h}, E'_{4h}, T'_{4h} K'_3 und $K'_{4h} \cdot T'_{4h}$ kann wieder durch E'_{3h} und K'_3 ausgedrückt werden: Nach Voraussetzung ist:

$$a_{3h} = 0\,; \quad \text{somit} \quad \varDelta a_{3h} = a_{4h} = (K'_3 + E'_{3h})\frac{l_3}{-H'}\,; \quad \text{und} \quad T'_{4h} = m_4 a_{4h} = -(K'_3 + E'_{3h})\frac{m_4 l_3}{H'}\,;$$

K'_3 kann direkt aus a_3 berechnet werden. Diese Horizontalkräfte müssen sich wiederum zu Null ergänzen:

a) $\qquad K'_3 + 2 E'_h + T'_{4h} + K'_{4h} = 0\,;$ $\qquad\qquad$ b) $\qquad K'_3 + 0 + T'_{4h} + K'_{4h} = 0\,.$

$$\text{a)}\quad E'_h = \frac{K'_3\left(\dfrac{m_4 l_3}{H'} - 1\right) - K'_{4h}}{2 - \dfrac{m_4 l_3}{H'}}\,; \quad (18) \qquad\qquad \text{b)}\quad E'_h = \frac{K'_3\left(\dfrac{m_4 l_3}{H'} - 1\right) - K_{4h}'}{-\dfrac{m_4 l_3}{H'}} \quad (18\,\text{a})$$

Anwendung der Beziehungen für E_v und E_h (Zahlentafel 5a): In den Spalten 13 bis 17, 23 bis 26a und b sind die Formeln 17 und 18 ausgewertet und zwar wird zuerst, wie Spalte 16 erkennen läßt, $K'_{4v} \cong 0$ angenommen. Wie schon erwähnt, finden wir damit der Reihe nach $\pm E'_v$ (16 und 17), die Form v (18 bis 22), E'_h (23 bis 26) und die Form h (27 bis 30). Erst jetzt ist nachträglich die Berechnung von K'_{4v} in 31a und b möglich. In Spalte 31a ist es durchweg so klein, daß es den Zähler in der Formel (17 und 17a) und damit E'_v selbst nicht beeinflußt. Lediglich im Gebiet $\eta = 282, = 283, = 284$, wo ja die „Restkraft" E'_v durch Null hindurchwechselt, ist eine Korrektur der in Spalte 16 und 17a eingeklammerten Werte notwendig. In 31b wurde K'_{4v} größer befunden; es wurde deshalb in 17b für alle η ein

tafel 5a.

E_3 und E_4 (nach den Formeln 17, 17a, 18, 18a).

282	283	284	300	325	329,7	350	365	375	400
0,358	0,360	0,363	0,405	0,4747	0,489	0,5508	0,60	0,633	0,7195
+1,6422	+1,6397	+1,637	+1,595	+1,525	+1,511	+1,449	+1,4	+1,367	+1,280

(ohne Berücksichtigung von K'_{4v}, Spalte 31a)

282	283	284	300	325	329,7	350	365	375	400
−0,106	+0,013	+0,1345	+1,957	+4,252	+4,62	+5,801	+6,3	+6,432	+6,011
(−0,10767)	(+0,01133)	(+0,13283)							
−0,0646	+0,0079	+0 0822							
(−0,0655)	(+0,0069)	(+0,0811)	+1,227	+2,788	+3,057	+4,00	+4,5	+4,703	+4,695
+0,296	−0,03608	−0,3707	−4,833	−8,955	−9,45	−10,53	−10,50	−10,16	−8,355

282	283	284	300	325	329,7	350	365	375	400
−0,2293	−0,2299	−0,2308	−0,2365	−0,2350	−0,2337	−0,221	−0,2055	−0,1925	−0,15

$= + E'_{4h}$

282	283	284	300	325	329,7	350	365	375	400
−0,3592	−0,359	−0,3589	−0,351	−0,3185	−0,3093	−0,258	−0,2054	−0,1635	−0,0329
+0,5065	+0,5061	+0,506	+0,4918	+0,442	+0,4286	+0,3572	+0,2876	+0,2343	+0,0750
+0,3083	+0,3086	+0,3092	+0,3083	+0,2898	+0,2837	+0,2465	+0,2053	+0,1714	+0,0586

$= - E'_{4h}$

282	283	284	300	325	329,7	350	365	375	400
−0,3668	−0,3581	−0,3490	−0,2146	−0,0325	±0	+0,1235	+0,2053	+0,2544	+0,3586
+0,5141	+0,5052	+0,496	+0,3554	+0,156	+0,1194	−0,0242	−0,1231	−0,1838	−0,3165
−1,437	−1,402	−1,367	−0,8775	−0,328	+0,244	+0,0439	+0,2051	+0,2904	+0,4398

(mit Berücksichtigung von K'_{4v}, Spalte 31b)

282	283	284	300	325	329,7	350	365	375	400
−0,0708	+0,0476	+0,1685	+1,982	+4,266	+4,632	+5,806	+6,3	+6,43	+6,0023
+0.1978	−0,1322	−0,464	−4,892	−8,99	−9,47	−10,535	−10,50	−10,16	−8,341

$$E = \eta^2 \cdot \sqrt{(E'_v)^2 + (E'_h)^2} = \eta^2 \cdot E'$$

282	283	284	300	325	329,7	350	365	375	400
0,315	0,3087	0,3198	1,266	2,803	3,068	4,007	4,504	4,707	4,698
25 060	$2,471 \cdot 10^4$	$2,579 \cdot 10^4$	$11,394 \cdot 10^4$	$29,62 \cdot 10^4$	$33,33 \cdot 10^4$	$49,07 \cdot 10^4$	$60,06 \cdot 10^4$	$66,15 \cdot 10^4$	$75,15 \cdot 10^4$
1,451	1,408	1,443	4,97	8,995	9,475	10,53	10,51	10,165	8,355
$11,54 \cdot 10^4$	$11,28 \cdot 10^4$	$11,65 \cdot 10^4$	$44,73 \cdot 10^4$	$94,97 \cdot 10^4$	$102,9 \cdot 10^4$	$129 \cdot 10^4$	$140,1 \cdot 10^4$	$142,95 \cdot 10^4$	$133,75 \cdot 10^4$

genaueres $E'_{3v} = - E'_{v4}$ berechnet und damit die Form v etwas korrigiert. Lediglich diese zweite Rechnung ist in den Spalten 18b' bis 22b' in die Tafel 5 aufgenommen. Die erste Rechnung der Form h konnte wieder weiterhin beibehalten werden, da ihre eventuelle Korrektur bereits unterhalb der Rechenschiebergenauigkeit liegt.

Die Spalten 22 und 30 sind als Kontrollen aufzufassen. Sie müssen durchweg den Wert 0 ergeben. Die absichtlich belassenen Fehlerbeträge rühren von Rechenschieberungenauigkeiten her.

Spalte 31a und b: Wir müssen ($- a_{4h}$) in Rechnung stellen, weil einem horizontalen Ausschlagsvektor (a_h) ein nachhinkender vertikaler Dämpfungskraftvektor zugehört mit Richtung entsprechend unserer Vorzeichenvereinbarung (Fig. 32).

Die Spalte 34 und 38a und b: Die Ausschläge a_4 sind die totalen Verdrehungsamplituden an der Stelle m_4. Die horizontalen Komponenten a_h in 28a sind so klein, daß a_4 (34a) praktisch mit a_{4v} (20a) identisch ist. Es sind daher in 38a die reduzierten a_4 wieder mit Vorzeichen eingeschrieben.

3. Darstellung und Diskussion der Rechnungsergebnisse.

a) Die in den Spalten 1 bis 34 ausgewerteten Zahlen sind in den Fig. 33 und 34 bildlich als Fahrstrahlen dargestellt. Die Figuren b, c und d zeigen die Ausschläge, die Figuren e, f, g geben die erregenden Kräfte für die verschiedenen η aneinandergereiht wieder. Wie die ganze Zahlenrechnung, so gelten auch die Bilder für einen bestimmten Augenblick; sie halten jenen im Schwingungszyklus immer wiederkehrenden Momentanzustand fest, in welchem die Schwungmassen m_1, m_2, m_3 gerade ihre vollen Verdrehungsamplituden erreicht haben, somit auch ihre vollen Umkehrträgheitskräfte entwickeln. Alle anderen dargestellten Größen a_4, E' sind in ihrer Phase zu diesem Zeitpunkt orientiert.

b) In Fig. 33b und 34b sind die Ausschlägsvektoren im Aufriß (vertikal), in Figur c von oben gesehen im Grundriß (horizontal), in Figur d nach voller Größe und Phase, von m_1 aus gesehen, dargestellt.

c) Die Formen v sind den Fig. 33b und 34b von m_1 bis m_3 gemeinsam. Bei $\eta = 283$ (genau bei $\eta = \omega_e = 282{,}88$) sind auch für die Länge l_3 die Formen v gleich, weil ja bei dieser Impulszahl jegliche äußere erzwingende Kraft verschwindet, die Bewegung v also in beiden Fällen nur von den gleichen Trägheitskräften bestimmt wird.

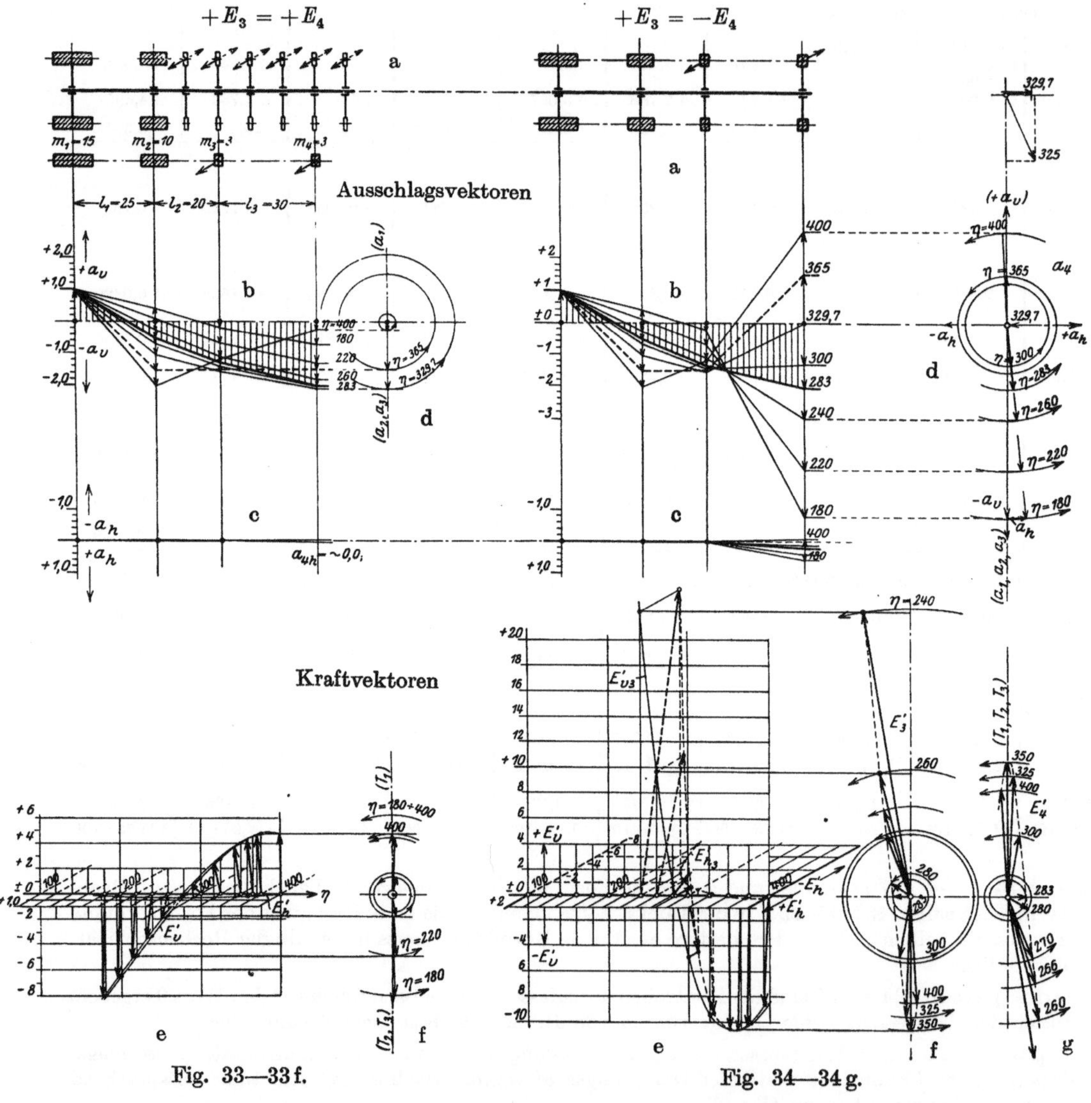

d) In Fig. 33e sind die notwendigen Erregungen E' geordnet nach steigenden Impulszahlen aneinandergereiht und perspektivisch mit ihren Komponenten und als Resultierende in ihrer Phase dargestellt. In Fig. 33f genügt als Seitenrißprojektion nur ein Bild, weil E_3 und E_4 ja vollkommen gleich sind. In Fig. 34f und g entsprechen sich immer zwei gegeneinanderstehende Fahrstrahlen.

e) Es wäre eigentlich sinngemäß, alle Ausschläge zu gleichgerichteten, z. B. senkrechten E-Vektoren (bzw. D-Vektoren zu orientieren, da ja die Kräfte als die primäre Ursache der Bewegung anzusehen sind. Es müßten dann alle Schwingungsformen gegeneinander verdreht dargestellt werden, was aber sicher viel umständlicher wäre.

f) Gegenüber den E-Vektoren stehen die T_1, T_2, T_3 immer genau vertikal, die K_3-Vektoren immer genau horizontal nach links, die T_4 in der Richtung der Ausschläge a_4, die K_4 senkrecht zu T_4 oder a_4, d. h. sie verlaufen meist wie K_3, besitzen nur eine kleine Komponente in vertikaler Richtung, eben das Glied K_{4v}.

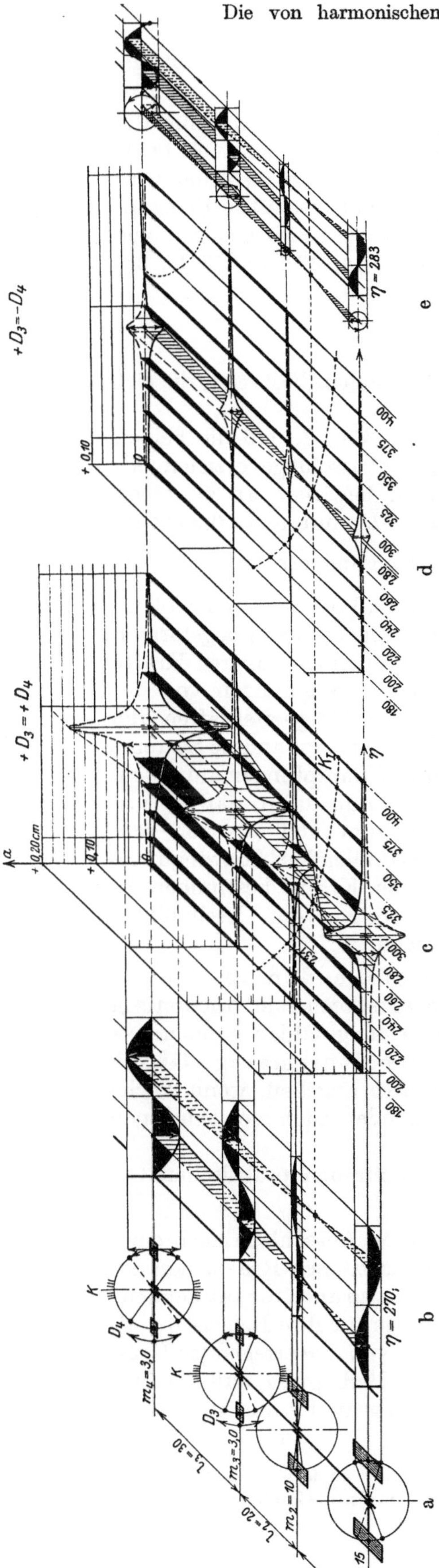

Darstellung der von zwei schwingenden Drehkräften gleicher Amplitude D_3 und D_4 erzwungenen Schwingungsformen bei Erregerfrequenzen $\eta = 180, = 200, = 220, = \cdots$

Fig. 35.

g) Bemerkenswerte Schwingungsformen:

α) Die Form verläuft zwischen m_1 und m_3 gerade, wenn m_2 zu einem Knotenquerschnitt wird. Dieser Fall tritt ein bei

$$\eta = \sqrt{\frac{H}{l_1 m_1}} = \frac{400}{\sqrt{3}} = 231 \text{ (vgl. Fig. 35c}$$

und d, wo m_1 schwingt, als ob es im Abstand l_1 verdrehungselastisch bei m_2 eingespannt wäre).

β) Bei

$$\eta = \sqrt{\frac{H}{l_1 m_1}\left(1 + \frac{1}{\mu_2}\right)} = 231\sqrt{\frac{5}{2}} = 365 [1/\text{sec}]$$

schwingen die beiden Massen m_1 und m_2 für sich allein im Gleichgewicht. Wenn $a_1 = 1,0$, dann wird $a_2 = -\dfrac{m_1}{m_2} \cdot a_1 = -1,5$. Das System $(m_3 + m_4)$ muß dann unter der Einwirkung der Kräfte E_3 und E_4, K_3 und K_4 ebenfalls für sich schwingen und einen Ausschlag $a_3 = -1,5$ cm aufweisen. Das ist nur möglich, wenn im einen Fall die gleichschwingenden Kräfte $E_v' = +4,5$ kg $\cdot$ sec^2 den gleichausschlagenden Massen m_3 und m_4 Gleichgewicht halten (vgl. Spalten 17a und 21a, $\eta = 365$), oder wenn im anderen Fall die gegeneinanderschwingenden Kräfte $\pm E_v'$ zu den ebenfalls einander entgegengesetzten T_3' und $T_4' = \mp 4,5$ solche Beiträge liefern, daß die Länge l_3 um $\Delta a_{3v} = +(2 \cdot 1,5) = 3$ cm verdreht werden kann, gerade als ob an ihr 2 Massen M säßen, welche der 2-Massenformel S. 7 genügen:

$$365 = \sqrt{\frac{H}{l_3 \cdot M}(1+1)} = \sqrt{\frac{20 \cdot 10^6}{30 \cdot M} \cdot 2} ; \qquad \text{und}$$

$M = 10 \dfrac{\text{kg} \cdot \text{sec}^2}{\text{cm}}$. Da bereits $m_3 = m_4 = 3,0$, so müssen also E_{3v}' und E_{4v}' je $10 - 3 = 7$ Einheiten ersetzen oder $7 \cdot 1,5 = 10,5$ kg $\cdot$ sec^2 aufbringen.

γ) Die 3 Massen m_1, m_2, m_3 schwingen bei $\eta = 329,7$ für sich allein im ersten Eigenschwingungsgrad $\cdot a_3$ schlägt aus um $-1,54$ cm. Für gleich gerichtete E wird hier die Verdrehung Δa_{3v} lediglich durch

$$(T_4 - E_4)_v = \frac{T_{4v}}{2} = \frac{m_4(a_3 + \Delta a_{3v})\eta^2}{2} \text{ bewirkt. Aus}$$

$\dfrac{\Delta a_{3v}}{l_3} = \dfrac{m_4(a_3 + \Delta a_{3v})}{2 \cdot H'}$ folgt $\Delta a_{3v} = \dfrac{-1,54}{+3,09} = -0,498$.

Für entgegengesetzte E' und für $E_3' \cong 0$ muß notwendig $T_4 = 0$ sein, d. h. $a_4 = 0$, und $\Delta a_{3v} = +1,54$; $E_{3v}' = -E_{4v}'$ ergibt sich einfach als verdrehende Kraft aus der Gleichung (16)

$$\frac{E_v'}{H'} = \frac{\Delta a_{3v}}{l_3} ; \qquad E_v' = \frac{(+1,54) \cdot (-184)}{30} = -9,45.$$

h) Die Fig. 35a bis e reihen die sämtlichen vertikalen reduzierten Schwingungsformen 33b und 34b, die also wirklich erzwungen würden, für die verschiedenen η aneinander, wodurch wir ein klares sinnfälliges Bild von den größten überhaupt möglichen Ausschlägen erhalten. Wir müssen uns dabei bewußt bleiben, daß nur die Ausschläge a_1, a_2, a_3 im gleichen Zeitpunkt mit ihrer vollen Amplitude auftreten, während a_4 in der Phase voreilt, wie das Fig. 35e für $\eta = 283$ darstellt, wobei die Phasenverschiebung von a_4 der Deutlichkeit halber absichtlich übertrieben groß gezeichnet ist.

i) Fig. 33b und 35c, sowie 34b und 35d stimmen überein im Verhältnis der Ausschläge, ebenso 35c und d im Bereich der a_1 bis a_3. Daher haben auch beide Fig. c und d die „Knotenpunkts"kurven gemeinsam. Die Ausschläge 34b sind zwar größer als die in 33b, verlangen aber auch sehr viel größere verhältnismäßige Erregungen, so daß bei der Reduktion trotzdem die Ausschläge 35d (zu 34b gehörig) viel kleiner bleiben. Für $\eta = 283$ stimmen die Formen in Fig. 10a, 33b und 34b, 35c und d überein.

<h3 align="center">4. Hauptergebnis.</h3>

Die Rechnung hat in der Hauptsache zwei wichtige Tatsachen bestätigt, die sich von vornherein erwarten ließen.

In erster Linie erkennen wir sinnfällig aus den Fig. 35c, d, daß die beiden gleichgerichteten Kräfte $+D_3 = +D_4$ bedeutend stärkere Ausschläge erzielen, als die entgegengesetzten $+D_3 = -D_4$. Die ersteren beiden bewirken an m_4 einen maximalen Ausschlag $a_4 = 0,1522$ cm, während $+D_3 = -D_4$ nur $a_4 = 0,0332$ cm erzwingen, also nur eine $\frac{0,1522}{0,0332} = 4,55$ mal kleinere Schwingung erregen.

Als zweites Resultat halten wir die Erkenntnis fest, daß bei unserer Problemstellung gerade im Resonanzgebiet die reibungsfreien Eigenschwingungsformen nahezu vollkommen erhalten geblieben sind und daß die angreifenden äußeren Kräfte (Erregungen und Dämpfungen) keine praktisch fühlbaren Abweichungen von der theoretischen Form erzwingen konnten, da sie gegenüber den Trägheitskräften viel zu klein und unbedeutend waren. Wir dürfen dieses Ergebnis auch auf andere Systeme und Resonanzfälle übertragen, solange dabei keine anormalen Dämpfungen auftreten.

Die große Wichtigkeit dieser zweiten Tatsache besteht nun darin, daß sie uns eine sehr fruchtbare Anwendung der Arbeitsgleichung erlaubt und uns von dem Zwange befreit, jedesmal erst in einer schwierigen, zeitraubenden Schwingungsrechnung analog Zahlentafel 5 alle überhaupt auftretenden Kräfte bestimmen zu müssen, wenn wir uns über die jeweiligen Schwingungsvorgänge ein Urteil bilden wollen. Insbesondere werden uns drei Operationen ermöglicht:

1. Wir können unmittelbar für jede Systemstelle den kritischen Maximalausschlag berechnen, wenn wir die entsprechende, theoretisch reibungsfreie Eigenschwingungsform und die Dämpfungszahlen kennen.
2. Wir können für eine bestimmte Meßstelle die verhältnismäßige Größe der Ausschläge bei verschiedenen Kritischen angeben, wenn solche innerhalb des Betriebsbereichs nach der gleichen oder nach verschiedenen Formen angeregt werden.
3. Wir können leicht weitere Dämpfungszahlen für den praktischen Gebrauch ableiten.

ad 1. Wir wissen, daß für alle beliebig großen absoluten Ausschläge nach einer freien Eigenschwingungsform die Trägheitskräfte mit den elastischen Reaktionen der Welle gerade im Gleichgewicht stehen. Diese Kräfte können also auch die tatsächliche Einstellung der Ausschläge nicht mitbestimmen und scheiden für ihre Bemessung als indifferente Größen aus. Verdrehungen werden vielmehr nur von den erregenden Kräften und von den Reibungswiderständen bestimmt nach der Bedingung, daß die Ausschläge solange anwachsen, bis innerhalb eines Schwingungszyklus die zugeführte Arbeit immer gleich der verbrauchten ist.

NB. Bei der Aufstellung der folgenden Formeln kehren wir wieder zu jener Numerierung der Massen zurück, die wir im ersten Teil durchweg gewählt hatten; wir beginnen also die Zählung am äußersten

Zylinder (Luftpumpenende), so daß z. B. an den ersten 6 Schwungmassen auch die ersten 6 erregenden Kräfte angreifen. In unserem Rechenbeispiel (Zahlentafel 5) hatten wir die Numerierung umgekehrt gewählt, um die Erregungen E_v' und E_h' bequem berechnen zu können. Vgl. S. 59.

Die Arbeitsgleichung lautet dann für ein System, an dem nur Zylinderdämpfungen k_z auftreten:

$$\sum_1^6 (D \cdot a) = k_z \cdot \eta \cdot \sum_1^6 (a^2)$$

oder

$$D \cdot a_1 \cdot (\alpha_1 + \alpha_2 + \cdots \cdot \alpha_6) = k_z \cdot \eta \cdot a_1^2 \cdot (\alpha_1^2 + \alpha_2^2 + \cdots \cdot \alpha_6^2)$$

oder

$$a_1 = \frac{D}{k_z \cdot \eta} \cdot \frac{(\alpha_1 + \alpha_2 + \cdots \cdot \alpha_6)}{(\alpha_1^2 + \alpha_2^2 + \cdots \alpha_6^2)} . \tag{19}$$

Für eine andere Systemstelle n ist dann

$$a_n = \alpha_n \cdot a_1 . \tag{19a}$$

Treten noch andere Dämpfungen auf, z. B. elektrische k_e, dann erhält man

$$a_1 = \frac{D \cdot \sum \alpha}{\eta \left(k_z \cdot \sum_1^6 \cdot \alpha^2 + k_e \, \alpha_e^2 \right) } . \tag{19b}$$

ad 2. α) Werden zwei verschiedene Kritische von den Ordnungen x und y nach derselben Form angeregt durch Harmonische D_x und D_y, die aber jeweils gleichphasig zusammenschwingen, dann stehen die Ausschläge einfach im Verhältnis der Amplituden der erregenden Kräfte:

$$\frac{(a)_x}{(a)_y} = \frac{(D)_x}{(D)_y} . \tag{20}$$

β) Schwingen dagegen die Harmonischen D_x bei der Kritischen $x$ter Ordnung alle gleichphasig, die Kräfte D_y bei der Kritischen y aber dagegen zu gleichen Hälften gegeneinander, so werden nach gleicher Form Ausschläge $(a_1)_x$ und $(a_1)_y$ erzwungen im Verhältnis:

$$\frac{(a_1)_x}{(a_1)_y} = \frac{D_x}{D_y} \cdot \frac{(1 + \alpha_2 + a_3) + (\alpha_4 + \alpha_5 + \alpha_6)}{(1 + \alpha_2 + \alpha_3) - (\alpha_4 + \alpha_5 + \alpha_6)} . \tag{21}$$

Es bestehen nämlich die Gleichungen für die Kritische

x-ter Ordnung: $D_x \cdot [(1 + \alpha_2 + \alpha_3) + (\alpha_4 + \alpha_5 + \alpha_6)] = k_z \cdot \eta \cdot (a_1)_x \cdot (1 + \alpha_2^2 + \cdots \cdot \alpha_6^2)$

y-ter Ordnung: $D_y \cdot [(1 + \alpha_2 + \alpha_3) - (\alpha_4 + \alpha_5 + \alpha_6)] = k_z \cdot \eta \cdot (a_1)_y \cdot (1 + \alpha_2^2 + \cdots \cdot \alpha_6^2)$

γ) Werden von den gleichen Kräften zwei verschiedene Kritische angeregt, einmal nach einer Form I, ein andermal nach einer Form II, dann stehen die Ausschläge $(a_1)_I$ und $(a_1)_{II}$ im Verhältnis:

$$\frac{(a_1)_I}{(a_1)_{II}} = \frac{\eta_{II}}{\eta_I} \cdot \frac{(\sum \alpha)_I}{(\sum \alpha)_{II}} \cdot \frac{(\sum \alpha^2)_{II}}{(\sum \alpha^2)_I} . \tag{22}$$

Es ließen sich in dieser Weise noch viele Beziehungen anschreiben; man geht im Einzelfall immer am besten auf die Arbeitsgleichungen zurück, wie sie für die in Betracht kommenden Fälle gelten.

ad 3. Sind uns aus torsiographischen Messungen die Ausschläge bekannt, dann können umgekehrt auch Dämpfungszahlen berechnet werden. In großem Maßstab ist das bereits oben S. 54 geschehen bei der Ableitung der Zylinderdämpfung k_z.

Anwendung auf unser Rechenbeispiel.

Die äußerst einfache Handhabung der obigen Näherungsformeln soll zuerst an unserem Rechenbeispiel und anschließend daran an torsiographischen Messungen gezeigt werden. Wir beachten, daß wir jeweils die Indizes 4 und 3 des Beispiels sinngemäß durch die Indizes 1 und 2 in den Formeln ersetzen müssen (vgl. NB. S. 66).

1. Bei Verwendung der Formel (19) haben wir zu setzen:

$$\left.\begin{array}{l} D_1 = D_4 \\ D_2 = D_3 \end{array}\right\} = 0{,}37 \cdot Fl \ (\mathrm{kg});$$

$$k_z = \qquad 0{,}0057 \cdot Fl \ (\mathrm{kg}).$$

Für den I. Eigenschwingungs-
zustand war

Für den II. Eigenschwingungs-
zustand war

Fig. 10a, b
S. 23

$\eta_{\mathrm{I}} = 283$; $\qquad \alpha_1 = 1{,}0$; $\alpha_2 = 0{,}64$
$(\alpha_1)^2 = 1{,}0$; $(\alpha_2)^2 = 0{,}41$

$\eta_{\mathrm{II}} = 461{,}6$; $\qquad \alpha_1 = 1{,}0$; $\alpha_2 = 0{,}040$
$(\alpha_1)^2 = 1{,}0$; $(\alpha_2)^2 = 0{,}0016$

Wir erhalten somit (gemessen auf einem Kreis mit Kurbelradius $R = 17{,}5$ cm) für die I. Kritische

$$(a_1)_{\mathrm{I}} = \frac{0{,}37}{0{,}0057 \cdot 283} \cdot \frac{(1 + 0{,}64)}{(1 + 0{,}41)} = 0{,}267 \ \mathrm{cm},$$

für die II. Kritische

$$(a_1)_{\mathrm{II}} = \frac{0{,}37}{0{,}0057 \cdot 461{,}6} \cdot \frac{(1 + 0{,}04)}{(1 + 0{,}0016)} = 0{,}1461 \ \mathrm{cm}$$

oder auf R = 10 cm

$$(a_1)_{\mathrm{I}} = \frac{0{,}267}{1{,}75} = 0{,}1525 \ (\text{statt } 0{,}1522),$$

$$(a_1)_{\mathrm{II}} = \frac{0{,}1461}{1{,}75} = 0{,}0835 \ (\text{statt } 0{,}0834).$$

In der Zahlentafel 5 ist der Fall $i = n_{e\,\mathrm{II}} = 4407{,}6$ oder $\eta_{\mathrm{II}} = 461{,}6$ nicht mehr durchgerechnet. Wir würden dort u. a. folgende Zahlenwerte erhalten haben: $E'_h = -\,0{,}4973$; $E'_v = +\,0{,}0095$; somit $E = 106\,000$ für $a_1 = 1$ cm; und $a_4 = 4{,}78$ cm; weiter für $D = 1850$; $(a_1)_r = 0{,}01745$ cm und $(a_4)_r = 0{,}0834$ cm. Man sieht jedenfalls schon an diesem einfachen Beispiel mit nur 4 Schwungmassen und 2 Summenkräften, um wieviel leichter die Anwendung der Arbeitsgleichung zum Ziele führt.

$2\beta) + D_3 = + D_4$ erzielte am Angriffspunkt von E_4 einen Ausschlag $a_4 = 0{,}1522$ cm,

$\qquad + D_3 = -\,D_4$ erzielte $a_4 = 0{,}0332$ cm, d. h. also eine 4,55 mal kleinere Schwingung.

Nach Formel (21) ergibt sich (wenn wir statt a_4 wieder a_1 schreiben):

$$\frac{(a_1)_x}{(a_1)_y} = \frac{1 + 0{,}64}{1 - 0{,}64} = 4{,}55,$$

d. h. das gleiche Verhältnis.

$2\gamma)$ Die Kräfte $+ D_3 = + D_4$ erzielten bei

$$\eta_{\mathrm{I}} = 283 \ \text{ein} \ a_4 = 0{,}1522,$$

$$\eta_{\mathrm{II}} = 461{,}6\,,, \ a_4 = 0{,}0834,$$

d. h. 1,825 mal kleiner.

Mit Formel (22) ergibt sich wiederum dasselbe Verhältnis, nämlich

$$\frac{(a_1)_{\mathrm{I}}}{(a_1)_{\mathrm{II}}} = \frac{461{,}6}{282{,}9} \cdot \frac{1{,}64 \cdot 1{,}0016}{1{,}040 \cdot 1{,}41} = 1{,}826.$$

3. Weiterhin können wir nunmehr bequem eine genaue Vergleichsrechnung für unsere gegebene Anlage mit 6 Einzelkräften (statt mit 2 zusammengefaßten Summen-

kräften D_3 und D_4) durchführen. Bei Gegeneinanderschaltung von je 3 erregenden Kräften erhalten wir nach Fig. 15b ein genaues Verhältnis der Maximalausschläge:

$$\frac{(1 + \alpha_2 + \alpha_3) + (\alpha_4 + \alpha_5 + \alpha_6)}{(1 + \alpha_2 + \alpha_3) - (\alpha_4 + \alpha_5 + \alpha_6)} = \frac{2,839 + 1,828}{2,839 - 1,828} = \frac{4,667}{1,011} = 4,62$$

(statt angenähert 4,55), also 4,62 mal kleinere Ausschläge, als unter der Einwirkung von 6 gleichschwingenden Kräften.

Wenn wir weiter aus den Fig. 15b und c entnehmen

$$\eta_{\mathrm{I}} = 286 \qquad\qquad \eta_{\mathrm{II}} = 464,5 \; (H = 4\,\text{fach}\,!)$$

$$(\sum_1^6 \alpha)_{\mathrm{I}} = 4,667 \mid 1,011 \qquad (\sum_1^6 \alpha)_{\mathrm{II}} = 2,824$$

$$(\sum_1^6 \alpha^2)_{\mathrm{I}} = 3,858 \qquad\qquad (\sum_1^6 \alpha^2)_{\mathrm{II}} = 2,502 ,$$

so erhalten wir die Ausschläge a_1 (gemessen auf Kreis

$$\text{mit} \quad R = 17,5 \text{ cm)} \qquad\qquad \text{mit} \quad R = 10 \text{ cm)}$$

$$\text{zu} \quad \text{I)} \begin{cases} (a_1)_{++} = \dfrac{0,37}{0,0057 \cdot 286} \cdot \dfrac{4,667}{3,858} = 0,2745 ; & \dfrac{0,2745}{1,75} = 0,1568 ; \\[3ex] (a_1)_{+-} = 0,227 \cdot \dfrac{1,011}{3,858} = 0,0595 ; & = 0,034 ; \end{cases}$$

$$\text{II} \quad (a_1)_{++} = \dfrac{0,37}{0,0057 \cdot 464,5} \cdot \dfrac{2,824}{2,502} = 0,1577 ; \qquad\qquad = 0,0902 ;$$

diesen Ausschlägen a_1 an Kurbel 6 entsprechen nach den Schwingungsformen Fig. 15b und c an Kurbel 5 Ausschläge a_5 im Betrage von

$$\left. \begin{aligned} a_2 &= 0,1568 \cdot 0,959 = 0,1502 \; (\text{statt } 0,1522 \\ a_2 &= 0,034 \cdot 0,959 = 0,0326 \; (\text{statt } 0,0332 \\ a_2 &= 0,0902 \cdot 0,892 = 0,0804 \; (\text{statt } 0,0827 \end{aligned} \right\} \; \text{beim Ersatzsystem).}$$

Ebenso wie statisch zusammengefaßte Massen wuchtiger wirken, d. h. die Eigenschwingungszahlen des Systems tiefer verlagern (vgl. S. 20), so wirken auch statisch zusammengefaßte Kräfte intensiver, indem sie stärkere Ausschläge erzwingen, als die entsprechenden Einzelkräfte. (Analog biegt eine resultierende Einzellast in der Mitte einen Balken stärker durch als die gleichschwere gleichförmig verteilte Last.

Ganz allgemein ist somit der **wichtige Satz** festzuhalten:

Bei Resonanz zwischen einer Eigenschwingungszahl n_e und einer Impulszahl i haben wir große Ausschläge zu erwarten, wenn die vorhandenen Erregungen gegenseitig unter denselben Phasen schwingen, unter denen sich auch ihre Angriffsstellen bei der betreffenden Schwingungsform bewegen. Kleine Ausschläge und damit einen Ausgleich werden wir erreichen, wenn die Phasen zwischen Kraft und Ausschlag an einigen Stellen gleich (z. B. $= 90°$), an den übrigen entgegengesetzt (z. B. $= 270°$) sind, so daß die Summe der Produkte $(D \cdot \alpha)$ möglichst den Wert Null ergibt.

Bei der großen praktischen Bedeutung des Rechnens mit der Arbeitsgleichung sei diese Methode auch noch an dem von Holzer in seiner „Berechnung der Drehschwingungen" S. 136ff. genau durchgeführten Zahlenbeispiel geprüft, bei dem an jeder Schwungmasse Dämpfungen auftreten.

Holzer läßt nach den Annahmen S. 136 folgende harmonische Kräfte auf das in seiner Fig. 17, S. 34 dargestellte Massensystem am Kurbelradius $r = 17,5$ cm einwirken:

$$\text{1. Erregungen} \quad D_3 = D_4 = \ldots D_8 = \frac{4500}{17,5} = 257,1 \text{ kg;} \qquad D_9 = D_{10} = \frac{-500}{17,5} = -28,57 \text{ kg;}$$

$$\text{2. Dämpfungen} \quad k_1 = \frac{1600}{17,5^2} = 5,226 \frac{\text{kg} \cdot \text{sec}}{\text{cm}} \, [1]); \qquad k_2 = \frac{100}{17,5^2} = 0,3267;$$

$$k_3 = k_4 = \ldots k_8 = \frac{800}{17,5^2} = 2,6125; \qquad k_9 = k_{10} = \frac{60}{17,5^2} = 0,1959.$$

---

[1]) Bezüglich des quadratischen Nenners vgl. S. 56 Anmerkung.

Mit Hilfe der Zahlentafeln 23a, b, c wird dann ein Ausschlag an der Dynamo als geometrische Summe der beiden zueinander senkrechten Komponenten $\alpha_1 = 45{,}838 \cdot 10^{-6}$ (phasengleich mit den Erregungen) und $\beta_1 = 18\,007{,}1 \cdot 10^{-6} = 0{,}018\,007$ Bogengrade (um eine Viertelperiode voreilend) berechnet, d. h. die Bewegung in der α-Phase erreicht nur 2 : 3 vom Tausend der Ausschläge in der β-Phase. Verzichten wir darauf, diese praktisch kaum nachweisbare, belanglose Komponente der Bewegung zu ermitteln, dann ergibt sich β_1 sehr leicht und rasch aus der Arbeitsgleichung, wenn wir aus der Holzerschen Zahlentafel 4, S. 36 als gegeben die Ausschlagsverhältnisse C entnehmen (und C^2 bilden), welche für die reibungsfreie Eigenschwingung I-ten Grades ($\omega^2_{eI} = 49\,840$) gelten, und schreiben:

$$\sum_{3}^{10} (D \cdot C) = b_1 \cdot \eta \cdot \sum_{1}^{10} (k \cdot C^2); \qquad \text{oder entsprechend Formel (19 b)}$$

$$b_1 = \frac{\sum (C \cdot D)}{\eta \cdot \sum (k \cdot C^2)}; \qquad \text{wobei} \qquad b_1 = 17{,}5 \cdot \beta_1; \qquad \eta = \sqrt{\omega^2_{eI}} = 223{,}2 \; 1/\text{sec};$$

$$\sum_{3}^{10} (D \cdot C) = 257{,}1(0{,}7086 + 0{,}82054 + 0{,}91404 + 0{,}98699 + 1{,}03775 + 1{,}06518) - 28{,}57(1{,}07072 + 1{,}0759)$$

$$= \quad 1422 \quad - 61{,}28 = \qquad\qquad 1360{,}72;$$

$$\sum_{1}^{10} (k C^2) = 5{,}226 \cdot 1 + 03267 \cdot 0{,}3102 + 2{,}6125 (0{,}5022 + 0{,}6733 + 0{,}8354 + 0{,}9745 + 1{,}0772 + 1{,}135)$$

$$+ 0{,}1959 (1{,}147 + 1{,}158) = 5{,}226 + 0{,}1013 + 13{,}575 + 0{,}4517 = \qquad\qquad 19{,}354;$$

somit

$$b_1 = \frac{1360{,}72}{223{,}2 \cdot 19{,}354} = 0{,}314 \, \text{cm} \quad \text{auf} \quad R = 17{,}5 \, \text{cm};$$

$$\beta_1 = \frac{0{,}314}{17{,}5} = 0{,}018 \, \text{cm} \quad \text{auf} \quad R = 1 \, \text{cm} \; (= \text{Bogengr.}).$$

5. Anwendung auf torsiographische Messungen.

Es erübrigt nun noch, die Ergebnisse und Schlußfolgerungen der vorhergehenden Abschnitte an Hand torsiographischer Messungen auf ihre Richtigkeit hin zu prüfen. In diesem Sinne greifen wir hier auf die von Frahm in der Z. d. V. d. I. 1918, S. 177 ff. veröffentlichten Torsiogramme zurück und untersuchen davon eingehender die vier Ausschnitte Nr. 1, 6, 9, 17 der Abb. 7 und 8 des Aufsatzes, welche direkt in unseren Fig. 36g, h, i, k wiedergegeben sind.

Zuvörderst unterwerfen wir die größten Ausschläge, die beiden sogenannten „Hauptkritischen" (6ter Ordnung bei $n = 358$ und $4^1/_2$ter Ordnung bei $n = 471$) einer mehr summarischen Kontrollrechnung, wie sie wohl für viele Fälle der Praxis genügen wird. Hernach wird gezeigt, wie die von dem Indikator aufgezeichneten Torsiogramme im Detail zu erklären, zu berechnen und zu rekonstruieren sind.

A. Vergleichende Nachrechnung der „Hauptkritischen".

Die Torsiogramme bei $n = 358$ und bei $n = 471$ zeigen unmittelbar die auffallende Erscheinung, daß die mehr als doppelt so starke 9. Harmonische ($= 4^1/_2$ter Ordnung) bedeutend schwächere Verdrehungen der Meßlänge bewirkt als die verhältnismäßig kleine 12. Harmonische ($= 6$ter Ordnung), obwohl in beiden Fällen die Anzahl der Kraftimpulse gleich ist ($= 358 \cdot 6 = 2148$; $= 471 \cdot 4{,}5 = 2120$; $= \infty \, n_{eI}$), somit auch die Bewegung in beiden Fällen nach derselben I. Eigenschwingungsform angeregt wird. Eine zahlenmäßige Erklärung und Begründung dieser Erscheinung ist nunmehr leicht möglich: Die beiden Diagramme stehen sich nämlich ebenso gegenüber, wie die beiden in unserem Rechenbeispiel Fig. 35c und d eingehend untersuchten Fälle, da wir zu beachten haben, daß die 12. Harmonischen analog Fig. 25h gleichphasig, und die 9. Harmonischen analog Fig. 25c zu gleichen Hälften entgegengesetzt schwingen.

Im Ausschnitt Nr. 9 (Fig. 36i) treten die größten Ausschläge erst ganz rechts auf (vgl. auch Abb. Nr. 5 des Aufsatzes); wie ein Originalabzug noch deutlicher erkennen läßt, sind die unteren Spitzen auf dem etwas zu schmalen Papierstreifen nicht mehr aufgezeichnet. Unter Berücksichtigung dieses Sachverhalts entnehmen wir den ganzen mittleren Doppelausschlag in Nr. 9 zu etwa 40 mm; in Nr. 17 beträgt die mittlere Höhendifferenz der Spitzen etwa 28 mm.

Bei einem mittleren $p_i = 6{,}3$ sei die Amplitude von $D_6 = 0{,}37$ und bei $p_i = 7{,}5$ sei $D_{4,5} = 0{,}80 \, \text{kg/cm}^2$ (vgl. Fig. 20i). Die Ausschläge a' und a'', hervorgerufen von diesen Kräften 6ter und $4^1/_2$ter Ordnung stehen nun nach Formel (21) und nach Fig. 36 b im Verhältnis

$$\frac{a'}{a''} = \frac{(\alpha_1 + \alpha_2 + \alpha_3) + (\alpha_4 + \alpha_5 + \alpha_6)}{(\alpha_1 + \alpha_2 + \alpha_3) - (\alpha_4 + \alpha_5 + \alpha_6)} \cdot \frac{D_6}{D_{4,5}}$$

$$= \frac{2,795 + 1,605}{2,795 - 1,605} \cdot \frac{0,37}{0,80} = \frac{4,40 \cdot 0,37}{1,19 \cdot 0,80} = 1,710 \; ;$$

nach Messung ist

$$\frac{a'}{a''} = \frac{40}{28} = 1,42 \text{ (statt 1,71), d. h. 20 \% Differenz.}$$

Diese Abweichung würde sich vielleicht etwas verbessern durch eine genauere Berechnung der Harmonischen Nr. 9 und 12 aus den tatsächlichen Indikator- und Drehkraftdiagrammen. In der Hauptsache aber dürfte sie davon herrühren, daß die Dämpfungszahl k_z nicht eine Konstante bleibt (wie das bei der obigen Rechnung vorausgesetzt ist), sondern mit größeren Verdrehungen zunimmt, eben bis zum 1,2 fachen, insofern sich bei stärkerer Deformation der Kurbelwellen Klemmungs- und andere Widerstände der anfänglich allein vorhandenen Geschwindigkeitsreibung überlagern und die Ausbildung ganz großer Ausschläge mehr und mehr behindern, d. h. nur 40 mm statt etwa 48 mm Verdrehung im Torsiogramm zustande kommen ließen.

Dank der schweren Generatormasse mußten deren Drehschwingungen und damit auch die elektrischen Dämpfungen sehr klein bleiben. Es erscheint uns nicht gerechtfertigt, die festgestellte Differenz etwa durch Änderungen in der elektrischen Dämpfungszahl, und im Zusammenhang damit durch praktisch fühlbare Abweichungen von der reibungsfreien Schwingungsform zu erklären.

Ist nun auf solche Weise unser Fundamentalsatz S. 69 über gleichphasige und entgegengesetzte Erregungen an starken Resonanzschwingungen bewiesen, so befriedigt diese Nachrechnung angesichts der großen Schwankungen der Ausschläge in den Torsiogrammen vielleicht noch nicht allseits genügend. Da es aber im folgenden durch wiederholte Anwendung eben dieses selben Satzes bzw. unserer Formeln (17) und (17a) gelingt, alle, selbst komplizierteste Torsiogramme praktisch restlos zu erklären und rechnerisch zu rekonstruieren, so ist in diesem Grundgesetz der einfache Schlüssel zur tieferen Erklärung und weiterhin zur Bekämpfung der Schwingungserscheinungen gefunden.

B) Genaue Berechnung der Torsiogramme.

Wir behaupten: Die so sehr verschiedenen Torsiogramme entstehen durch Übereinanderlagerung einfacher Schwingungen, welche von den „ausgezeichneten" Harmonischen der beiden Dreizylindermaschinen in den Periodenzahlen $1^1/_2 \cdot n$, $3 \cdot n$, $4^1/_2 \cdot n$, $6 \cdot n$, $7^1/_2 \cdot n$ usw. mit bestimmter Phase und Amplitude erzwungen werden.

Wir wie oben S. 44 in Abschnitt III sahen, sind den resultierenden Drehkräften genau ebenso wie den Einzylinderdrehkräften Harmonische eigen, und zwar den jeweiligen Kurbelwinkeln entsprechend, ganz bestimmte „ausgezeichnete". Jede dieser resultierenden Harmonischen erzwingt ihre eigene zugehörige Schwingung, die allerdings bei Resonanz zwischen Impulszahl und Eigenschwingungszahl ganz besonders stark und hervorstechend wird. Gewöhnlich spricht man nur von dieser Resonanzteilschwingung, die Natur dagegen registriert in ihren Torsiogrammen die Einwirkungen aller vorhandenen Kräfte.

Der Beweis unserer Behauptung zerfällt sonach in zwei Teile: Zuerst sind die sämtlichen harmonischen schwingungserregenden Kräfte nach Größe, Phase und Impulszahl zu bestimmen; in zweiter Linie sind ihre Wirkungen, d. h. die von ihnen erzwungenen Schwingungen zu berechnen und mit den Messungen zu vergleichen.

In Zahlentafel 6 S. 78 und 6a S. 74 sind diese Rechnungen für die 4 Beispiele durchgeführt.

a) Die erregenden Kräfte.

Jede Drehzahl n bestimmt die jeweiligen erregenden Kräfte vollkommen nach ihren 3 Attributen: Die Impulszahlen i (Spalte 9) sind einfach die entsprechenden Vielfachen der Drehzahl, gleich $1^1/_2\,n$, $3\,n$ usw.; Amplitude und Phase lassen sich unmittelbar aus den Fig. 20 entnehmen, wenn wir den zur augenblicklichen Drehzahl n gehörigen mittleren indizierten Druck p_i vorher schätzen. Bei Verbrennungsmaschinen kann das an sich mit ziemlicher Genauigkeit geschehen; andererseits braucht man nicht ängstlich zu sein, weil sich die Harmonischen D_G auch für starke Unterschiede in den p_i nur wenig ändern.

In die Spalten 5—8 sind die Kraftamplituden und in Klammern jene Phasenwinkel eingetragen, welche die Kräfte in einem bestimmten Augenblick, z. B. bei Beginn des Ansaughubes in Zylinder (1) erreicht haben. (Wir haben bisher alle Fahrstrahldiagramme für diesen Augenblick aufgezeichnet, wenn es darauf ankam, phasenverschobene Vorgänge zusammenzuordnen.) Auch in den vom Torsionsindikator aufgenommenen Diagrammen ist dieser Augenblick besonders gekennzeichnet, da immer je eine 2. „Lücke" in der Zeitmarkierung in einer oberen Totpunktlage der Kurbel 1 erzeugt wurde. Die Werte D_G stammen aus Fig. 20—20i.

Werte D_M kommen nach S. 41 nur für die Kräfte 3. Ordnung in Frage; sie wurden mit folgenden Annahmen berechnet:

$$\text{Maßstabsfaktor } C_0 = m_0\,r\,\omega^2 = \frac{1}{3900}\cdot 21\cdot\omega^2,$$

wenn das oszillierende Gewicht pro Zyl. $= G_0 = 0,252$ . . . . . [kg/cm^2];

$$\text{die oszillierende Masse}\quad,,\quad,,\quad = m_0 = \frac{0,252}{981} = \frac{1}{3900}\left[\frac{\text{kg}\cdot\text{sec}^2}{\text{cm}^3}\right];$$

$$\text{Kurbelradius } r \ldots\ldots\ldots\ldots\ldots = 21,0 \ldots\ldots [\text{cm}];$$

$$\text{Winkelgeschwindigkeit der Maschine } \omega = \frac{n}{9,55}\ldots\ldots\left[\frac{1}{\text{sec}}\right];$$

$$\text{Stangenverhältnis}\ldots\ldots\ldots\ldots \lambda = \infty\frac{1}{4,25}.$$

Damit wird die für uns allein wichtige Massendruckharmonische dritter Ordnung nach Fig. 22c
$$D_{M3} = C_0\cdot 0,1765.$$
Wir erhalten zahlenmäßig für

n	$=$	107	284	358	471
C_0	$=$	0,676	4,76	7,56	13,1
D_{M3}	$=$	0,120	0,841	1,34	2,32 kg/cm^2.

Die Phase von D_{M3} ist nach Fig. 22c immer $= 180°$.

Die Größen D_r werden als die geometrischen Resultierenden aus D_G und D_M gefunden; vgl. in Fig. 36r u. s die Fahrstrahldiagramme. Spalte 8 gibt die totalen Amplituden der erregenden Kräfte für je drei Zylinder an als

$$D_{(I)} = D_{(II)} = 3\cdot\frac{(45^2\cdot\pi)}{4}\cdot D_r = 4755\cdot D_r.$$

b) Die erzwungenen Schwingungen.

Wir fassen das gegebene System (Fig. 36a) nach Fig. 36c in ein bedeutend einfacheres „Ersatzsystem" mit nur 3 Massen zusammen, wobei die Summenmassen m_2 und m_3 je einer Dreizylindermaschine entsprechen. Die Summenmasse m_2 ist nach bestimmten Gesichtspunkten etwas aus dem statischen Schwerpunktsabstand der 3 Zylinder (1), (2), (3) verschoben, und zwar so, daß einerseits die beiden

Systeme gleiche I. Eigenschwingungszahl $n_{eI} = 2150$ besitzen, und daß andererseits in beiden Systemen das an die Generatormasse anschließende Wellenstück (auf dem ja die Verdrehungen gemessen und berechnet werden) gleich starke Verdrehungen erleidet. Es darf nicht übersehen werden, daß die gemessenen Torsiogramme (Fig. 36g bis k) nicht etwa die totalen Schwingungen eines bestimmten Meßquerschnitts gegenüber einer schwingungsfreien Stelle sind, sondern die Relativbewegungen zweier Querschnitte mit verschiedenen Schwingungen bedeuten. An m_2 und m_3 lassen wir wieder jeweils die „resultierenden" Harmonischen einer Dreizylindermaschine angreifen, von denen jede ihre besonderen Teilschwingungen erzwingt.

Die Resonanzteilschwingungen, d. h. jene Schwingungskomponenten, welche von harmonischen Kräften erregt werden, deren Impulszahl sich gerade mit einer Eigenschwingungszahl n_e deckt, müssen jeweils unter Berücksichtigung von Dämpfungen bestimmt werden.

Alle Teilschwingungen, welche nicht mit der Periode einer Eigenschwingung (2150) verlaufen, werden der Einfachheit halber als reibungsfrei erzwungene Schwingungen gerechnet. Der verschwin

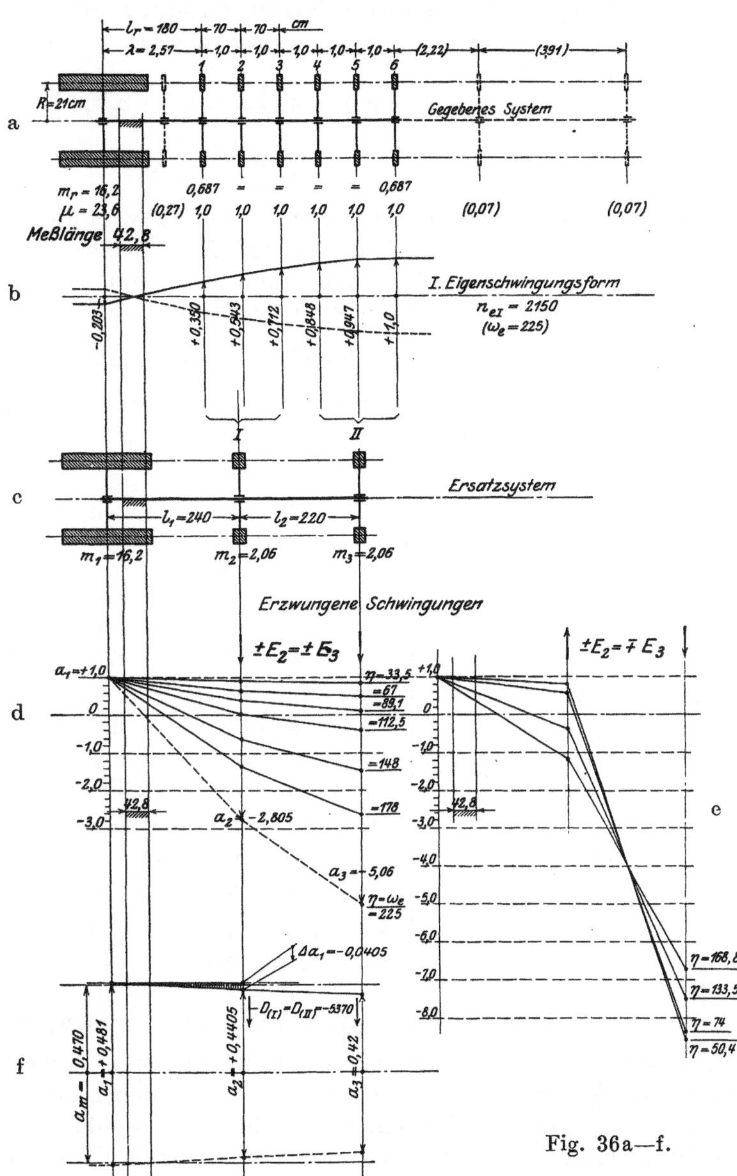

Fig. 36a—f.

dend kleine Fehler in den so gefundenen Ausschlägen kann ohne Bedenken vernachlässigt werden. Manchmal werden sogar die Teilschwingungen selbst so klein, daß wir sie ganz vernachlässigen dürfen.

1. Die Resonanz-Teilschwingungen.

Die Resonanzteilschwingungen können wir hier sehr einfach aus der Arbeitsgleichung berechnen, wenn wir etwa mit der 3-Massenformel S. 9 den I. Eigen schwingungszustand für das Ersatzsystem bestimmt haben. Mit $\lambda = \dfrac{240}{220} = 1,091$;

$\mu_2 = \dfrac{m_2}{m_3} = \dfrac{2,06}{2,06} = 1,0$; und $\mu_1 = \dfrac{m_1}{m_3} = \dfrac{16,2}{2,06} = 7,9$ ergibt sich für den I. Eigen-

schwingungsgrad $\alpha_3 = 1,0$; $\alpha_2 = 0,558$; $\alpha_1 = -0,197$; (in Fig. 36d ist aufgezeichnet $\alpha_3 = -5,06$; $\alpha_2 = -2,805$; $\alpha_1 = +1,0$;) $\alpha_3 + \alpha_2 = 1,558$; $\alpha_3 - \alpha_2 = 0,442$; $\alpha_3^2 + \alpha_2^2 = 1,311$. Bei der Schwingung wirken dann die Kräfte D_2 und D_3 längs der Wege a_2 und a_3, und zwar gleichphasig bei $\varkappa = 6$, entgegengesetzt bei $\varkappa = 4^1/_2$ und $= 7^1/_2$. Für a_3 gilt dann die Gleichung

$$D\,(\alpha_3 \pm \alpha_2) = \eta \cdot k_z \cdot a_3\,(\alpha_3^2 + \alpha_2^2);$$

somit

$$a_3 = \frac{D \cdot (1 \pm \alpha_2)}{\eta \cdot k_z\,(1 + \alpha_2^2)}.$$

Diesem Totalausschlag a_3 entspricht nach der Schwingungsform eine Verdrehung $\varDelta a_1 = (0,558 + 0,197)\,a_3 = 0,755 \cdot a_3$ cm auf $R = 21$ cm. Der Apparat registriert eine Verdrehung $\varDelta a_1$ in 6,2facher[1]) Vergrößerung: Er umfaßt nämlich nur die Wellenlänge 42,8 cm (statt 240 cm) und gibt eine Verdrehung auf Wellenumfang ($r = 12$ cm) 61fach vergrößert wieder; unsere berechneten $\varDelta a_1$ müssen wir also $\dfrac{42,8}{240} \cdot \dfrac{12}{21} \cdot 61 = \infty\ 6,2$ mal vergrößern, um sie mit den gemessenen Torsiogrammen direkt vergleichen zu können, d. h. aus den berechneten a_3 ergibt sich die Verdrehung der beiden Meßquerschnitte im richtigen Vergleichsmaßstab zu

$$(\varDelta a)_{\text{Tors.}} = (6,2 \cdot 0,755)\,a_3 = 4,7 \cdot a_3.$$

Zahlentafel 6a.

	n	$= 284$	358	471
	$\varkappa$	$= 7,5$	6	4,5
	η	$= 225$	225	225
Bei Auswertung des Ausdruckes	D	$= 0,182$	0,37	0,80
	$\varphi_{(\mathrm{I})}$	$= 146°$	307°	145°
$a_3 = \dfrac{D \cdot (1 \pm \alpha_2)}{\eta \cdot k_z\,(1 + \alpha_2^2)}$	$\varphi_{(\mathrm{II})}$	$= 326°$	307°	325°
	$\varphi_{(\varDelta\alpha)}$	$= 236°$	217°	235°
erhalten wir folgende Zahlenwerte	$1 \pm \alpha_2 =$	0,442	1,558	0,442
	$k_z =$	0,004	0,0047	0,004
	$a_3 =$	0,0681	0,415	0,299 cm
	$4,7 \cdot a_3 =$	0,32	1,95	1,40 cm
	$= (\varDelta a)_T$	3,2	19,5	14,0 mm

2. Die allgemeinen Teilschwingungen[2]).

Die Berechnung der beliebigen Teilschwingungen folgt wieder dem S. 57ff. beschriebenen allgemeinen Rechnungsgange: Es werden zuerst zwei verhältnismäßige Erregungen bestimmt, die für einen gewählten Ausschlag $a_1 = 1,0$ cm notwendig sind, und dann erhalten wir einfach durch proportionale Umrechnung die zu den wirklich vorhandenen erregenden Kräften gehörigen wahren Ausschläge.

Zu einzelnen Spalten der Zahlentafel 6 bemerken wir:

1. Spalte 1—17 sind direkt verständlich; zum Teil gelten für sie unsere Ausführungen unter Abschnitt a) S. 72; für Spalte 11—17 gelten die S. 58ff. gegebenen Erklärungen.

---

[1]) Nach einer Mitteilung von Herrn Direktor Frahm ist endgültig mit einer 6,43- (statt 6,2-fachen) Übersetzung zu rechnen.

[2]) Frahm teilt mir mit, daß er die nachstehend berechneten Unterschwingungen auch durch harmonische Analyse der Torsiogramme festgestellt hat.

2. Spalte 18—25: Die verhältnismäßigen Erregungen E_2 und E_3, welche den angenommenen Ausschlag $a_1 = 1{,}0$ cm kontinuierlich erzwingen würden, ergeben sich aus den vereinfachten Formeln 17' und 17'a. Sie lauten hier

für alle Reihen mit $\varkappa = 3,\ 6,\ 9\cdots$ $\qquad\qquad \varkappa = 1^1/_2,\ 4^1/_2,\ 7^1/_2\cdots$
(gleichphasig) $\qquad\qquad\qquad\qquad$ (entgegengesetzt)

$$(17')\qquad E_2' = \frac{S_2'\left(\dfrac{m_3 l_2}{H'} - 1\right) - m_3 a_2}{2 - \dfrac{m_3 l_2}{H'}} \qquad\bigg|\qquad E_2' = \frac{S_2'\left(\dfrac{m_3 l_2}{H'} - 1\right) - m_3 a_2}{-\dfrac{m_3 l_2}{H'}} \qquad (17'a)$$

3. Spalte 26—33: Die Schwingungsformen sind über das ganze System zu Ende gerechnet, wobei neben den Trägheitskräften T_2' und T_3' auch die Erregungen E_2' und E_3' als wirksame Kräfte auftreten. In der Kontrollspalte 33 ist die Summe aller am System angreifenden Kräfte gebildet; sie müßte jedesmal Null ergeben. Kleine Fehlbeträge lassen erkennen, mit welcher Genauigkeit die E' berechnet wurden.

4. Spalte 34 und 35: Wir könnten nun die von den Kräften $D_{(\mathrm{I})}$ und $D_{(\mathrm{II})}$ wirklich erzwungenen Ausschläge einfach durch Reduktion finden; so erhalten wir z. B. als erzwungene Schwingung dritter Ordnung bei 107 Umd/min $a_1 = +1{,}0 \cdot \dfrac{5370}{11170}$ $= +0{,}481$ cm; $a_2 = +0{,}481 \cdot 0{,}9158 = +0{,}4405$ cm; und $a_3 = +0{,}481 \cdot 0{,}877$ $= +0{,}420$ cm (vgl. Fig. 36f.). Uns interessieren aber weniger die Totalausschläge, als vielmehr die wahren Relativverdrehungen $\varDelta a_1$ in Spalte 14, die ja auch vergrößert in den Torsiogrammen aufgezeichnet sind. In Spalte 35 sind sie 6,2fach vergrößert, d. h. wie oben S. 74 unter Abschnitt 1 wieder auf den Torsiogramm-Maßstab umgerechnet.

C) Konstruktion der Torsiogramme.

In den Schwingungsformen der Fig. 36d und e sind die Rechenergebnisse der Spalten 12, 15 und 29 der Vollständigkeit halber aufgetragen. Für die Konstruktion der Torsiogramme (Fig. 36 p, q, r, s) indessen könnten wir diese Figuren 36d und e entbehren. Dafür benötigen wir vielmehr die bekannten drei Angaben über Amplitude, Periodenzahl und Phase:

Die Verdrehungen $(\varDelta a)_{Tor}$ in Spalte 35 und in der kleinen Tabelle 6a geben uns die Amplituden oder Größtwerte der einzelnen Teilschwingungen an. Sie liefern das Maß für die Länge der Fahrstrahlen oder für die Radien der Kreise oder für die Höhe der Sinuslinien in den Fig. 36 p—s.

Die Periodenzahl der Teilschwingungen gibt Spalte 9 bzw. 3 an: $\varkappa = 1^1/_2,\ 3,\ \ldots$ bedeutet einfach, daß die betreffende Schwingung $1^1/_2,\ 3 \ldots$ volle Zyklen im Verlaufe einer Maschinenumdrehung zurücklegt, oder daß sich der eine Vektor $1^1/_2$ mal dreht, während ein anderer $3,\ 4^1/_2,\ 6 \ldots$ Umdrehungen zurücklegt. Nachdem also die einzelnen Teilschwingungsperioden ganze Vielfache der einen Teilperiode $(1^1/_2 \cdot n$ $= \dfrac{3}{2} \cdot n)$ sind, wiederholt sich der Charakter der Torsiogramme jeweils mindestens innerhalb $^2/_3$ Umdrehungen, weil eben die langsamste Schwingung mit $\varkappa = 1^1/_2$ in diesem Intervall abläuft.

Die Anfangsstellung der Drehzeiger oder ihre Anfangsphase folgt aus den Winkelangaben der Spalte 7, doch sind dabei noch einige Überlegungen notwendig: Die Winkel in Spalte 7 sagen aus, wie die betreffende harmonische Drehkraft bei Beginn des Ansaughubes in Zylinder (1) augenblicklich ihrer Phase nach orientiert ist. Andererseits aber kennen wir aus unserer Rechnung jeweils die Phase zwischen der erzwingenden Kraft $D_{(\mathrm{I})}$ und den von ihr erzwungenen Ausschlägen a_1, a_2, a_3 und Verdrehungen $\varDelta a_1$ und $\varDelta a_2$. In der ersten Rechnungsreihe (z. B. $\varkappa = 3$ bei 107 Umdrehungen) bedeuten die negativen Vorzeichen der Zahlenwerte $\varDelta a_1$ und E_2', daß augenblicklich sowohl der Verdrehungsbogen $\varDelta a_1$ als auch die volle Kraft E_2' einer positiv gewählten Drehung a_1 der Generatorschwungmasse entgegengesetzt, daß $\varDelta a_1$ und E_2' unter sich aber gleichgerichtet sind (vgl. Fig. 36f und Vorzeichenregeln). Das in solcher Weise definierte Richtungsverhältnis oder die gegenseitige Phasenkonstellation der einzelnen Rechnungsgrößen bleibt dauernd erhalten, so daß diese einmalige Feststellung, gültig für einen bestimmten Augenblick, den Bewegungsvorgang hinsichtlich der Phase eindeutig und erschöpfend beschreibt. Es ist somit $(\varDelta a_1)_\mathrm{Tor} = 2{,}51$ (Spalte 35, erste Vertikalreihe) ebenso wie E_2' oder $D_{(\mathrm{I})}$ unter $356°$ (Spalte 7) im Fahrstrahldiagramm der Fig. 36p aufzutragen und die zugehörige Sinuslinie in bezug auf diese Anfangsstellung zu konstruieren.

Andere, von gleicher und entgegengesetzter Richtung ($+$ und $—$) abweichende Zwischenphasen kommen bei unseren reibungsfrei durchgeführten Rechnungsreihen nicht in Frage. Bei den mit Dämpfung gerechneten Resonanzschwingungen dagegen wissen wir, daß der Ausschlag a_3 hinter der Kraft E_3 bzw. $D_{(\mathrm{II})}$ um $90°$ nachhinkt. (NB. Bestimmend für die Schwingung des ganzen Systems ist hier die Kraft $D_{(\mathrm{II})}$, weil sie gegenüber $D_{(\mathrm{I})}$ längs eines größeren Weges α_3 wirkt!) — Nachdem nun bei der ersten Eigenschwingungsform die Verdrehung $\varDelta a_1$ gleichgerichtet ist mit a_3, so hinkt auch unser $(\varDelta a)_\mathrm{Tor}$ ebenso wie a_3 um $90°$ hinter E_3 bzw. $D_{(\mathrm{II})}$ nach. Diese Resonanzschwingungen sind jeweils gestrichelt eingezeichnet.

Nach diesen Angaben sind die Fig. 36p—s 2,5- bzw. 1,425fach vergrößert entworfen. Die Abszissenlängen sind dabei zunächst ganz willkürlich. Um einen möglichst unmittelbaren Vergleich zu gestatten, sind für je eine Vollperiode oder für 2 Umdrehungen dieselben Längen gewählt, welche in den Torsiogrammen des Indikators zufällig vorhanden sind. Desgleichen sind auch die gerechneten Torsiogramme in der Laufrichtung, d. h. ungewohnt von rechts nach links aufgezeichnet. Die Fig. 36l bis o sind lediglich entsprechende Verkleinerungen der Fig. 36p bis s und ermöglichen unmittelbar den Vergleich mit den gemessenen Torsiogrammen. Die Fig. 36p, q, r, s stellen ganz rechts die Teilschwingungen als Vektoren in Anfangsstellung dar. Anschließend sind die Teilschwingungen längs $^1/_3$ Periode oder längs $^2/_3$ Umdrehungen aufgezeichnet; der linke Abschnitt der Figuren zeigt die Resultierende aus diesen Sinuslinien, stellt also die jeweils tatsächlich bewirkten Verdrehungen der Meßlänge oder auch deren Beanspruchungen dar und bedeutet damit für uns das endgültige Ergebnis der Schwingungsrechnung.

Die Übereinstimmung zwischen Messung und Rechnung ist ganz unverkennbar und dürfte weitgehenden Ansprüchen genügen; wegen der äußerst scharfen Aufzeichnung der Verdrehungen beansprucht sie hohe Beweiskraft im Sinne unseres Satzes über gleich- und entgegengesetzt schwingende harmonische Kräfte. Ganz besonders muß auch die Übereinstimmung bezüglich des Beginns der Periode bemerkt werden, wodurch erwiesen ist, daß die Harmonischen nach Amplitude und Phase durch unsere Ausführungen im II. und III. Abschnitt (S. 35ff.) für die Praxis genügend genau erfaßt sind. Weiter erkennen wir wiederum den großen Vorzug der Vektorendarstellung, insofern als z. B. die komplizierte Schwingung nach Fig. 36m durch 4 Vektoren abgebildet ist.

Zur Erklärung der noch bestehenden Abweichungen zwischen gemessenen und gerechneten Torsiogrammen ist zu sagen: Unsere Rechnungen sind idealisierte Annäherungen insoweit, als wir

1. nur die Harmonischen höchstens bis zur $7^1/_2$. Ordnung berücksichtigt haben;

2. nur die von den „resultierenden" und nicht auch die von den übrigen Einzylinderharmonischen erzwungenen Schwingungen berechnet haben;

3. die Harmonischen des Luftpumpendrehwiderstandes ganz vernachlässigt haben;

4. bestimmte Beharrungsverhältnisse vorausgesetzt haben, während die Torsiogramme beim Durchfahren eines großen Drehzahlbereichs unter ständigem Wechsel der Betriebsverhältnisse aufgenommen wurden.

Unter diesen Differenzquellen dürfte die 3. und 4. am schwersten ins Gewicht fallen. Der zweite Gesichtspunkt wurde bereits oben S. 47 näher besprochen. Im übrigen begnügen wir uns hier mit dem gewonnenen Ergebnis. —

An Hand der Fig. 36f ist noch eine sehr interessante Beziehung zu erwähnen, die zur Bestimmung der

Ungleichförmigkeit

auf eine neue Art hinüberleitet und weitere Perspektiven eröffnet. Der Sinn der Fig. 36f ist folgender: Die beiden Harmonischen 3. Ordnung der Drehkräfte bei 107 Umdrehungen/min $D_{(I)} = D_{(II)} = 5370$ kg für sich betrachtet, veranlassen das ganze System, um die Mittellage hin- und herzuschwingen, im Mittel etwa $\pm 0{,}47$ cm Wäre die Welle starr, dann würde jede Schwungmasse gleich stark nach beiden Drehrichtungen pendeln, so aber schwingen die einzelnen Massen wegen der Elastizität der Welle selbst wieder um diese gemeinsame mittlere Schwingung, freilich im vorliegenden Falle nur wenig, wie die schwach geneigte und wenig geknickte Schwingungsform erkennen läßt. Der mittlere gemeinsame Ausschlag oder die mittlere Abweichung von der gleichförmigen (ruhenden!) Drehbewegung berechnet sich nun sehr einfach als erzwungene Schwingung: Denken wir uns alle Massen axial in eine einzige zusammengeschoben von der Größe $(16{,}2 + 2{,}06 + 2{,}06) = 20{,}32 \dfrac{\text{kg} \cdot \text{sec}^2}{\text{cm}}$ und lassen wir darauf $D_{(I)} + D_{(II)} = 2 \cdot 5370 = 10740$ kg mit $3 \cdot 107$ Impulsen oder mit der erregenden Frequenz $\eta = 33{,}5$ ^{1}/sec einwirken, dann muß gelten

$$D_{(I)} + D_{(II)} = m \cdot \eta^2 \cdot a_{mitt} ; \qquad \text{und daraus } a_{mitt} = \frac{D_{(I)} + D_{(II)}}{m \cdot \eta^2} = \frac{10740}{20{,}32 \cdot 1122}$$

$$= 0{,}471 \text{ cm.}$$

Man könnte diese einfache Rechnung auch für die weiteren Harmonischen mit $\varkappa = 6$, $= 9$, ... durchführen und so die gesamte mittlere Ungleichförmigkeit bestimmen, die zu demselben Ergebnis führen muß wie die übliche Methode, welche die Arbeitsüberschüsse feststellt. Es wird darüber noch a. a. O. eingehender zu berichten sein. Man erkennt auch aus diesem Beispiel wieder, wie wenig der gewöhnlich angegebene „Ungleichförmigkeitsgrad" geeignet ist, ein zutreffendes Bild von den wirklichen Bewegungsverhältnissen einer Maschinenanlage zu bieten. Nur unter ganz bestimmten Verhältnissen ist er brauchbar.

Es sei hier noch hingewiesen auf den grundsätzlichen Unterschied zwischen den Frahmschen und den Geigerschen Torsiogrammen: Beim Frahmschen Apparat rotiert die eigentliche Meßvorrichtung mit herum und es wird lediglich die Relativbewegung zweier Querschnitte, also eine reine Verdrehungsschwingung aufgezeichnet. Gleichzeitig sind diese Torsiogramme auch Abbilder der in der verdrehten Meßlänge auftretenden Beanspruchungen. Der allerdings einfachere Apparat von Dr. Geiger verzeichnet dagegen die absolute Bewegung einer bestimmten Meßstelle gegenüber einer gleichförmig rotierenden Schwungmasse, die am Meßapparat elastisch gekuppelt mitläuft. Seine Diagramme geben also die allgemeine Ungleichförmigkeit des ganzen Systems samt den übergelagerten Drehschwingungen der Meßstelle an.

Schwingungsrechnung. Zahlentafel 6.

№	Bezeichnung	Einheit												
1	Torsiog.-Ausschn. No.	—	1			6				9			17	
2	Drehzahl n	U/Min.	107			284				358			471	
3	Ordnungsziffer $\varkappa$	—	3	4½	6	1½	3	4½	6	1½	3	4½	1½	3
	Erregende Harmonische. (D)													
4	mittl. ind. Druck p_{im}	kg/cm²	$\sim$ 1,70			$\sim$ 3,5				$\sim$ 6,3			$\sim$ 7,5	
5	Gasdrehkraft D_G	„	1,25(356,5°)	0,62(173°)	0,362(351°)	1,95(182°)	1,38(353°)	0,70(166°)	0,36(339°)	2,6(181°)	1,63(345°)	0,76(159°)	2,8(181°)	1,75(340°)
6	Massendrehk. D_M	„	0,119(180°)	—	—	—	0,84(180°)	—	—	—	1,34(180°)	—	—	2,32(180°)
7	res. Drehkraft D_{res}	„	1,13 (356°)	0,62(173°)	0,362(351°)	1,95(182°)	0,66(342°)	0,70(166°)	0,36(339°)	2,6(181°)	0,49(300°)	0,76(159°)	2,8(181°)	0,90(222°)
8	res. Dr. d. Zyl. $1+2+3=D_{(I)}$	kg	5370	2950	1720	9270	3140	3330	1710	12 360	2330	3610	13 300	4280
	Erzwungene Schwingungen. $(a_1, a_2, a_3.)$													
9	Impulszahl $n \cdot \varkappa = i$	Imp/Min.	321	482,5	642	426	852	1278	1704	537	1074	1611	706,5	1413
10	Erregerfrequenz $\dfrac{i}{9,55} = \eta$	Bog/sek	33,5	50,4	67	44,5	89,1	133,5	178	56,2	112,5	168,8	74	148
11	$\mathrm{Con} = \dfrac{H}{\eta^2} = \dfrac{51,9 \cdot 10^6}{\eta^2} = H'$	kg.sek²	46200	20420	11570	26200	6550	2915	1636	16420	4100	1827	9490	2370
12	Angen. Ausschl. a_1	cm	=	=	=	=	=	+ 1,0		=	=	=	=	=
13	$m_1 a_1 = T'_1$	kg.sek²	=	=	=	=	=	+16,2		=	=	=	=	=
14	$\dfrac{T'_1}{-H'} \cdot l_1 = \varDelta a_1$	cm	− 0,0842	− 0,19	− 0,336	− 0,148	− 0,594	− 1,332	− 2,378	− 0,237	− 0,949	− 2,128	− 0,409	− 1,64
15	$a_1 + \varDelta a_1 = a_2$	cm	+ 0,9158	+ 0,81	+ 0,664	+ 0,852	+ 0,406	− 0,332	− 1,378	+ 0,763	+ 0,051	− 1,128	+ 0,591	− 0,64
16	$m_2 \cdot a_2 = T'_2$	kg.sek²	+ 1,888	+ 1,668	+ 1,368	+ 1,756	+ 0,835	− 0,684	− 2,84	+ 1,572	+ 0,105	− 2,325	+ 1,218	− 1,319
17	$T'_1 + T'_2 = S'_2$	„	+18,088	+17,956	+17,568	+17,956	+17,035	+15,516	+13,36	+17,772	+16,305	+13,875	+17,418	+14,881
26	zus. Erregung E'_2	„	− 9,95	+ 866	− 9,31	+1120	− 8,647	+79,85	− 3,96	+683	− 7,73	+32,65	+373	− 5,92
27	$T'_1 + T'_2 + E'_2 = S''_2$	„	+ 8,138	+ 883,96	+ 8,258	+1138	+ 8,388	+95,366	+ 9,4	+700,77	+ 8,575	+46,525	+390,42	+ 8,961
28	$\dfrac{S''_2}{-H'} \cdot l_2 = \varDelta a_2$	cm	− 0,0388	− 9,52	− 0,157	− 9,57	− 0,2815	− 7,20	− 1,263	− 9,38	− 0,461	− 5,60	− 9,06	− 0,832
29	$a_2 + \varDelta a_2 = a_3$	cm	+ 0,877	− 8,74	+ 0,507	− 8,718	+ 0,1245	− 7,532	− 2,641	− 8,617	− 0,41	− 6,728	− 8,469	− 1,472
30	$m_3 \cdot a_3 = T'_3$	kg.sek²	+ 1,81	−17,94	+ 1,045	−17,956	+ 0,2568	−15,516	− 5,444	−17,77	− 0,845	−13,875	−17,42	− 3,035
31	$\pm E'_2 = E'_3$	„	− 9,95	− 866	− 9,31	−1120	− 8,647	−79,85	− 3,96	−683	− 7,73	−32,65	− 373	− 5,92
32	$T'_3 + E'_3 = S'_3$	„	− 8,14	− 883,94	− 8,265	−1137,956	− 8,3912	−95,366	− 9,404	−700,77	− 8,575	−46,525	− 390,42	− 8,955
33	$T'_1 + T'_2 + T'_3 + E'_2 + E'_3 = R$	„	− 0,002	+ 0,02	− 0,007	+ 0,044	− 0,002	± 0	− 0,004	± 0	± 0	± 0	± 0	+ 0,006
	Reduktion.													
34	$\varDelta a_1 \cdot \dfrac{D_{(I)}}{E_2} = \varDelta a_{1r}$	cm	+ 0,0405	− 0,000256	+ 0,01382	− 0,000617	+ 0,02725	− 0,00312	+ 0,0324	− 0,00135	+ 0,0226	− 0,00828	− 0,00266	+ 0,0541
35	$\sim 6,2 \cdot \varDelta a_{1r} = \varDelta a_{Tor}$	mm	2,51	0,0159	0,86	0,0382	0,1688	0,1935	· 2,01	0,0837	1,40	0,513	0,165	3,36
	Verhältnismäßige Erregungen. (E)													
18	$\dfrac{m_3 l_2}{H'}$	—	0,00981	0,0222	0,0392	0,0173	0,0692	0,1555	0,277	0,0276	0,1104	0,248	0,04775	0,1912
19	$\left(\dfrac{m_3 l_2}{H'} - 1\right)$	—	− 0,99019	− 0,9778	− 0,9608	− 0,9827	− 0,9308	− 0,8445	− 0,723	− 0,9724	− 0,8896	− 0,752	− 0,95225	− 0,8088
20	$+\left(\dfrac{m_3 l_2}{H'} - 1\right) \cdot S'_2$ (Auswertung der Formeln 17′ und 17′a)	kg.sek²	−17,90	−17,55	−16,87	−17,63	−15,85	−13,100	− 9,66	−17,28	−14,50	−10,42	−16,58	−12,02
21	$- m_3 \cdot a_2$	kg.sek²	− 1,888	− 1,668	− 1,368	− 1,756	− 0,835	+ 0,684	+ 2,84	− 1,572	− 0,105	+ 2,325	− 1,218	+ 1,319
22	Zähler	kg.sek²	−19,788	−19,218	−18,238	−19,386	−16,685	−12,416	− 6,82	−18,852	−14,605	− 8,095	−17,798	−10,701
23	Nenner	—	+ 1,9902	− 0,0222	+ 1,9608	− 0,0173	+ 1,9308	− 0,1555	+ 1,723	− 0,0276	+ 1,8896	− 0,248	− 0,04775	+ 1,8088
24	E'_2	kg.sek²	− 9,95	+ 866	− 9,31	+ 1120	− 8,647	+ 79,85	− 3,96	+ 683	− 7,73	+ 32,65	+ 373	− 5,92

Torsiogramme

nach Messung (Z. d. V. d. I. 1918, S. 181)   nach Rechnung (Zahlentafel 6 und 6a).

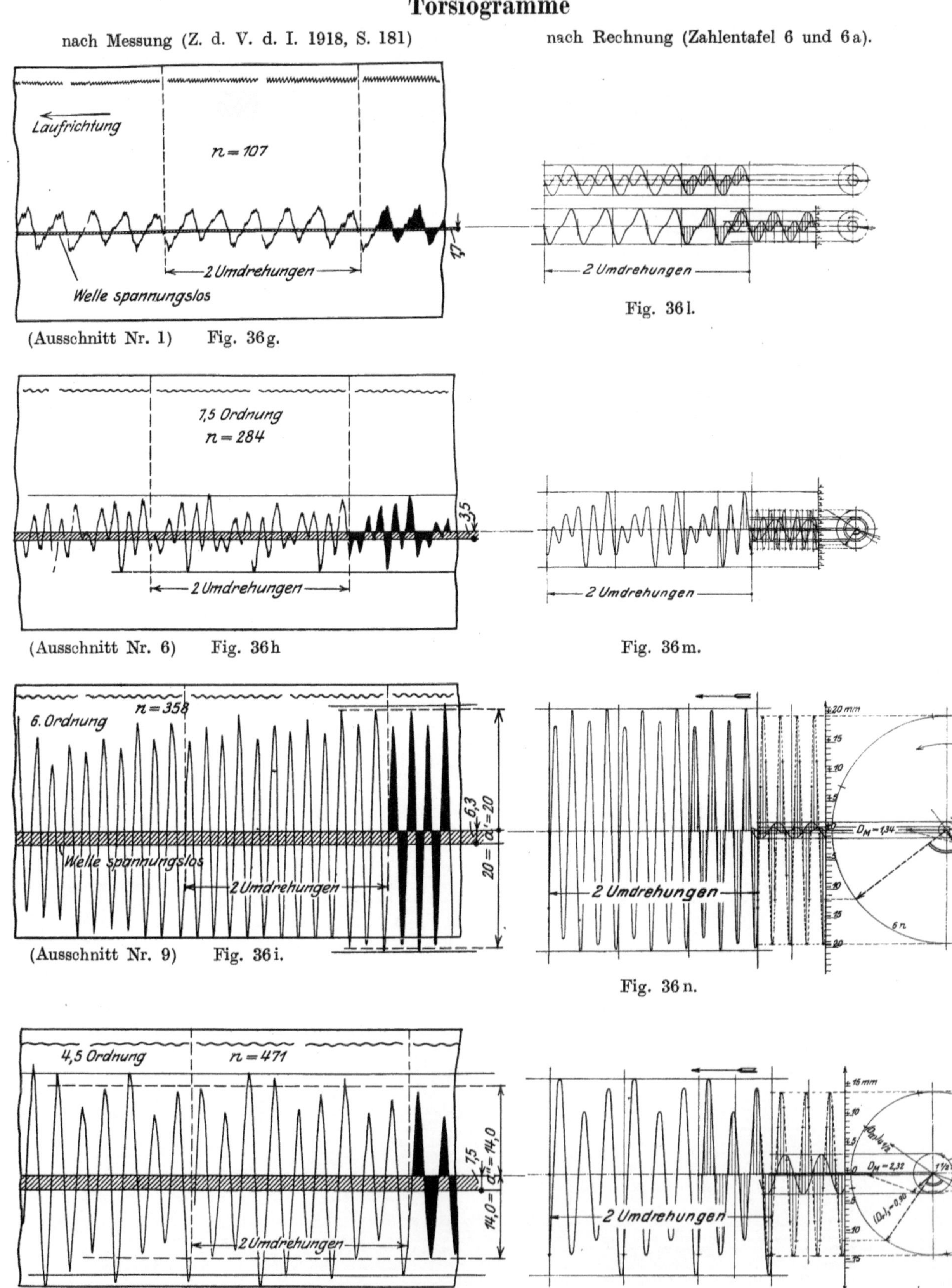

(Ausschnitt Nr. 1)   Fig. 36 g.

Fig. 36 l.

(Ausschnitt Nr. 6)   Fig. 36 h

Fig. 36 m.

(Ausschnitt Nr. 9)   Fig. 36 i.

Fig. 36 n.

(Ausschnitt Nr. 17)   Fig. 36 k.

Fig. 36 o.

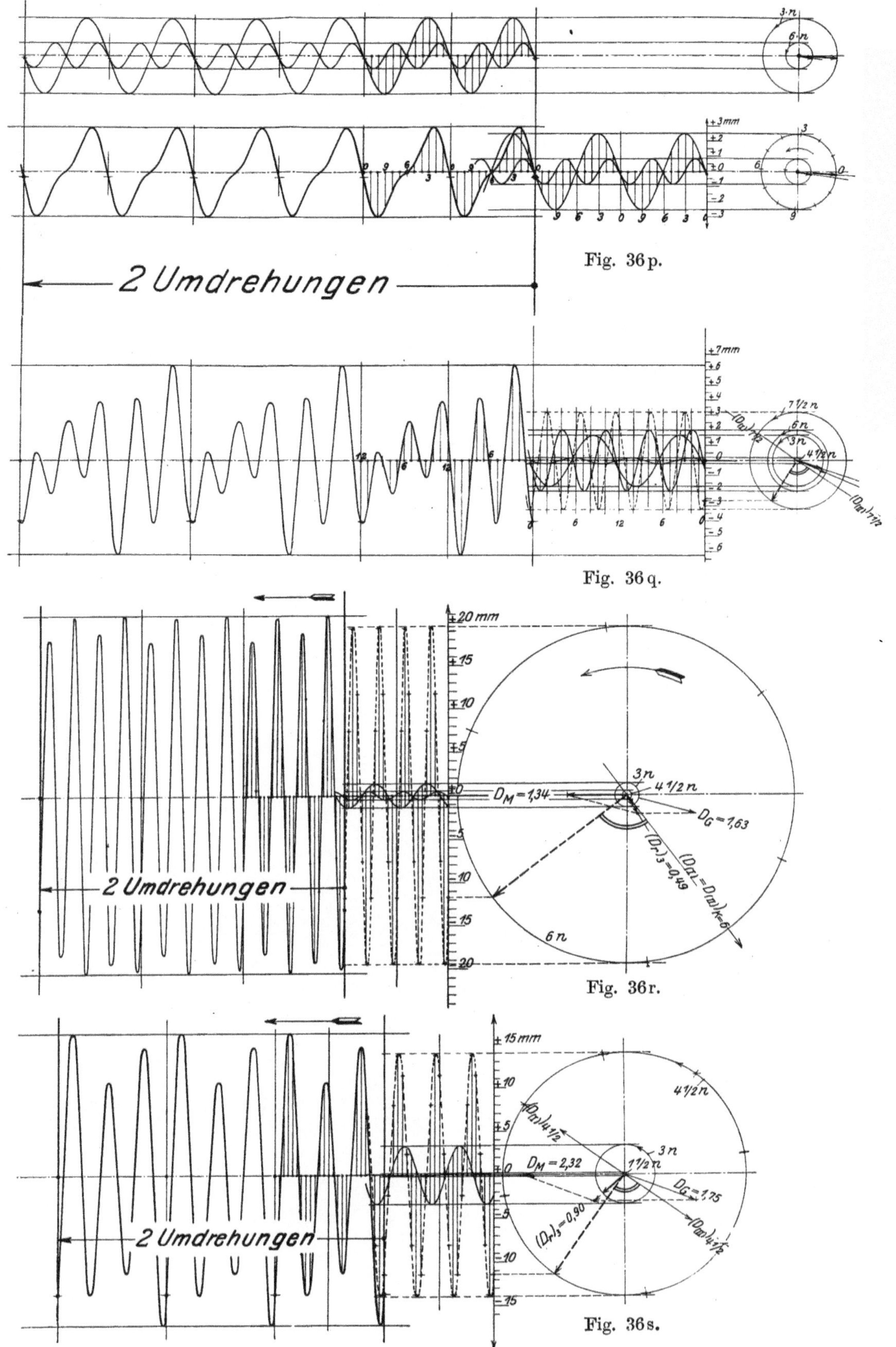

2 Umdrehungen
Fig. 36p.
Fig. 36q.
2 Umdrehungen
$D_M = 1,34$
$D_G = 1,63$
Fig. 36r.
2 Umdrehungen
$D_M = 2,32$
$D_G = 1,75$
Fig. 36s.

V. Der Ausgleich gefährlicher Verdrehungsschwingungen.

In den Abschnitten I bis IV dieses zweiten Teiles haben wir das Wesen der erregenden Kräfte, sowie die Umstände erkennen und durchschauen gelernt, unter welchen sie gefährliche Verdrehungsschwingungen erregen. Wir haben weiter gesehen, wie bereits bei den bisherigen Ausführungen von Maschinen gefährliche harmonische Impulse sozusagen unbewußt ausgeglichen sind; am deutlichsten zeigte das die Nachrechnung der Frahmschen Torsiogramme.

Es drängt sich nunmehr ganz von selbst die Frage auf, ob es uns nicht möglich sein wird, die Kräfte in einem gegebenen Falle so zu schalten und zu beherrschen, daß sie wenigstens keine heftigen Schwingungen mehr erregen. Diese Zukunftsaufgabe sei hier noch mit einigen Ausführungen näher beleuchtet und an einem Beispiel besprochen.

Wie wir gesehen haben, erhalten wir auch in Resonanzfällen kleine Ausschläge, wenn wir entweder die harmonischen Kräfte selbst möglichst abschwächen oder wenn wir sie an den einzelnen Kurbeln mit solchen Phasen angreifen lassen, daß $\Sigma(D\alpha)$ möglichst Null ergibt (vgl. Lehrsatz S. 69).

Nach den Untersuchungen des II. Abschnittes erscheint es ziemlich aussichtslos, eine genügende

Verkleinerung der Kraftamplituden

zu erreichen. Selbst für starke Füllungsunterschiede ändern sich die harmonischen Mittelwerte der Einzylinderdrehkraft nur wenig (vgl. Fig. 20). Außerdem wird man kaum dem Schwingungsausgleich zuliebe die Drehkraft des einen und andern Zylinders bei einer oder mehreren kritischen Drehzahlen allzusehr abschwächen oder gar ganz entbehren wollen.

Zur Bekämpfung der Schwingungen steht uns also nur der Ausweg einer

Phasenverschiebung der Kräfte

offen, die wir auf zweierlei Weise erzwingen können.

Ein erstes Mittel ist wieder: Änderung des Indikatordiagramms. Doch selbst bei starkem Füllungsunterschied würden sich, wie in der Amplitude, so auch in der Phase immer nur sehr geringe Abweichungen gegenüber dem Fall gleicher Füllung ergeben, so daß jedenfalls ein Gegeneinanderschwingen sonst gleichgerichteter harmonischer Kräfte und umgekehrt nicht zu erreichen ist. Für unsere Zwecke sind aber nur solche Maßnahmen als wirksam und brauchbar anzunehmen, welche uns in den Stand setzen, die Phase ganz ins Gegenteil umzukehren, nicht bloß eine Teilverschiebung zu erreichen. Eine stärkere Wirkung auf diesem Wege erscheint nicht ausgeschlossen, wenn man sich entschließt, auf die Gasdrehkraftlinie beim Durchfahren des kritischen Gebietes viel radikaler (etwa durch Einblasen von Preßluft oder durch starkes Nachbrennen) einzuwirken. Die praktische Verwirklichung derartiger Arbeitsprozesse erscheint aber immerhin schwierig und umständlich und erfordert jedenfalls bauliche Änderungen und Maßnahmen an den Zylindern.

Ein zweites, viel wirksameres und sehr einfaches Mittel bietet sich uns in der Wahl der Zündungsabstände dar, die wir ja ohne weiteres durch die Wahl der Kurbelwinkel in der Hand haben. Es kann dabei ins Auge gefaßt werden, die beiden symmetrischen Zylindergruppen als Ganzes und damit auch ihre resultierenden Gruppenkräfte gegeneinander zu versetzen. Oftmals erscheint es wirksamer, nur einige Zylinder einer Gruppe in etwas abweichendem Abstande zünden zu lassen. Naturgemäß ist dabei besonderes Augenmerk darauf zu richten, daß das notwendige Opfer an Massenausgleich und an Gleichförmigkeitsgrad der ganzen Anlage möglichst klein bleibt.

Beispiel

(Sechszylindermaschine mit Dynamo).

Wir behandeln im nachstehenden einen einfachen Fall und beschränken uns darauf, den Einfluß einer gruppenweisen Kurbelversetzung zu untersuchen. Wir bestimmen zahlenmäßig an dem Beispiel der bereits S. 70 ff. eingehend behandelten Frahmschen Anlage (Z. d. V. d. I. 1918, S. 177), wie sich die Schwingungs-, Massenausgleich- und Gleichförmigkeitsverhältnisse ändern, wenn man die beiden Dreizylindergruppen nicht mehr ohne jede Versetzung $\varDelta = 0$ (Fig. 37 a—f) kuppelt, sondern wenn man sie um $\varDelta = 20°$ (Fig. 38 a—f) bzw. um $\varDelta = 30°$ (Fig. 39 a—f) versetzt, oder wenn man nicht, wie bei der ausgeführten Maschine durchweg gleiche Zündabstände ($= 120°$), sondern die Intervalle $100°$ und $120°$ bzw. $90°$ und $150°$ wählt.

a) Schwingungsausgleich.

Es wird vorausgesetzt, daß nur die eine starke Kritische 6ter Ordnung (Fig. 36 n und r) auszugleichen sei, und daß die Kritische $4^1/_2$ter Ordnung nicht mehr in Betracht komme, weil z. B. die höchste Betriebsdrehzahl etwa bei 450 Uml./min liegen möge. Die I. Eigenschwingungszahl würde sich jedenfalls immer leicht so weit verlagern lassen, daß diese Bedingung erfüllt wäre.

Wir wissen, daß Kurbelversetzungen auf diese Sachlage keinen Einfluß haben; wie weit sie aber die erregenden Drehkraftimpulse zeitlich verschieben und dadurch verschieden starke Schwingungen erzwingen, das können wir nun an Hand der Abschnitte II, III und IV des zweiten Teils leicht und mit Sicherheit rechnerisch verfolgen. In diesem Sinne sind die oben S. 71 ff. abgeleiteten Torsiogramme (die wir in den Fig. 37 d—f noch einmal wiederholt haben), zweimal umkonstruiert, und zwar wurden für $\varDelta = 20°$ die Fig. 38 d—f und für $\varDelta = 30°$ die Fig. 39 d—f erhalten.

Aus dem Vergleich der Torsiogramme erkennt man unmittelbar eine Verstärkung der Kritischen $7^1/_2$ter Ordnung und eine Verminderung der Kritischen 6ter Ordnung, so zwar, daß bei $\varDelta = 20°$ und $\varDelta = 30°$ die Schwingungen bei $n = 284$ und $n = 358$ Uml./min etwa gleich groß und ungefähr halb so stark werden wie die gefährliche Kritische 6ter Ordnung bei $\varDelta = 0$ (Fig. 38 f). Zur Erklärung dieser Erscheinung ist zu bedenken, daß die Versetzung der Dreizylindergruppen und ihrer Drehkräfte nicht nur allein die harmonischen Impulse 6ter Ordnung zeitlich auseinanderschiebt, sondern gleichzeitig auch andere, darunter jene $7^1/_2$ter Ordnung ihrem Gleichtritt näher bringt. Schwingen nämlich diese letzteren Kräfte in den beiden Zylindergruppen bei $\varDelta = 0$ gerade entgegengesetzt, also mit $180°$ Phasenabstand, dann liegen sie bei $\varDelta = 20°$ nur mehr um $(180 - 7^1/_2 \cdot 20) = 30°$ und bei $\varDelta = 30°$ um $(7^1/_2 \cdot 30 - 180) = 45°$ auseinander (— vgl. die gestrichelten Fahrstrahlen in Fig. 38 e und 39 e, sowie die schematischen Fig. 38 b und 39 b —). Die Kräfte 6ter Ordnung liegen dagegen bei $\varDelta = 0$ im Gleichtritt und stehen bei $\varDelta = 30°$ voll gegeneinander, wie vorher die Impulse $7^1/_2$ter Ordnung bei $\varDelta = 0$; es nimmt daher die Bewegung nach Fig. 39 f deutlich erkennbar den Charakter der Schwingung Fig. 37 e an.

Die Berechnung und Konstruktion der Torsiogramme dürfte durch folgende Bemerkungen genügend erläutert sein: Die Zahlentafel 6 hätte bei etwas anderer Anordnung ohne weitere Nachrechnungen auch für die beiden Fälle $\varDelta = 20°$ und $\varDelta = 30°$ verwendet werden können; mit ihr werden in einem Zuge die Schwingungen unter der Voraussetzung berechnet, daß auf das System gleich die beiden erregenden Kräfte E_2 und E_3 (bzw. D_I und D_{II}) einwirken. Für den Fall $\varDelta = 0$ war das möglich, weil nur Kräfte mit einem Phasenabstand $0°$ oder $180°$ in Frage kamen. Bei $\varDelta = 20°$ und $\varDelta = 30°$ mußten auch andere Zwischenphasen berücksichtigt werden. Um mit einer einmaligen Rechnung für alle $\varDelta$ auszukommen, wurden einzeln die von E_2 bzw. E_3 erzwungenen Sinusschwingungen berechnet und diese dann nach dem Superpositionsgesetz einander überlagert, d. h. die Sinnbilder dieser Sinuslinien, die Fahrstrahlen unter der entsprechenden Phasenverschiebung geometrisch addiert. Die schematischen Figuren 38 und 39 b und c sind dafür ein bequemer Behelf.

Für diese Rechnungen konnte die Zahlentafel 6 nur bis zur Spalte 17 übernommen werden; von da ab war dann jede Reihe zweimal getrennt zu Ende zu rechnen, das eine Mal unter Einführung einer Erregenden E_2; das andere Mal ergab sich E_3 von selbst als Restkraft. Entsprechend war die kleine

Schema der Kurbelwinkel.

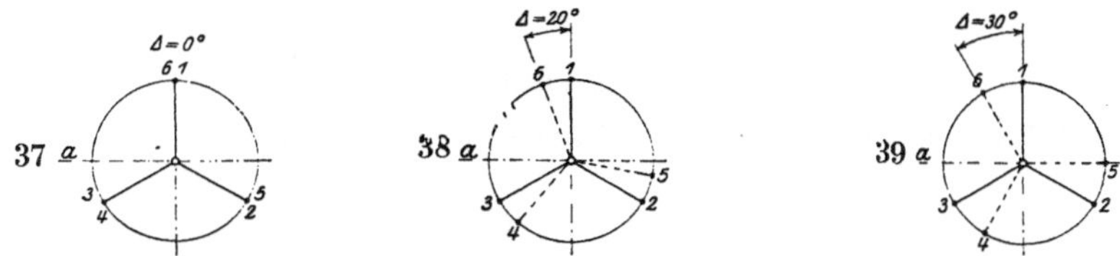

Schema der Phasenabstände zwischen den Harmonischen der beiden Dreizylindermaschinen (I) und (II),
in bezug auf die Phase der Kräfte $D_{(I)}$

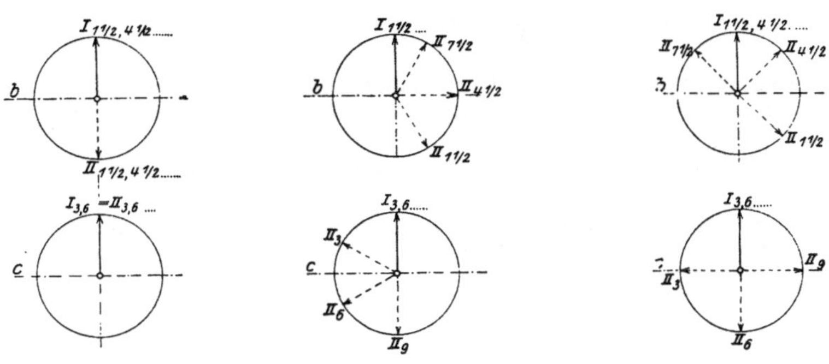

Verdrehungen bei $n = 107$ U/Min.

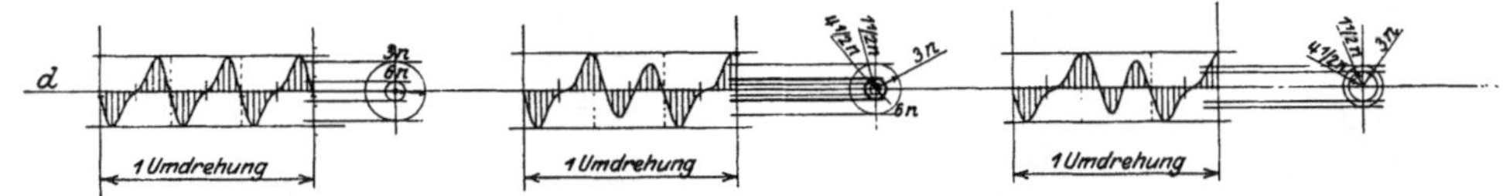

$n = 284$ U/Min.   (Kritische $7\frac{1}{2}$-ter Ordnung)

$n = 358$ U/Min.   (Kritische 6-ter Ordnung)

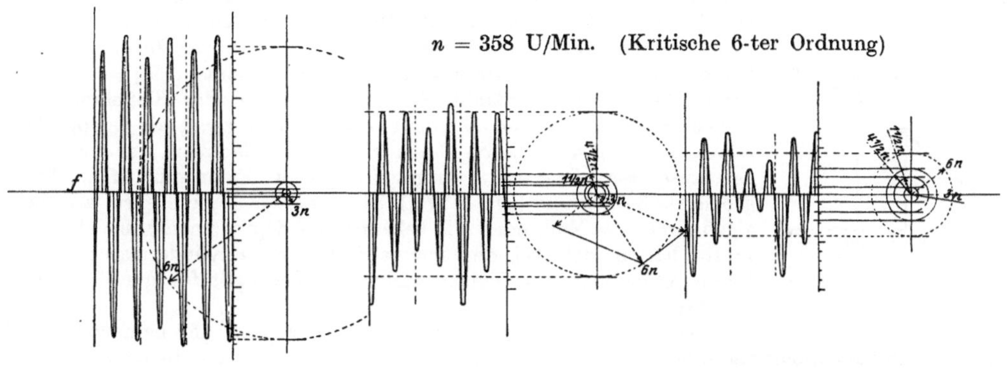

Fig. 37 a—f.   Fig. 38 a—f.   Fig. 39 a—f.

Tabelle 6a zweimal zu rechnen. Die Addition zweier Einzelschwingungen mußte für $\varDelta = 0$ wieder dieselbe resultierende Schwingung ergeben, wie sie schon in Tafel 6 berechnet war.

b) Massenausgleich.

Die Massenkräfte in Richtung der Zylinderachse ändern sich innerhalb einer jeden Umdrehung nach dem Gesetz

$$P = m_0 \cdot r \cdot \omega^2 \cdot (\cos \alpha \pm \lambda \cos 2\alpha).$$

Darin bedeutet $m_0 r \omega^2 = C_o$ den charakteristischen Maßstabsfaktor, welcher jedem Getriebe und jeder Drehzahl besonders zugehört, α den Winkel der augenblicklichen Kurbelstellung, gezählt von der oberen Totpunktlage aus —, und λ das Stangenverhältnis. Im ungünstigsten Falle $n = 450$ ist nach S. 72

$$C_o = m_0\, r\, \omega^2 = \frac{0{,}252}{981} \cdot 21 \cdot 47{,}1^2 = 12{,}0\ \frac{\text{kg}}{\text{cm}^2}.$$

Wir stellen die Funktion P zweckmäßig als Übereinanderlagerung zweier einfacher Kraftschwingungen I. und II. Grades durch zwei Drehzeiger dar, von denen der eine mit der einfachen Drehzahl, und der andere mit der doppelten Drehzahl rotiert (vgl. Fig. 40b und e).

Allgemein erzeugen diese beiden Teilbeträge der Kraft P sogenannte „freie Massenkräfte" und „Kippmomente".

Die „freien Massenkräfte" ergänzen sich in unserem Falle bereits innerhalb einer Dreizylindermaschine mit Kurbelwinkeln = 120° zu Null. Es greifen daher auch am Schwerpunkt der Sechszylinder

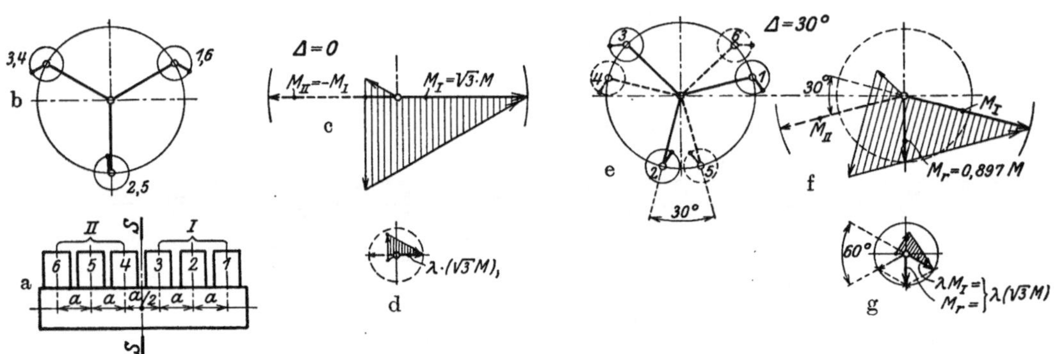

Fig. 40.

maschine, welche ja aus zwei symmetrischen Dreizylindermaschinen besteht, keine freien Massenkräfte an.

Dagegen ergeben sich verschieden große „Kippmomente", d. h. die hin und her schwingenden Massenkräfte der einzelnen Zylinder entwickeln mit zunehmender Versetzung der beiden Dreizylindermaschinen wachsende Tendenz, die frei hängende Maschine um den Schwerpunkt schwingend zu kippen. Wir vergleichen im folgenden die Maximalwerte der Kippmomente, welche innerhalb jeder Umdrehung auftreten (Fig. 41).

In bezug auf die Schwerebene S—S (Fig. 40a) entwickeln 3 gleiche Massenkräfte ($C_1 = C_2 = C_3 = C$ drei verschiedene Kippmomente im Betrage von $^5/_2\,(Ca)$, $^3/_2\,(Ca)$, $^1/_2\,(Ca)$, natürlich mit Phasenverschiebung. Beziehen wir alle Momente auf den für einen ganzen Zylinderabstand geltenden Betrag $(C \cdot a) = M$, dann ergibt sich resultierend für die Dreizylindermaschine I das Kippmoment $M_\mathrm{I} = \sqrt{3} \cdot M$, dargestellt durch Fahrstrahl M_I (Fig. 40c). Bei der Kupplung der beiden Maschinen I und II ohne Versetzung erzeugt die Gruppe II relativ zur Schwerebene S—S ein gleichgroßes Moment, nur im entgegengesetzten Drehsinn, dargestellt durch Fahrstrahl M_II. Die geometrische Summe $(M_\mathrm{I} + M_\mathrm{II})$ ist in diesem Falle ebenso, wie die algebraische, = Null, oder wie bekannt, die Kippmomente der Massenkräfte halten sich bei der symmetrischen Sechszylindermaschine in jedem Augenblick das Gleichgewicht. Gleiches gilt für die Momente II. Grades (Fig. 40d).

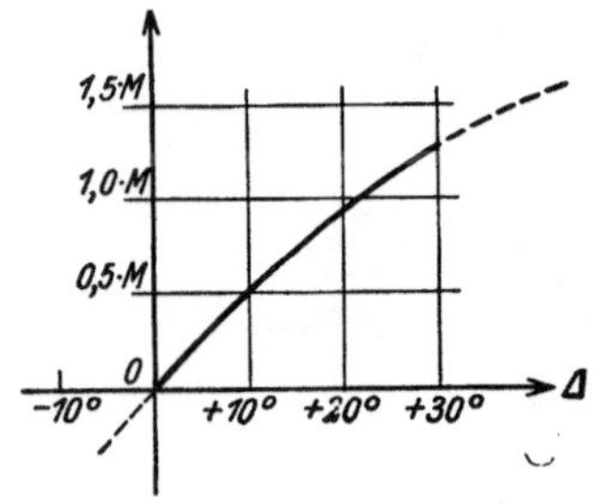

Fig. 41.

Versetzen wir dagegen die beiden Gruppen gegeneinander, so werden davon auch die Kippmomente betroffen: Für $\varDelta = 30°$ z. B. verdrehen sich auch die beiden Fahrstrahlen M_I und M_II um 30° gegeneinander, die Vektoren für die Momente zweiten Grades weichen um 60°

voneinander ab, wie das in den Fig. 40e—g dargestellt ist. Für $\varDelta = 30°$ ergibt sich somit innerhalb einer jeden Umdrehung ein maximales Kippmoment von

$$(0{,}897 + 0{,}407)\, M = 1{,}304 \cdot M;$$

Zum Vergleich kann dienen, daß eine Dreizylindermaschine für sich allein nach Fig. 40 c und d ein maximales Kippmoment $= (\sqrt{3} + \lambda\,\sqrt{3})\, M = 2{,}14\, M$ erzeugt, das also bereits erheblich ungünstiger ist und noch dazu auf die nur halb so schwere Dreizylindermaschine mit ihrem mehrfach kleineren Trägheitsmoment gegen Kippen einwirkt.

c) Ungleichförmigkeitsgrad.

Die ungleichförmige Drehbewegung ist bekanntlich bedingt durch die Schwankung in der wirksamen Maschinendrehkraft und in der von ihr geleisteten Arbeit. Vergleichen wir daher bei den verschiedenen Ausführungen die größten Arbeitsüberschüsse pro Periode, dann haben wir damit auch unmittelbar das Verhältnis der Ungleichförmigkeitsgrade. Das Diagramm Fig. 42 zeigt, daß wir z. B. bereits für 20° Versetzung der Kurbeln innerhalb einer Periode den 2,2-fachen Arbeitsüberschuß — ausgedrückt durch den Inhalt einer Diagrammfläche — oder 2,2-fache Ungleichförmigkeit erhalten bei sonst gleichen Verhältnissen. (Die Überschußflächen sind in der bekannten Weise mit Hilfe der resultierenden Drehkraftkurven für die 3 verschiedenen Kurbelwinkel bestimmt.)

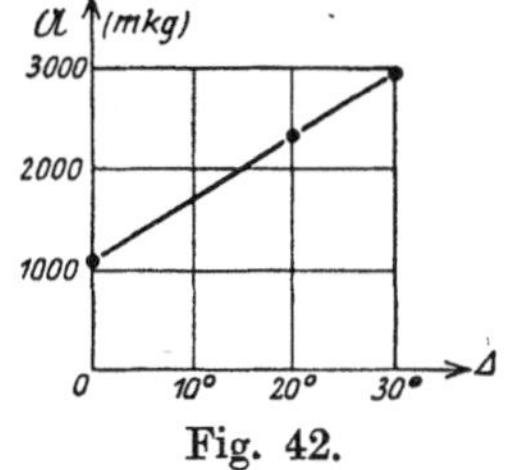

Fig. 42.

Im übrigen ist unter Bezugnahme auf unsere Ausführungen S. 77 wiederum daran zu erinnern, daß diesen Vergleichszahlen nur dann tatsächliche Bedeutung zukommt, wenn die Schwungmassen des ganzen Systems starr verbunden sind. Sobald aber, wie bei wirklichen Ausführungen oftmals, nennenswerte Drehschwingungen auftreten, dann vollführen alle Schwungmassen ihre eigenen Bewegungen, d. h. jede besitzt ihren eigenen Ungleichförmigkeitsgrad, der natürlich ganz von der Stärke dieser Drehschwingungen abhängt.

Wegen Raummangel müssen wir es uns versagen, hier noch tiefer auf diese wichtigen Zusammenhänge einzugehen. Desgleichen ist auch immer bei ungleichen Zündabständen die Anfahrmöglichkeit sorgfältig zu untersuchen. Immerhin können wir das Folgende als das

Ergebnis der rechnerischen Untersuchung

festhalten: Beim vorliegenden Beispiel wird bereits durch eine gruppenweise Kurbelversetzung ein roher Ausgleich, d. h. eine Verminderung der stärksten Verdrehungen oder Beanspruchungen auf etwa die Hälfte erzielt. Eine Versetzung der Kurbeln 5 und 6 allein würde einen noch vollkommeneren Ausgleich ergeben. Das notwendige Opfer an Massenausgleich und Gleichförmigkeit erscheint erträglich.

Schlußbemerkung.

Wie schon der Titel der vorliegenden Arbeit besagt, gelten unsere Entwicklungen in erster Linie für den Motorenbau. Sie sind auf den Flugmotor ebenso anwendbar, wie auf die schwere Schiffsmaschine; bei diesen letzteren kostspieligen Aggregaten muß die Angelegenheit der Resonanzschwingungen mit besonderer Sorgfalt behandelt werden.

Das im V. Abschnitt des zweiten Teiles untersuchte Beispiel stellt einen Schwingungsausgleich gewissermaßen in seiner gedrängtesten Form, d. h. bereits innerhalb der Antriebsmaschine dar. Darüber hinaus ergeben sich bei Kupplung von ganzen Maschinensätzen, wie das bei Flugmotoren üblich ist, viele Möglichkeiten für die Anwendung der hier dargelegten Beziehungen. Das Gleiche gilt dann, wenn sowohl die Antriebsmaschine, als auch die Arbeitsmaschine veränderliche Drehkraft aufweisen. Hierher gehören Kompressoraggregate mit Ölmaschinenantrieb und nach neueren Beobachtungen der Propellerantrieb, sowie die Getriebe elektrischer Lokomotiven.

Anhang.

Grundsätzliches über die Darstellung schwingender Größen durch Kreisfunktionen.

1. Die mit konstanter Winkelgeschwindigkeit ω kreisende Länge a bildet sowohl in ihren $x=$ Komponenten als auch in den y-Komponenten eine rein sinusförmige „harmonische" Schwingungsbewegung in allen Stücken zahlenmäßig gleichwertig ab. Z. B.

a) nach Verlauf der Zeit t ist nach Fig. 43a der vertikale Ausschlag y . . . .

$$y = \qquad a \cdot \sin \omega t; \qquad (24)$$

b) die augenblickliche vertikale Schwingungsgeschwindigkeit v_y ist (Fig. 44a) . . . .

$$v_y = \qquad (a\,\omega) \cdot \cos \omega t; \qquad (25)$$

oder analytisch . . . . $v_y = \dfrac{dy}{dt} = \dfrac{a \cdot d\,(\sin \omega t)}{dt} = \qquad (a\,\omega) \cdot \cos t;$

c) die Vertikal-Komponente der Beschleunigung ist nach Fig. 45a der Zählrichtung entgegengesetzt . . . . . .

$$p_y = -(a\,\omega^2) \cdot \sin \omega t; \qquad (26$$

oder analytisch . . . . $p_y = \dfrac{dv_y}{dt} = a\,\omega \cdot \dfrac{d\,(\cos \omega t)}{dt} = -(a \cdot \omega^2)\,\sin \omega t;$

2. Wie die Bewegungsbegriffe y, v_y, p_y, so werden auch die bei der Schwingungsbewegung auftretenden Kräfte durch Kreisfunktionen dargestellt, da die elastischen Gegenkräfte oder „Zentralkräfte" P immer den Ausschlägen y, die reibenden, dämpfenden Widerstände K meist den Geschwindigkeiten v_y, und die Trägheitskräfte T nach dem dynamischen Grundgesetze immer den Beschleunigungen p_y proportional sind. Zählen wir diese Kräfte in dem Sinne, in welchem sie auf den schwingenden Punkt einwirken, so sind sie sämtlich ihrem zugehörigen Bewegungsbegriff entgegengesetzt, d. h. hinken ihm um 180° in der Phase nach (vgl. die Fig. 43, 44, 45 b).

3. Die Fig. 43—45 und die Beziehungen unter 1. zeigen, daß für die besonderen Winkel

$$\omega t = \frac{\pi}{2}; \ = 3\,\frac{\pi}{2}; \dots \text{ oder für die}$$

ausgezeichneten Umkehrpunkte der Sinusbewegung $\pm U$ die Verschiebung y gleich dem vollen Kreisradius $\pm a$, und die Umkehrbeschleunigung p_y gerade gleich der vollen Zentripetalbeschleunigung der Kreisbewegung $= (\mp a\omega^2)$ wird. Die Umkehrgeschwindigkeiten daselbst werden gleich Null, da dort die Umfangsgeschwindigkeit $v = a\omega$ keine y-Komponente besitzt, oder da in den Grenzlagen der schwingende Punkt augenblicklich in Ruhe ist. Weiterhin steht auch insbesondere fest, daß dort jeweils die Trägheitskraft gerade gleich der vollen Zentrifugalkraft $= \pm (ma \cdot \omega^2)$ ist (Fig. 45 b).

Polardiagramme   Lineardiagramme

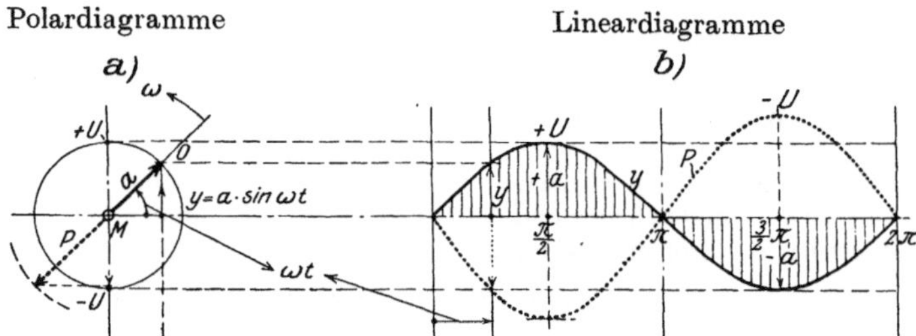

Fig. 43.   Ausschläge y und elastische Gegenkräfte P.

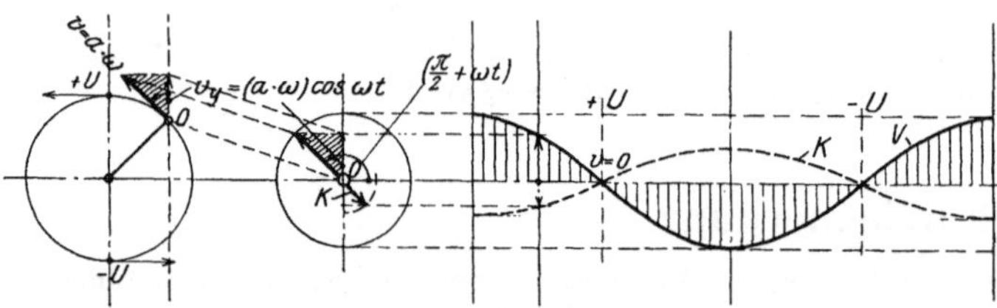

Fig. 44.   Geschwindigkeiten v und Dämpfungskräfte K.

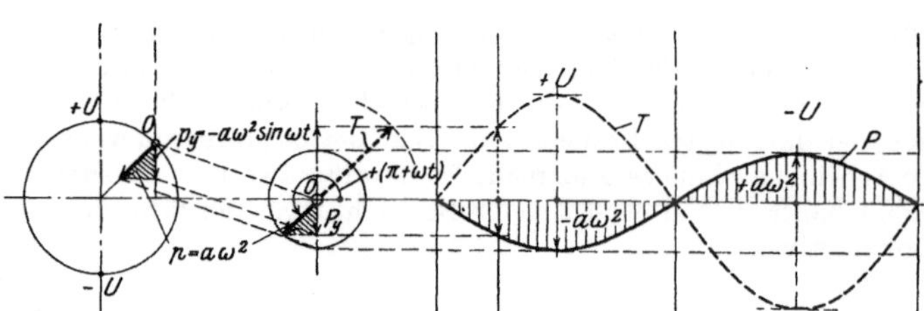

Fig. 45.   Beschleunigungen p und Trägheitskräfte T.

Dargestellt sind die am schwingenden materiellen Punkt 0 vorhandenen Bewegungsbegriffe y, v_y, p_y, und die an ihm angreifend gedachten Kräfte P, K, T.

4. Die Bewegungsbegriffe weichen in der Phase voneinander ab: Die Geschwindigkeiten v_y eilen den Verschiebungen y um eine Viertelperiode in der Phase voraus (Fig. 44a) und ebenso die Beschleuni-

gungen p_y den Geschwindigkeiten v_y (Fig. 45a). Für die schwingenden Kräfte gilt entsprechend das gleiche. Stellen wir weiter Kraft- und Bewegungsbegriffe einander gegenüber, dann erkennen wir, daß die Dämpfungskraft K den Ausschlägen um eine Viertelperiode nachhinkt, und daß die Trägheitskraft T mit den Ausschlägen in Phase geht.

5. Die sämtlichen bisher angewandten Verfahren zur Berechnung von Eigenschwingungszahlen, und auch die Ableitungen unseres ersten Teils untersuchen lediglich die einfache Schwingungsbewegung eines idealen reibungsfreien Systems: Es wird jeweils nur die von einer äußeren Kraft („Restkraft" R) im Rhythmus ihrer eigenen Periodenzahl erzwungene, sich gleichbleibende Schwingung berechnet, die im Sonderfall zur gesuchten freien Eigenschwingung ohne jegliche äußere Anregung ($R = 0$!) wird.

Alle anderen noch möglichen Bewegungen, die sich dieser einfachsten Schwingung überlagern und zu Schwebungen führen könnten (z. B. Eigenschwingungen, welche sich beim Übergang von einer Periodenzahl in eine andere ausbilden, werden bewußt vernachlässigt, da sie ja beim wirklichen, mit Reibung behafteten Vorgang doch rasch abklingen und nur die erzwungene Schwingung als Beharrungszustand übrig lassen werden.

Bei solcher einfachen Schwingung kommen nur Kräfte und Ausschläge in gleicher oder entgegengesetzter Phase vor, solange nur eine einzige oder mehrere, aber phasengleiche Kräfte die Bewegung erregen[1]). Wenn wir aber von allen Ausschlägen oder Kräften wissen, daß sie zur gleichen Zeit gleiche Phasenwerte, z. B. in der neutralen Lage ihre $\pm$ Nullwerte, oder in den Umkehrpunkten ihre $\pm$ Höchstwerte erreichen, so genügt es, nur für einen solchen Augenblick der Bewegungsumkehr die statischen Gleichgewichtsbedingungen anzuschreiben. Daher kommt es, daß bei allen diesen, gewöhnlich durchgeführten Schwingungsrechnungen nur positive und negative Höchstwerte der Trägheitskräfte auftreten, und keine einzige, die mit einer Sinusfunktion behaftet wäre.

Erst wenn wir uns ein Urteil bilden wollen über die Wirkung phasenverschobener erzwingender Kräfte, z. B. nachhinkender Dämpfungen, dann müssen wir auf die geometrische Behandlung mit Fahrstrahlen, oder analytisch auf die Anwendung von Winkelfunktionen bzw. auf eine Doppelrechnung in zwei zu einander senkrechten Phasen zurückgreifen. Im zweiten Teil dieser Arbeit wird hiervon weitgehend Gebrauch gemacht. (Vgl. auch Gümbel, Z. d. V. d. I. 1912.)

6. Es ist der Mechanik durchaus nichts Ungewohntes, schwingende Größen durch Kreisfunktionen darzustellen. Das einfachste Beispiel ist der Kurbeltrieb, wonach der Kolben eine Schwingung 1. und 2. Grades ausführt. Bei den Überlegungen des Massenausgleichs werden seit langem die vertikal und horizontal schwingenden Massenkräfte durch kreisende Zentrifugalkräfte dargestellt. (Vgl. Fig. 40.) Als drittes sehr bemerkenswertes Beispiel kann die Stodolasche Deutung der kritischen Drehzahl einer Lavalwelle als Biegungs-Eigenschwingungszahl dieser Welle herangezogen werden:

Föppls bekannte Formel für die kritische Drehzahl der Lavalschen Turbinenwelle $\omega_k = \sqrt{\dfrac{\alpha}{m}}$

($\alpha =$ Wellenkonstante oder $=$ elastische Gegenkraft der Welle pro Einheit der Durchbiegung; $m =$ Masse; Exzentrizität $e = 0$) läßt sich umschreiben in $(1 \cdot \omega_k{}^2) \cdot m = (\alpha \cdot 1)$ und stellt dabei die dynamische Grundgleichung (Beschleunigung $\times$ Maße $=$ Kraft) dar. Die linke Seite bedeutet die Zentrifugalkraft für einen Radius 1, gegen welche der Wellenwiderstand ($\alpha \cdot 1$) gerade aufzukommen vermag.

Denken wir uns dieselbe Welle im Zustand von Biegungsschwingungen, bei welchen der Angriffspunkt der Masse m jeweils um dieselbe Längeneinheit ausschlägt, dann entwickelt die Masse m im Augenblick der Bewegungsumkehr eine Trägheitskraft $m(\omega_e \cdot 1)$, welcher die elastische Gegenkraft ($\alpha \cdot 1$) entgegensteht. Die Bedingungsgleichung, welche im Zustand der Eigenschwingungszahl notwendig erfüllt sein muß, erhält also, genau wie bei der kritischen Drehzahl, die Form $(1 \cdot \omega_e{}^2) \cdot m = (\alpha \cdot 1)$.

Beiträge zur Reduktion von Schwungmassen und Längenabständen.

Die Reduktion von Schwungmassen und Längenabständen auf zwei bestimmte Bezugsgrößen (Reduktionsradius r und polares Trägheitsmoment J_p) wurde bei unseren bisherigen Betrachtungen meist stillschweigend als erledigt angesehen. Sie hat lediglich die Bedeutung einer Maßnahme zur Vereinfachung der Zahlenrechnung, indem man die naturnotwendig vorhandenen Verschiedenheiten im konstruktiven Aufbau eines Massensystems vorweg so umrechnet, daß sie jeweils durch Angabe nur einer Massenzahl und nur eines Längenabstandes gleichwertig gekennzeichnet sind. Im übrigen ist das Reduzieren ein Problem für sich, das mit Schwingungen zunächst nichts zu tun hat, was schon daraus hervorgeht, daß solche Reduktionen auch für andere technische Betrachtungen, z. B. für die Bestimmung des Ungleichförmigkeitsgrades nach dem Verfahren von Wittenbauer[2]), durchgeführt werden. Auch in unserem Falle, wo sich bei Systemen mit vielteiliger Zusammensetzung immer wieder dieselbe Rechen-

---

[1]) Vgl. Nachwort, S. 94.
[2]) Vgl. Tolle, Regelung der Kraftmaschinen 1921, S. 99.

Geometrische polare Trägheitsmomente von Kreisquerschnitten mit Durchmessern 0 ÷ 110 cm.

Anwendungen auf volle Kreiszylinder.

1. Physikalisches polares Trägheitsmoment

$$\Theta_p = \int_0^r dm \cdot r^2 \qquad = \mu \cdot J_p \cdot b \quad [\text{cmkgsec}^2];$$

2. Schwungmoment

$$GD^2 = \int_0^r (g \cdot dm) \cdot 4\,r^2$$
$$= 4\,g \cdot \Theta_p \qquad = 4\,\gamma \cdot J_p \cdot b \quad [\text{kgcm}^2];$$

Dabei bedeutet

r = Zylinderaußenradius
b = Zylinderbreite achsial [cm];
D = Trägheitsdurchmesser

μ = spezifische Masse des Zylindermaterials (für Stahl $\gamma/g = {}^{0,00785}/_{981} \left[\dfrac{\text{kg} \cdot \text{sec}^2}{\text{cm}^4}\right]$ = 8.10 − 6)

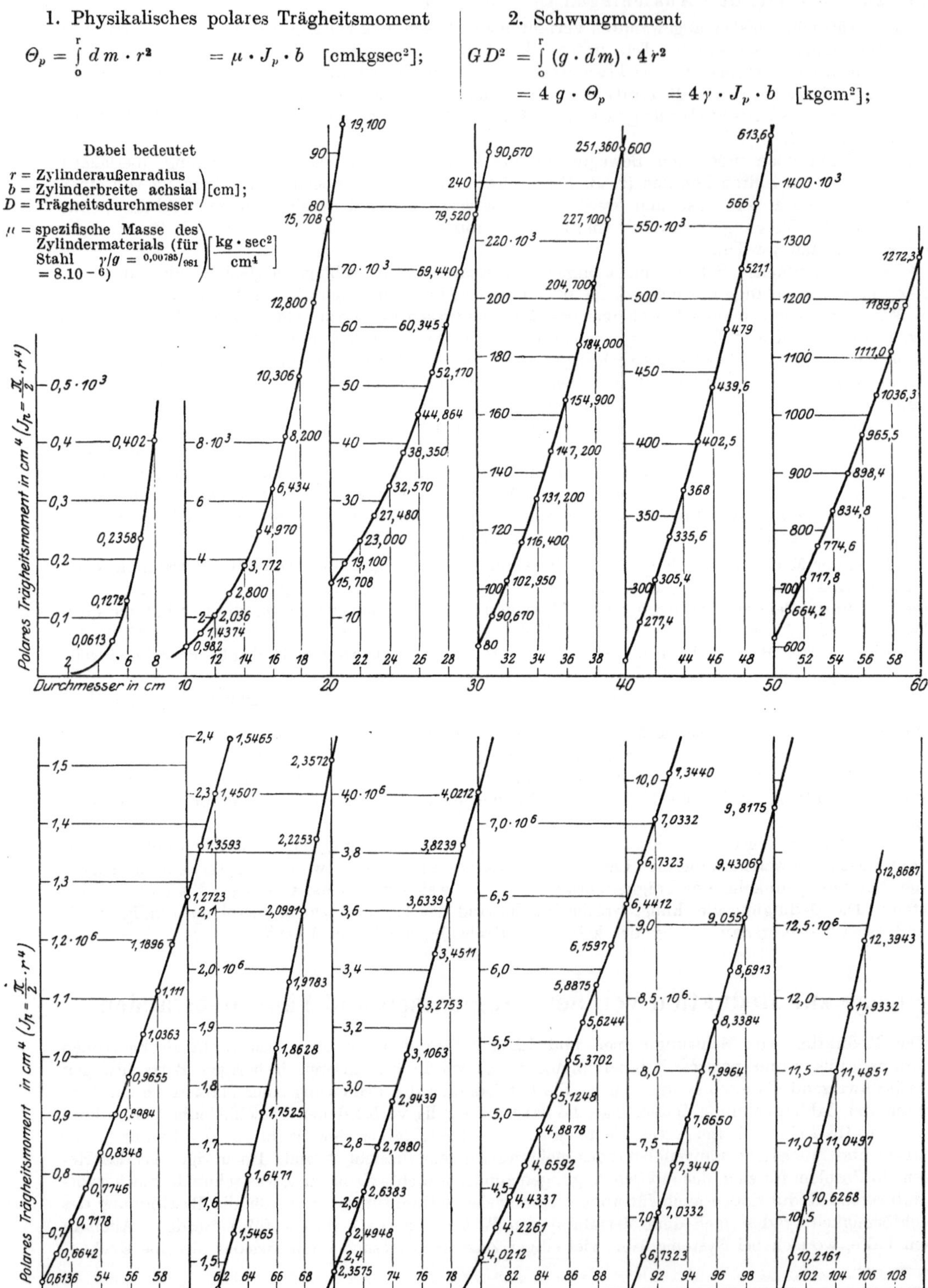

Fig. 46 I und II.

operation wiederholt, indem für alle Wellenstücke elastische Verdrehungen unter der Einwirkung von Momenten träger Schwungmassen bestimmt werden, ist es immer lohnend, zuerst ein einfaches, gleichwertiges „reduziertes" Rechengebilde zu schaffen. Wegen ihrer praktischen Bedeutung ist die Angelegenheit bereits oftmals und eingehend in der Literatur[1]) behandelt worden. Wir beschränken uns deshalb im folgenden darauf, einige kurze, ergänzende Beiträge mitzuteilen:

a) Reduktion von Schwungmassen.

Es ist zu unterscheiden, ob die bei der Schwingungsrechnung in Anwendung kommende Rechenmethode mit den Momenten von Drehkräften (wie bei Roth, Holzer, Föppl) oder mit den Drehkräften selber arbeitet (Gümbel, Dreves, unsere Ausführungen). Im ersteren Falle hat man für jede Schwungmasse das entsprechende physikalische polare Trägheitsmoment zu ermitteln, im zweiten Falle sind für einen gemeinsamen Reduktionsradius entsprechende Massenzahlen zu berechnen. Dabei bestehen zwischen Schwungmoment $(G D^2)$, Trägheitsmoment $\Sigma(mr^2)$ und reduzierter Masse m_r die bei Fig. 46 I (oben) beigefügten Beziehungen. Nach der Vorschrift dieser Formeln berechne man die Schwung- und Trägheitsmomente, sowie die reduzierte Masse von Schwungkörpern immer möglichst mit Hilfe der geometrischen polaren Trägheitsmomente (vgl. Fig. 46 I und II); man vermeide also die direkte Bildung der Produkte mr^2, die ja nicht genau richtige Werte ergibt, wenn man r nur bis zum Schwerpunkt der einzelnen Massenelemente rechnet.

Meist wird sich ein Schwungkörper ohne Schwierigkeit in eine Anzahl Ringe oder Scheiben gleicher Dicke unterteilen lassen. Besteht der Schwungkörper aber auch aus Scheiben mit konischem Profil mit einer axialen Breite b_a auf Außenradius r_a und b_i auf Innenradius r_i, dann darf nicht etwa mit einer konstanten Profilbreite b_s, gemessen im Schwerpunkt der Profilfläche, oder mit einem $b_m =$ dem arithmetischen Mittel aus b_a und b_i gerechnet werden. Setzen wir gerade, genau konische Profilbegrenzung voraus und ist $\beta = \dfrac{b_a}{b_i}$ das Breitenverhältnis und $\varrho = \dfrac{r_i}{r_a}$ das Radienverhältnis, dann ergibt sich das Schwungmoment der Scheibe mit konischem Profil als das einer Scheibe gleicher Dicke b zu

$$G D^2 = 4\gamma \cdot [(J_p)_a - (J_p)_i] \cdot b \,,$$

oder $\qquad \Theta_p = \Sigma(mr^2) = \mu[(J_p)_a - (J_p)_i] \cdot b; \quad \text{und} \quad m_r = \dfrac{\Theta_p}{r^2};$

wobei streng richtig
$$b = b_i \left[\frac{1 - \beta\varrho}{1 - \varrho} - \frac{1 - \beta}{1 - \varrho} \cdot \frac{4}{5} \cdot \frac{1 - \varrho^5}{1 - \varrho^4} \right]. \tag{27}$$

Ist r_i sehr klein gegenüber r_a, also auch ϱ sehr klein, dann ist

angenähert
$$b = b_i \cdot \left[\frac{0{,}2 + 0{,}8\,\beta - \varrho\,\beta}{1 - \varrho} \right]. \tag{27 a}$$

Im extremen Fall für $b_a = 0$ und $r_i = 0$ (also $\beta = 0$ und $\varrho = 0$) wäre b durchaus nicht $= {}^2/_3\,b_i$ oder $= {}^1/_2\,b_i$, sondern nur $= {}^1/_5\,b_i$ zu setzen.

1. Das einer Kurbelkröpfung äquivalente Trägheitsmoment bzw. ihre reduzierte Masse setzt sich aus 3 Teilbeträgen zusammen, aus den Werten für zwei halbe Wellenzapfen, für die Kurbelschenkel und für den Kurbelzapfen. Das polare Trägheitsmoment der beiden letzteren Teile ist zu bestimmen nach der bekannten Beziehung

$$\Theta_p = m \cdot a^2 + (\Theta_p)_o \,,$$

wobei $m =$ Masse der Schenkel bzw. der Kurbelzapfen, $a =$ Abstand ihrer Schwerpunkte von der Drehachse der Kurbelwelle und $(\Theta_p)_o$ das polare Eigenträgheitsmoment der Schenkel bzw. des Kurbelzapfens in bezug auf die zur Wellenmittellinie parallele Schwerachse. Für die Schenkel ist dieses $= m \cdot \dfrac{h^2 + l^2}{12}$, wenn l die ganze radiale Länge des Schenkels und h seine Höhe senkrecht zu l und zur Achse bedeutet.

2. Der Ersatz des Kurbeltriebes durch eine gleich stark in Umfangrichtung wuchtende Schwungmasse gelingt nur mittelwertartig: Der „rotierende" Gewichtsanteil der Schubstange ist zwar für jede Kurbelstellung mit seinem vollen Massenwert anzurechnen, dagegen aber machen sich die übrigen „oszillierenden" Getriebemassen je nach der Kurbelstellung verschieden stark am Kurbelzapfen in Umfangsrichtung als träge Schwungmassen bemerkbar. Ist v die konstante Umfangsgeschwindigkeit der Kurbelzapfenmittellinie, dann ist (genau für unendlich lange Stange $\lambda = \infty$) die Geschwindigkeit der hin und hergehenden Gewichte $= v \cdot \sin \alpha$ und ihre lebendige Kraft $= m \cdot \dfrac{v^2}{2} \cdot \sin^2\alpha$. Die Ersatzmasse muß nach

---

[1]) Die ersten Angaben finden sich bei Frahm, Z. d. V. 1902, S. 800. Sehr scharf ist die Aufgabe gekennzeichnet bei Gümbel, Z. d. V. 1912 S. 1025 unter Abschnitt I; unter Abschnitt V, S. 1030 ist daselbst ein sehr anschauliches Beispiel (2) behandelt. Am eingehendsten befaßte sich Dr. Geiger mit dem Problem; auf 20 Seiten seiner Dissertation werden viele Einzelheiten besprochen und vor allem die Reduktion der Kurbelkröpfungen gelöst. Neuestens erörtert auch Holzer in seiner „Berechnung der Drehschwingungen" 1921 verschiedene Fälle.

Voraussetzung so bemessen werden, daß sie bei dem Bewegungsvorgang in jedem Augenblick diese gleiche kinetische Energie entwickelt; sie ist somit als $m \cdot \sin^2 \alpha$ innerhalb einer jeden halben Drehung nach dem Schema unserer Fig. 30d veränderlich anzunehmen. Statt dessen begnügt man sich nach dem Vorschlage Frahms damit, den Mittelwert dieser Ersatzmasse, der offenbar durch die halbe höchste Amplitute dargestellt ist, also $50\% = {}^1/_2 \cdot m_{osz}$ anzurechnen. In Wirklichkeit besitzt das System immer jeweils eine höchste Eigenschwingungszahl, wenn die Kurbel gerade durch einen Totpunkt geht, die niedrigste, wenn die Kurbel dazu senkrecht steht. Es ist das mit eine der Ursachen, warum sich die Kritischen auf einen größeren Drehzahlbereich erstrecken. Für endliches λ müßte man streng genommen einen etwas anderen Mittelwert als 50% wählen, indes ist die Abweichung nur gering, wie man aus der Fig. 94 bei Tolle, „Regelung der Kraftmaschinen", 1919, ersehen kann.

3. Werden die Geschwindigkeiten einzelner Schwungmassen durch Zwischenschaltung von Hebeln oder Zahnrädern i-fach übersetzt, dann entwickeln sie i^2-fache lebendige Kräfte oder Trägheitswirkungen Es entsprechen ihnen also auch i^2-fache reduzierte Massen, welche direkt auf der Systemwelle sitzen.

b) Reduktion von Längenabständen.

Das Kriterium, nach welchem die Umrechnung der Längen geschieht, ist bereits S. 5 angegeben. Auch hierfür sind die Fig. 46 I und II vorteilhaft zu verwenden.

1. Kurbelkröpfungen: Von 4 verschiedenen Kurbeln (Zapfendurchmesser $d = 6$; $= 19$; $= 31,5$; $= 33,5$ cm) war die tatsächlich entsprechende reduzierte Länge durch Verdrehungsversuch festgestellt. Eine rechnerische Kontrolle dieser Werte hat ergeben, daß man rechnungsmäßig die genau gleichen Werte erhält, wenn man sie mit den Geigerschen Formeln nach dem von Sass[1]) aufgestellten Rechenschema bestimmt, jedoch die Verdrehung der Kurbelschenkel nicht mit einer Torsionslänge „$(R - 0,5 \cdot d)$", sondern mit „$(R - 0,795 \cdot d)$" $= \infty$ „$(R - 0,8 \, d)$" berechnet. Immerhin macht die Berechnung der reduzierten Länge nach diesen Formeln noch ziemlich viel Arbeit, die nur ungern geleistet wird, nachdem sich der Reduktionswert meist nur um wenige v. H. von der Naturlänge unterscheidet, wenn man auf das J_p des Wellen- oder Kurbelzapfens reduziert. Man rechnet daher in vielen Fällen, besonders für erste Überschlags- oder Projektrechnungen kurzerhand direkt mit der Naturlänge. Darüber hinaus benützen einzelne Firmen ihre eigenen vereinfachten Erfahrungsformeln[2]).

Bei einer aus Einzelteilen mit Schrumpfverbindung zusammengesetzten „gebauten" Welle der „Deutschen Werke, Werft Kiel" (Zapfendurchmesser $=$ 370 mm) zeigte sich, daß solche Wellen hinsichtlich ihrer Verdrehungen nach den gleichen Formeln, d. h. geradeso berechnet werden dürfen, als ob sie aus einem Stück geschmiedet wären.

2. Kupplungsflanschen: Es ist nur schwer zu entscheiden und von vielen Nebenumständen abhängig, welches polare Trägheitsmoment man bei der Reduktion in Anrechnung bringen soll. Eine Messung an normalen festverschraubten Wellenteilen hat ergeben, daß man die wirklich gemessenen Verdrehungen auch rechnerisch erhält, wenn man sie mit einem Trägheitsmoment bestimmt, das gefunden wird als das arithmetische Mittel zwischen dem polaren Trägheitsmoment der Schraubenverbindung und zwischen demjenigen des Flansches, gerechnet bis zum Schraubenkreis.

3. Schrumpfverbindungen, gut ausgeführt, lassen kein Gleiten zu und sind als „Teile aus einem Stück" zu betrachten.

---

[1]) Z. d. V. 1921, S. 67.

[2]) Vgl. Geiger, Z. d. V. 1921, S. 1242. Die kurze Formel (28) von Holzer „Berechnung der Drehschwingungen", S. 13, ergab nur sehr unvollkommene Annäherungen.

Nachwort.

Betrachtungen über die Eigenschwingungen reibungsfreier Systeme.

Von Prof. Dr. G. Zerkowitz, München.

Die Untersuchungen des Herrn Dr. Wydler dürften nicht nur einen willkommenen Beitrag zur Frage der Beherrschung dynamischer Wirkungen bei Kolbenmaschinen liefern, sondern auch, vermöge der Einfachheit der gewählten analytischen Hilfsmittel, insbesondere dem in der Praxis tätigen Ingenieur, dem zur Verfolgung verwickelter mathematischer Betrachtungen zumeist nicht die nötige Zeit zur Verfügung steht, wertvolle Dienste leisten. Allgemeine dynamische Theorien über Drehschwingungen sind verschiedentlich veröffentlicht worden. Es ergeben sich jedoch bei mehr Massen schon für den reibungsfreien Eigenschwingungsvorgang Gleichungssysteme, deren Auflösung mühevolle Rechnungen erheischt. Daher verdienen Verfahren, die in verhältnismäßig einfacher Weise zum Ziele führen, besondere Beachtung.

Im ersten Teil seiner Arbeit behandelt Wydler die Eigenschwingungen verdrehungsfähig verketteter Massensysteme; dabei bedient er sich eines Kunstgriffs, indem er das aus n Massen bestehende System auf $n - 1$ Zweimassensysteme zurückführt. Die Zulässigkeit dieses Vorgehens begründet er an Hand einer Überlegung, bei der er für drei Massen die Trägheitskräfte im Augenblicke der Bewegungsumkehr einführt, ferner mit Hilfe von Zahlenbeispielen. Es drängt sich nun die Frage auf, welcher Zusammenhang zwischen seiner Betrachtungsweise und den Grundgleichungen der Dynamik besteht. Diesen Zusammenhang zu erschließen und damit einen strengen Beweis für seine Untersuchungen zu liefern, soll vor allem der Zweck der nachfolgenden Ausführungen sein; darüber hinaus sollen einige Haupteigenschaften der reibungsfreien Eigenschwingungen, insbesondere der Drehschwingungen, näher beleuchtet werden. Die gewählte Darstellungsform dürfte auch dem mit der höheren Analysis weniger vertrauten Leser das Verständnis der Vorgänge ermöglichen.

1. Ermittlung der Drehschnellen der einzelnen Eigenschwingungen aus den dynamischen Grundgleichungen.

Es sei zunächst daran erinnert, daß für eine federnd eingespannte Schwungmasse unter Benutzung der Bezeichnungen auf S. 4 die dynamische Grundgleichung lautet:

$$m\,\varphi'' = -\frac{H}{l}\varphi = -h\varphi, \tag{1}$$

wobei $h = \dfrac{H}{l}$ ist.

Dies ergibt bekanntlich die einfache harmonische Schwingung mit der Winkelgeschwindigkeit oder „Drehschnelle"

$$\omega = \sqrt{\frac{h}{m}} = \sqrt{\frac{H}{lm}}.$$

Zum besseren Verständnis der folgenden Untersuchungen sei noch bemerkt, daß sowohl die Beziehung

$$\varphi = A \sin \lambda t \tag{2}$$

als auch, was auf dasselbe hinausläuft,

$$\varphi = A\, e^{\mu t} \tag{2a}$$

Gleichung (1) befriedigt. Die Einführung von (2) bzw. (2a) in (1) ergibt, daß

$$\lambda = \omega$$

hingegen

$$\mu = j\omega$$

gesetzt werden muß, wobei mit $j = \sqrt{-1}$ die imaginäre Einheit wie vielfach bei elektrotechnischen Überlegungen bezeichnet sein möge. Es ist daher

$$\varphi = A \sin \omega t \tag{3}$$

oder auch

$$\varphi = A\, e^{j\omega t} \tag{3a}$$

ein partikuläres Integral oder Sonderintegral der Gleichung (1). Die vollständige Lösung lautet

$$\varphi = A \sin (\omega t + \alpha) \tag{4}$$

oder auch

$$\varphi = A\, e^{j\,(\omega t + \alpha)} \tag{4a}$$

da im allgemeinen zwei Integrationskonstante, nämlich A und α, anzusetzen sind.

Für das aus n Massen bestehende System bedeuten: $m_1, m_2 \ldots m_n$ die auf einen bestimmten Halbmesser bezogenen Massen, H den Horizontalzug, $l_1, l_2 \ldots l_{n-1}$ die auf ein bestimmtes Flächenträgheitsmoment der Welle bezogenen Wellenlängen zwischen den Massen 1 und 2, 2 und 3, $\ldots n-1$ und n . Setzt man ferner

$$\frac{H}{l_1} = h_1 \qquad \frac{H}{l_2} = h_2 \qquad \frac{H}{l_i} = h_i \qquad \frac{H}{l_{n-1}} = h_{n-1} \tag{5}$$

und bedeuten $\varphi_1, \varphi_2 \ldots \varphi_n$ die Ausschläge der einzelnen Massen im Bogenmaße, so kann man die dynamischen Grundgleichungen, wenn der Kürze wegen $\frac{d^2 \varphi_i}{d t^2} = \varphi_i''$ gesetzt wird, ohne weiteres anschreiben. Zu diesem Zwecke denken wir uns die einzelnen Massen zu einem beliebigen Zeitpunkte gegenüber dem spannungslosen Zustand um $\varphi_1, \varphi_2 \ldots \varphi_n$ verdreht und das System sodann sich selbst überlassen. Jede Masse unterliegt dem verdrehenden Einfluß der beiden benachbarten und man kann die Grundgleichungen anschreiben:

$$\left.\begin{aligned}
m_1\, \varphi_1'' &= h_1\, (\varphi_2 - \varphi_1) \\
m_2\, \varphi_2'' &= h_1\, (\varphi_1 - \varphi_2) + h_2\, (\varphi_3 - \varphi_2) \\
m_3\, \varphi_3'' &= h_2\, (\varphi_2 - \varphi_3) + h_3\, (\varphi_4 - \varphi_3) \\
&\;\;\vdots \\
&\;\;\vdots \\
&\;\;\vdots \\
m_n\, \varphi_n'' &= h_{n-1}\, (\varphi_{n-1} - \varphi_n)
\end{aligned}\right\} \tag{6}$$

Addiert man sämtliche Gleichungen (6), so erhält man

$$m_1\, \varphi_1'' + m_2\, \varphi_2'' + \cdots + m_n\, \varphi_n'' = 0 , \tag{6a}$$

da der Drall des sich selbst überlassenen Systems gleich Null sein muß. (6) bedeutet ein System n simultaner Differentialgleichungen zweiter Ordnung. Durch mathematische Umformungen kann man dieses Gleichungssystem auf eine Differentialgleichung der Ordnung $2\,n$ zurückführen, so daß bei der Integration $2\,n$ voneinander unabhängige Konstante hervorgehen. Diesen Weg hat für drei und mehr Massen Prof. A. Föppl beschritten. Wir versuchen nun, die Lösung von (6) unmittelbar aufzufinden, indem wir Sonderintegrale für die einzelnen Veränderlichen φ_1, $\varphi_2 \ldots \varphi_n$ anschreiben. Zunächst ersieht man ohne weiteres, daß

$$\left.\begin{aligned}
\varphi_1 &= P + Qt \\
\varphi_2 &= P + Qt \\
&\;\;\cdot \qquad\quad \cdot \\
&\;\;\cdot \qquad\quad \cdot \\
\varphi_n &= P + Qt
\end{aligned}\right\} \qquad (7)$$

die Gleichungen (6) befriedigt[1]). Da darin P und Q Konstante sind, so sind noch $2\,(n-1)$ voneinander unabhängige Konstante verfügbar. Die Beziehung (7) hat offenbar mit Schwingungen nichts zu tun; sie bedeutet vielmehr die Drehung, die die Welle als Ganzes ausführt, wobei P die Anfangslage und Qt den in der Zeit t zurückgelegten Bogen kennzeichnet. Weitere Sonderintegrale lassen sich dadurch gewinnen, daß man, ebenso wie bei der Schwingung einer Masse, goniometrische oder auch Exponentialfunktionen einführt, deren Exponent imaginär ist[2]). Wir setzen daher analog zu den Gleichungen (3) bzw. (3 a)

$$\varphi_1 = A \sin \omega t \qquad \varphi_2 = B \sin \omega t \qquad \varphi_n = N \sin \omega t \qquad\qquad (8)$$

oder auch

$$\varphi_1 = A\,e^{j\omega t} \qquad \varphi_2 = B\,e^{j\omega t} \qquad \varphi_n = N\,e^{j\omega t} \qquad\qquad (8a)$$

Durch zweimalige Differentiation ergibt sich daraus:

$$\varphi_1'' = -\,\omega^2 \varphi_1 \qquad \varphi_2'' = -\,\omega^2 \varphi_2 \qquad \varphi_n'' = -\,\omega^2 \varphi_n \qquad\qquad (9)$$

Führt man diese Beziehungen in (6) ein, so erhält man

$$\left.\begin{aligned}
-\,m_1 \omega^2 \varphi_1 &= -\,h_1 \varphi_1 + h_1 \varphi_2 \\
-\,m_2 \omega^2 \varphi_2 &= h_1 \varphi_1 - (h_1 + h_2)\,\varphi_2 + h_2 \varphi_3 \\
&\quad\cdot \qquad \cdot \qquad \cdot \qquad \cdot \qquad \cdot \\
&\quad\cdot \qquad \cdot \qquad \cdot \qquad \cdot \qquad \cdot \\
-\,m_n \omega^2 \varphi_n &= \qquad\qquad\qquad\quad h_{n-1} \varphi_{n-1} - h_{n-1} \varphi_n
\end{aligned}\right\} \qquad (10)$$

oder auch

$$\left.\begin{aligned}
0 &= (m_1 \omega^2 - h_1)\,\varphi_1 + h_1 \varphi_2 \\
0 &= h_1 \varphi_1 + (m_2 \omega^2 - h_1 - h_2)\,\varphi_2 + h_2 \varphi_3 \\
&\quad\cdot \qquad\quad \cdot \qquad\quad \cdot \qquad\quad \cdot \\
&\quad\cdot \qquad\quad \cdot \qquad\quad \cdot \qquad\quad \cdot \\
0 &= \qquad\qquad\qquad\quad h_{n-1} \varphi_{n-1} + (m_n \omega^2 - h_{n-1})\,\varphi_n
\end{aligned}\right\} \qquad (10a)$$

Mit Rücksicht auf (8) bzw. (8 a) können in den Gleichungen (10) und (10 a) die beliebigen Ausschläge φ_1, $\varphi_2 \ldots \varphi_n$ durch deren Größtwerte A, B, $\ldots N$ ersetzt werden. In diesem Falle bedeuten die Ausdrücke $m_1 \omega^2 A = T_1$, $m_2 \omega^2 B = T_2 \ldots$ die Trägheitskräfte im Augenblicke der Bewegungsumkehr. Dadurch sind die Differentialgleichungen auf ein System algebraischer Gleichungen zurückgeführt.

---

[1]) Daß dieselben Werte von P und Q allen φ-Werten gemeinsam sein müssen, ersieht man ohne weiteres durch Einführung dieser Werte in (6).

[2]) Vgl. auch Forsyth-Jacobsthal, Lehrbuch der Differentialgleichungen, Braunschweig 1912, Seite 315 f.

Will man aus (10a) die einzelnen Ausschläge φ_1, $\varphi_2 \ldots \varphi_n$ berechnen, so ersieht man, daß sich von Null verschiedene Werte nur dann ergeben können, wenn die Determinante

$$\Delta_n = \begin{vmatrix} (m_1\omega^2 - h_1) & h_1 & 0 & 0 \cdots 0 & 0 \\ h_1 & (m_2\omega^2 - h_1 - h_2) & h_2 & 0 \cdots 0 & 0 \\ \cdot & \cdot & \cdot & \cdot & \cdot \\ \cdot & \cdot & \cdot & \cdot & \cdot \\ \cdot & \cdot & \cdot & \cdot & \cdot \\ 0 & 0 & 0 & \cdots h_{n-1} & (m_n\omega^2 - h_{n1}) \end{vmatrix} \qquad (11)$$

gleich Null wird. Durch Auswertung erhält man eine algebraische Gleichung höherer Ordnung, die sog. „Kenngleichung", aus der sich die einzelnen Werte für ω^2 und damit die Drehschnellen der einzelnen Eigenschwingungen errechnen. Beispielsweise erhält man für drei Massen:

$$\Delta_3 = \begin{vmatrix} (m_1\omega^2 - h_1) & h_1 & 0 \\ h_1 & m_2\omega^2 - h_1 - h_2 & h_2 \\ 0 & h_2 & (m_3\omega^2 - h_2) \end{vmatrix} = 0 . \qquad (12)$$

Die Ausrechnung ergibt:

$$(m_1\omega^2 - h_1)\,[(m_2\omega^2 - h_1 - h_2)\,(m_3\omega^2 - h_2) - h_2^2] - h_1^2\,(m_3\omega^2 - h_2) = 0$$

oder nach einigen Umformungen:

$$K_1\omega^6 - K_2\omega^4 + K_3\omega^2 = 0 \qquad (12\,\mathrm{a})$$

wobei

$$K_1 = \frac{m_1 m_2 m_3}{h_1 h_2}$$

$$K_2 = \frac{m_1\,(m_2 + m_3)}{h_1} + \frac{m_3\,(m_1 + m_2)}{h_2}$$

$$K_3 = m_1 + m_2 + m_3$$

in Übereinstimmung mit der von A. Föppl gegebenen Lösung ist. Gleichung (12a) kann man durch ω^2 dividieren, so daß sich zwei Werte für ω^2 bzw. ω errechnen.

Im allgemeinen erhält man bei n Massen $n-1$ von Null verschiedene Werte von ω, die als ω_1, $\omega_2 \ldots \omega_{n-1}$ bezeichnet sein mögen, die Lösung $\omega = 0$ kann als „trivial" außer Betracht bleiben. Das vollständige Integral der Differentialgleichungen (6) lautet nun unter Heranziehung von (8a):

$$\left.\begin{aligned} \varphi_1 &= A_1\,e^{j\omega_1 t} + A_2\,e^{j\omega_2 t} + \cdots A_{n-1}\,e^{j\omega_{n-1} t} + P + Qt \\ \varphi_2 &= B_1\,e^{j\omega_1 t} + B_2\,e^{j\omega_2 t} + \cdots B_{n-1}\,e^{j\omega_{n-1} t} + P + Qt \\ &\quad\cdot \qquad\quad \cdot \qquad\qquad \cdot \qquad\qquad\qquad \cdot \\ &\quad\cdot \qquad\quad \cdot \qquad\qquad \cdot \qquad\qquad\qquad \cdot \\ &\quad\cdot \qquad\quad \cdot \qquad\qquad \cdot \qquad\qquad\qquad \cdot \\ \varphi_n &= N_1\,e^{j\omega_1 t} + N_2\,e^{j\omega_2 t} + \cdots N_{n-1}\,e^{j\omega_{n-1} t} + P + Qt \end{aligned}\right\} \qquad (13)$$

Dabei trägt, wie schon bemerkt, der Ausdruck $P + Qt$ der Bewegung Rechnung, die die Welle als Ganzes ausführt. Da hier nur die Schwingungsvorgänge näher untersucht werden sollen, wofür die relativen Verdrehungen der einzelnen Massen maßgebend sind, so kann jener Ausdruck vernachlässigt werden. Dagegen muß ganz allgemein bemerkt werden, daß die Werte A_1, $A_2 \ldots B_1$, $B_2 \ldots$ komplexe Größen sein können, wodurch die Phasenverschiedenheit der einzelnen Eigenschwingungen zum Ausdruck gebracht werden kann. Setzt man etwa

$$A_1 = \mathfrak{A}_1\, e^{\alpha_1 j}, \qquad A_2 = \mathfrak{A}_2\, e^{\alpha_2 j} \cdots, \qquad B_1 = \mathfrak{B}_1\, e^{\beta_1 j}$$

worin $\mathfrak{A}_1$, $\mathfrak{A}_2 \ldots$, $\mathfrak{B}_1 \ldots$ reelle Zahlen sind, so schreiben sich die obigen Gleichungen:

$$\left.\begin{aligned}
\varphi_1 &= \mathfrak{A}_1\, e^{j(\alpha_1 + \omega_1 t)} + \mathfrak{A}_2\, e^{j(\alpha_2 + \omega_2 t)} + \cdots \mathfrak{A}_{n-1}\, e^{j(\alpha_{n-1} + \omega_{n-1} t)} \\
\varphi_2 &= \mathfrak{B}_1\, e^{j(\alpha_1 + \omega_1 t)} + \mathfrak{B}_2\, e^{j(\beta_2 + \omega_2 t)} + \cdots \mathfrak{B}_{n-1}\, e^{j(\beta_{n-1} + \omega_{n-1} t)} \\
\cdot \quad\; \cdot \quad\quad \cdot \quad\quad\quad\quad \cdot \\
\cdot \quad\; \cdot \quad\quad \cdot \quad\quad\quad\quad \cdot \\
\cdot \quad\; \cdot \quad\quad \cdot \quad\quad\quad\quad \cdot
\end{aligned}\right\} \tag{13a}$$

Statt mit Hilfe von Exponentialfunktionen läßt sich die allgemeine Lösung unter Heranziehung von (8) auch durch goniometrische Funktionen darstellen, wobei jedoch wiederum die Phasenwinkel eingeführt werden müssen:

$$\left.\begin{aligned}
\varphi_1 &= A_1 \sin(\alpha_1 + \omega_1 t) + A_2 \sin(\alpha_2 + \omega_2 t) + \cdots A_{n-1}\sin(\alpha_{n-1} + \omega_{n-1} t) \\
\varphi_2 &= B_1 \sin(\beta_1 + \omega_1 t) + B_2 \sin(\beta_2 + \omega_2 t) + \cdots B_{n-1}\sin(\beta_{n-1} + \omega_{n-1} t) \\
\cdot \quad\; \cdot \quad\quad \cdot \quad\quad\quad\quad \cdot \\
\cdot \quad\; \cdot \quad\quad \cdot \quad\quad\quad\quad \cdot \\
\cdot \quad\; \cdot \quad\quad \cdot \quad\quad\quad\quad \cdot
\end{aligned}\right\} \tag{13b}$$

Die Gleichungen (13a) bzw. (13b) besagen, daß sich $n-1$ einzelne Eigenschwingungen einander überlagern können. Zwischen den einzelnen Werten der Amplituden und der Phasenwinkel müssen noch Beziehungen bestehen, da im ganzen nur noch $2n-2$ voneinander unabhängige Konstante verfügbar sind. Darauf soll weiter unten näher eingegangen werden. Zunächst betrachten wir

2. Die einzelne Eigenschwingung.

Schwingt das ganze System mit einer Drehschnelle, z. B. ω_i, so ergibt sich hierfür aus (13b)

$$\varphi_1 = A_i \sin(\alpha_i + \omega_i t)$$
$$\varphi_2 = B_i \sin(\beta_i + \omega_i t)$$
$$\cdot \quad\; \cdot \quad\quad \cdot$$
$$\cdot \quad\; \cdot \quad\quad \cdot$$
$$\cdot \quad\; \cdot \quad\quad \cdot$$
$$\varphi_n = N_i \sin(\nu_i + \omega_i t)$$

Durch Einführung dieser Werte in die Gleichungen (6) erhält man wiederum das Gleichungssystem (10), wobei $\omega = \omega_i$ wird. Aus der ersten Gleichung (10) geht hervor:

$$\varphi_2 = \varphi_1 - \frac{\omega_i^2}{h_1} m_1 \varphi_1 \,.$$

Ebenso erhält man, indem man die ersten beiden Gleichungen (10) addiert

$$\varphi_3 = \varphi_2 - \frac{\omega_i^2}{h_2}(m_1 \varphi_1 + m_2 \varphi_2)$$

und weiter durch Addition sämtlicher Gleichungen mit Ausnahme der letzten

$$\varphi_n = \varphi_{n-1} - \frac{\omega_i^2}{h_{n-1}}(m_1 \varphi_1 + m_2 \varphi_2 + \cdots m_{n-1} \varphi_{n-1}) \,.$$

Aus diesen Beziehungen ergibt sich ohne weiteres, daß die Ausdrücke

$$\frac{\varphi_2}{\varphi_1}, \qquad \frac{\varphi_3}{\varphi_2}, \ldots \frac{\varphi_n}{\varphi_{n-1}}$$

von der Zeit unabhängig sind. Setzt man z. B.

$$\frac{\varphi_2}{\varphi_1} = \left(1 - \frac{\omega_i^2}{h_1}\, m_1\right) = K_1 \tag{14}$$

so ist auch

$$\frac{B_i \sin(\omega_i t + \beta_i)}{A_i \sin(\omega_i t + \alpha_i)} = K_1 \,.$$

Diese Beziehung muß für jeden Wert von t erfüllt sein, also auch für $t = 0$, sowie für $\omega_i t = \dfrac{\pi}{2}$.

Somit gilt

$$B_i \sin \beta_i = K_1 A_i \sin \alpha_i\,,$$
$$B_i \cos \beta_i = K_1 A_i \cos \alpha_i$$

oder es muß

$$tg\, \beta_i = tg\, \alpha_i$$

sein, d. h. es ist entweder

$$\beta_i = \alpha_i$$

oder es ist

$$\beta_i = \alpha_i \pm \pi,$$

d. h. die beiden Massen m_1 und m_2 schwingen entweder phasengleich oder ihr Phasenverschiebungswinkel beträgt 180°, d. h. die beiden Massen schwingen gerade entgegengesetzt. Genau dasselbe läßt sich auf Grund der obigen Beziehungen zwischen φ_3 und φ_2, φ_4 und $\varphi_3 \ldots \varphi_n$ und φ_{n-1} für die übrigen Massen aussagen. Alle Massen gehen gleichzeitig durch die Nullage und erreichen gleichzeitig die Extremlagen. Dann aber kann man an Stelle der Ausschläge $\varphi_1, \varphi_2 \ldots \varphi_n$ auch ohne weiteres die Amplituden $A_i, B_i \ldots N_i$ setzen, d. h. zwischen den Amplituden bestehen gleichfalls die Beziehungen

$$\left.\begin{aligned}
B_i &= A_i - \frac{\omega_i^2}{h_1}\, m_1 A_i \\[2mm]
C_i &= B_i - \frac{\omega_i^2}{h_2}\,(m_1 A_i + m_2 B_i) \\[1mm]
&\quad \cdot \qquad\qquad \cdot \\
&\quad \cdot \qquad\qquad \cdot \\
&\quad \cdot \qquad\qquad \cdot \\[1mm]
N_i &= M_i - \frac{\omega_i^2}{h_{n-1}}\,(m_1 A_i + m_2 B_i + \cdots m_{n-1} M_i)
\end{aligned}\right\} \tag{15}$$

Ebenso kann man die obige Beziehung $\beta_i = \alpha_i$ dahin ergänzen, daß man

$$\alpha_i = \beta_i = \gamma_i \cdots = \nu_i \tag{16}$$

setzt, da einem etwaigen Phasenunterschied um 180° dadurch Rechnung getragen werden kann, daß man das Vorzeichen der einzelnen Ausschläge, bzw. das der Amplituden, entsprechend wählt. Aus dieser Erkenntnis ergibt sich nun die Folgerung, daß es ganz gleichgültig ist, für welchen Zeitpunkt man die Vorgänge betrachtet. Wählt man denjenigen Zeitpunkt, in dem die größten Ausschläge gerade erreicht werden, also den Augenblick der Bewegungsumkehr, so

kann man im Sinne der Wydlerschen Untersuchung die hierbei auftretenden Trägheitskräfte einführen. Bedeuten

$$T_1 = m_1 \omega_i^2 A_i, \quad T_2 = m_2 \omega_i^2 B_i, \cdots T_n = m_n \omega_i^2 N_i$$

diese Trägheitskräfte, so erhält man aus (10)

$$T_1 + T_2 + \cdots + T_n = 0 \cdots \tag{17}$$

Damit ist die dynamische Gültigkeit der von Wydler beim Dreimassensystem be-
nutzten Beziehung, zugleich aber auch die Richtigkeit des Gümbelschen graphischen
Verfahrens erwiesen.

3. Das Zerlegungsverfahren.

Im Gleichungssystem (6) besteht jede Gleichung, mit Ausnahme der ersten und
der letzten, aus zwei Summanden. Wir denken uns nun die Massen $m_2 \ldots m_{n-1}$
in zwei Teile derart zerlegt, daß jedes Kräfteglied auf der linken Seite der Gleichungen
(6) in zwei Glieder zerfällt. So z. B. setzen wir $m_2 = x_2 + y_2$ und schreiben an Stelle
an Hand der zweiten Gleichung (6)

$$x_2 \varphi_2'' = h_1 (\varphi_1 - \varphi_2) \qquad y_2 \varphi_2'' = h_2 (\varphi_3 - \varphi_2).$$

Ebenso setzen wir $m_3 = x_3 + y_3 \ldots m_n = x_n + y_n$ und schreiben nun an Stelle
von (6)

$$\left.\begin{aligned}
m_1 \varphi_1'' &= h_1 (\varphi_2 - \varphi_1) \\
x_2 \varphi_2'' &= h_1 (\varphi_1 - \varphi_2) \qquad && y_2 \varphi_2'' = h_2 (\varphi_3 - \varphi_2) \\
x_3 \varphi_3'' &= h_2 (\varphi_2 - \varphi_3) \qquad && y_3 \varphi_3'' = h_3 (\varphi_4 - \varphi_3) \\
&\quad\cdot && \quad\cdot \\
&\quad\cdot && \quad\cdot \\
&\quad\cdot && \quad\cdot \\
m_n \varphi_n'' &= h_{n-1} (\varphi_{n-1} - \varphi_n)
\end{aligned}\right\} \tag{18}$$

Aus den beiden ersten Gleichungen dieses Systems ergibt sich

$$m_1 \varphi_1'' = - x_2 \varphi_2'' \quad \text{oder auch} \quad m_1 \varphi_1 = - x_2 \varphi_2$$

Ebenso erhält man

$$y_2 \varphi_2'' = - x_3 \varphi_3'' \quad \text{oder} \quad y_2 \varphi_2 = - x_3 \varphi_3$$
$$\cdot \qquad \cdot$$
$$\cdot \qquad \cdot$$
$$\cdot \qquad \cdot$$
$$y_{n-1} \varphi_{n-1}'' = - m_n \varphi_n'' \quad \text{oder} \quad y_{n-1} \varphi_{n-1} = - m_n \varphi_n.$$

Zu diesen Beziehungen gelangt man auch unmittelbar, indem man die Massenzerlegung
der Gleichungen (10) vornimmt.

Mit Rücksicht auf (14) gilt:

$$\frac{m_1}{x_2} = - K_1 = - \frac{\varphi_2}{\varphi_1} \tag{19}$$

d. h. der Anteil x_2 ist zeitlich unabhängig und ist für die betrachtete Eigenschwingung
mit w_i eine Konstante. Dasselbe läßt sich in ähnlicher Weise hinsichtlich der Zerlegung der übrigen Massen zeigen. Es ist

$$\frac{\partial x_2}{\partial t} = \frac{\partial y_2}{\partial t} = \frac{\partial x_3}{\partial t} = \cdots = \frac{\partial y_{n-1}}{\partial t} = 0.$$

Führt man nun φ_2 aus (19) in die erste Gleichung (18) ein, so erhält man

$$m_1\varphi_1'' = h_1\left(1 + \frac{m_1}{x_2}\right)\varphi_1,$$

also eine einfache harmonische Schwingung, deren Drehschnelle

$$\omega_{l1} = \sqrt{h_1\left(\frac{1}{m_1} + \frac{1}{x_2}\right)}$$

ist. Ebenso erhält man für das zweite Wellenstück mit

$$\varphi_3 = -\,\varphi_2\frac{y_2}{x_3}$$

durch Einführung in die dritte Gleichung (18)

$$\omega_{l2} = \sqrt{h_2\left(\frac{1}{y_2} + \frac{1}{x_3}\right)}$$

und schließlich für das letzte Wellenstück

$$\omega_{l_{n-1}} = \sqrt{h_{n-1}\left(\frac{1}{x_{n-1}} + \frac{1}{m_n}\right)}.$$

Da sämtliche Massen miteinander gekoppelt sind, so erhält man eine mögliche Schwingungsform nur dann, wenn

$$\omega_{l1} = \omega_{l2} = \omega_{l3} = \cdots = \omega_{l_{n-1}}$$

ist, mithin

$$h_1\left(\frac{1}{m_1} + \frac{1}{x_2}\right) = h_2\left(\frac{1}{y_2} + \frac{1}{x_3}\right) = \cdots = h_{n-1}\left(\frac{1}{y_{n-1}} + \frac{1}{m_n}\right) \tag{20}$$

oder auch wegen (5) und durch Einführung der Werte für $y_2, y_3 \ldots y_{n-1}$

$$\frac{1}{l_1}\left(\frac{1}{m_1} + \frac{1}{x_2}\right) = \frac{1}{l_2}\left(\frac{1}{m_2 - x_2} + \frac{1}{x_3}\right) = \cdots = \frac{1}{l_{n-1}}\left(\frac{1}{m_{n-1} - x_{n-1}} + \frac{1}{m_n}\right). \tag{20a}$$

Es ist dies die bereits von Wydler angegebene Beziehung. Sie ergibt von selbst die $n-1$ Werte für ω und $n-1$ verschiedene Werte für $x_2, x_3 \ldots x_{n-1}$. Jeder einzelnen Eigenschwingung entspricht also eine andere Massenzerlegung. Es muß besonders betont werden, daß das Zerlegungsverfahren keine Näherung, sondern ein dynamisch streng richtiges Verfahren zur Ermittlung der Drehschnellen der einzelnen Eigenschwingungen darstellt.

4. Das Zusammenwirken mehrerer Eigenschwingungen.

Unter Benutzung der für jede einzelne Eigenschwingung gültigen Beziehung (16) vereinfacht sich die allgemeine Lösung, die durch die Beziehungen (13b) gegeben ist, wie folgt:

$$\left.\begin{aligned}
\varphi_1 &= A_1\sin(\alpha_1 + \omega_1 t) + A_2\sin(\alpha_2 + \omega_2 t) + \cdots + A_{n-1}\sin(\alpha_{n-1} + \omega_{n-1} t)\\
\varphi_2 &= B_1\sin(\alpha_1 + \omega_1 t) + B_2\sin(\alpha_2 + \omega_2 t) + \cdots + B_{n-1}\sin(\alpha_{n-1} + \omega_{n-1} t)\\
&\ \ \vdots \qquad\qquad \vdots \qquad\qquad\qquad \vdots\\
\varphi_n &= N_1\sin(\alpha_1 + \omega_1 t) + N_2\sin(\alpha_2 + \omega_2 t) + \cdots + N_{n-1}\sin(\alpha_{n-1} + \omega_{n-1} t)
\end{aligned}\right\} \tag{21}$$

Dabei bestehen noch zwischen den Amplituden

$$A_1,\ B_1 \cdots N_1, \qquad \text{sowie} \qquad A_2,\ B_2 \cdots N_2, \cdots$$
$$A_{n-1},\ B_{n-1}. \ \cdots N_{n-1}$$

die Beziehungen (15), so daß im ganzen $2n - 2$ voneinander unabhängige Konstante verbleiben. Es mögen nun zwei Eigenschwingungen, z. B. ω_1 und ω_2, zusammenwirken. Der größeren Einfachheit wegen sei angenommen, daß $\alpha_1 = \alpha_2 = 0$ ist. Dann wird

$$\varphi_1 = A_1 \sin \omega_1 t + A_2 \sin \omega_2 t$$
$$\varphi_2 = B_1 \sin \omega_1 t + B_2 \sin \omega_2 t$$

$$\cdot \qquad \cdot \qquad \cdot$$
$$\cdot \qquad \cdot \qquad \cdot$$
$$\cdot \qquad \cdot \qquad \cdot$$

Wegen der ersten Gleichung (15) ist nun:

$$B_1 = A_1 - \frac{\omega_1^2}{h_1} m_1 A_1 = K_1 A_1$$

$$B_2 = A_2 - \frac{\omega_2^2}{h_1} m_1 A_2 = K_2 A_2$$

oder es ist

$$\varphi_1 = A_1 \sin \omega_1 t + A_2 \sin \omega_2 t$$
$$\varphi_2 = A_1 K_1 \sin \omega_1 t + A_2 K_2 \sin \omega_2 t.$$

Man ersieht daraus, daß im allgemeinen φ_2 und φ_1 nicht einander proportional sind. Selbst wenn die beiden Schwingungen gleichzeitig angeregt worden sind, werden im weiteren Verlaufe die Nullage und die Extremlagen von den einzelnen Massen nicht mehr gleichzeitig erreicht. Der Satz von der Phasengleichheit gilt also nur für den Fall, daß eine einzelne Eigenschwingung angeregt wird. Für das Zusammenwirken mehrerer Eigenschwingungen ist auch die Zerlegung der einzelnen Massen in zeitlich unabhängige Bestandteile nicht statthaft.

5. Die Drehschnellen bei Biegungsschwingungen.

Die vorstehenden Ausführungen über Drehschwingungen legen die Frage nahe, ob hinsichtlich der Biegungsschwingungen nicht ebenso einfache Aussagen gemacht werden können. Wird eine Welle durch n Kräfte $Q_1, Q_2 \ldots Q_n$ belastet, so entstehen Durchbiegungen $y_1, y_2 \ldots y_n$, wobei

$$\left. \begin{aligned}
y_1 &= \alpha_{11} Q_1 + \alpha_{12} Q_2 + \alpha_{13} Q_3 + \cdots \alpha_{1n} Q_n \\
y_2 &= \alpha_{21} Q_1 + \alpha_{22} Q_2 + \alpha_{23} Q_3 + \cdots \alpha_{2n} Q_n \\
& \quad \cdot \qquad \cdot \qquad \cdot \qquad \cdot \qquad \cdot \\
& \quad \cdot \qquad \cdot \qquad \cdot \qquad \cdot \qquad \cdot \\
& \quad \cdot \qquad \cdot \qquad \cdot \qquad \cdot \qquad \cdot \\
y_n &= \alpha_{n1} Q_1 + \alpha_{n2} Q_2 + \alpha_{n3} Q_3 + \cdots \alpha_{nn} Q_n
\end{aligned} \right\} \qquad (22)$$

Darin sind α_{11}, $\alpha_{12} \ldots$ die Einflußzahlen, und es ist jeweils $\alpha_{ik} = \alpha_{ki}$ (Maxwell).

Wenn nun auf der gewichtslos gedachten Welle n Massen $m_1, m_2 \ldots m_n$ angeordnet sind und die Welle aus ihrer Gleichgewichtslage gebracht wird, so entstehen Schwingungen. In diesem Falle sind die auftretenden Trägheitskräfte

$$Q_1 = - m_1 y_1'', \qquad Q_2 = - m_2 y_2'' \cdots \qquad Q_n = - m_n y_n''$$

zu berücksichtigen. Führt man diese Ausdrücke in (22) ein, so erhält man das Gleichungssystem

$$\left. \begin{aligned}
y_1 + \alpha_{11} m_1 y_1'' + \alpha_{12} m_2 y_2'' + \cdots + \alpha_{1n} m_n y_n'' &= 0 \\
y_1 + \alpha_{21} m_1 y_1'' + \alpha_{-2} m_2 y_2'' + \cdots + \alpha_{2n} m_n y_n'' &= 0 \\
\cdot \qquad\qquad\qquad\qquad\qquad\qquad &\quad \cdot \\
\cdot \qquad\qquad\qquad\qquad\qquad\qquad &\quad \cdot \\
\cdot \qquad\qquad\qquad\qquad\qquad\qquad &\quad \cdot \\
y_n + \alpha_{n1} m_1 y_1'' + \alpha_{n2} m_2 y_2'' + \cdots + \alpha_{nn} m_n y_n'' &= 0
\end{aligned} \right\} \qquad (23)$$

Setzt man wiederum

$$y_1 = A\,e^{j\omega t}, \qquad y_2 = B\,e^{j\omega t} \cdots y_n = N\,e^{j\omega t}$$

oder auch

$$y_1 = A \sin \omega t, \qquad y_2 = B \sin \omega t \cdots y_n = N \sin \omega t,$$

so erhält man

$$y_1'' = -\omega^2 y_1 \qquad y_2'' = -\omega^2 y_2 \qquad y_n'' = -\omega^2 y_n$$

und durch Einführung dieser Beziehungen in (22):

$$\left.\begin{aligned}
(\alpha_{11} m_1 \omega^2 - 1)\,y_1 + \alpha_{12} m_2 \omega^2 y_2 + \cdots + \alpha_{1n} m_n \omega^2 y_n &= 0 \\
\alpha_{21} m_1 \omega^2 y_1 + (\alpha_{22} m_2 \omega^2 - 1)\,y_2 + \cdots + \alpha_{2n} m_n \omega^2 y_n &= 0 \\
\vdots \qquad\qquad \vdots \qquad\qquad \vdots \\
\alpha_{n1} m_1 \omega^2 y_1 + \alpha_{n2} m_2 \omega^2 y_2 + \cdots + \alpha_{nn} m_n \omega^2 y_n &= 0
\end{aligned}\right\} \tag{24}$$

Endliche Werte für die einzelnen Ausschläge $y_1, y_2 \ldots$ erhält man wiederum nur dann, wenn die Determinante

$$\Delta = \begin{vmatrix}
\alpha_{11} m_1 \omega^2 - 1 & \alpha_{12} m_2 \omega^2 & \alpha_{13} m_3 \omega^2 \cdots \alpha_{1n} m_n \omega^2 \\
\alpha_{21} m_1 \omega^2 & \alpha_{22} m_2 \omega^2 - 1 & \alpha_{23} m_3 \omega^2 \cdots \alpha_{2n} m_n \omega^2 \\
\vdots & \vdots & \vdots \\
\alpha_{n1} m_1 \omega^2 & \alpha_{n2} m_2 \omega^2 & \alpha_{n3} m_3 \omega^2 \cdots \alpha_{nn} m_n \omega^2 - 1
\end{vmatrix}$$

gleich Null wird. Die Auswertung erfordert eine noch mühevollere Rechenarbeit als bei den Drehschwingungen, weil kein einziges Glied verschwindet. Trotzdem können hinsichtlich der einzelnen Eigenschwingung, sowie bezüglich des Zusammenwirkens mehrerer Eigenschwingungen, dieselben grundsätzlichen Schlußfolgerungen gezogen werden wie bei den Drehschwingungen. Auch hier schwingen die einzelnen Massen bei jeder Eigenschwingung entweder phasengleich oder ihr Phasenverschiebungswinkel beträgt 180°. Sämtliche Massen gehen auch hier für jede einzelne Eigenschwingung gleichzeitig durch die Ruhelage und erreichen gleichzeitig die größten Ausschläge. In der Tat läßt sich das Gleichungssystem (24) ohne weiteres auf die Vorgänge im Augenblicke der Bewegungsumkehr anwenden. Die Ausdrücke $m_1 y_1 \omega^2$, $m_2 y_2 \omega^2 \ldots$ bedeuten dann die Trägheitskräfte in jenem Augenblick. Dagegen ist es nicht möglich, ein „Zerlegungsverfahren" wie bei den Drehschwingungen zur Anwendung zu bringen. Dies ist darauf zurückzuführen, daß bei der Biegung die einzelnen Einsenkungen $y_1, y_2 \ldots y_n$ durch sämtliche Lasten unmittelbar beeinflußt werden, während bei den Drehschwingungen jede Masse nur der Einwirkung der beiden benachbarten Massen unmittelbar unterworfen ist. Aus diesen Gründen ist man bei Biegungsschwingungen praktisch auf Näherungsverfahren angewiesen, von denen die von Stodola, Dunkerley, Blaess und Kull die gebräuchlichsten sind. Eine strenge vereinfachte Lösung ist bisher nicht gelungen.

Schlußbemerkung. Nach Abschluß dieses Nachwortes erschien die Abhandlung über Drehschwingungen von H. Holzer, worin u. a. ähnliche Ausdrücke wie obige Gleichung (10) für die Ermittlung der Eigenschwingungen abgeleitet werden. Trotzdem dürften die vorstehenden Untersuchungen eine nicht unnötige Ergänzung der Wydlerschen Arbeit darstellen, wenn sie auch nur eine Lösung für den einfachsten Fall, nämlich für die freie Eigenschwingung, liefern. Man könnte nun auch in ähnlicher Weise für die erzwungenen Schwingungen den Zusammenhang mit den aus der mehr anschaulichen Wydlerschen Betrachtungsweise sich ergebenden Lösungen herstellen und dadurch noch mancherlei Aufschlüsse erhalten. Indessen dürften die Wydlerschen Ausführungen im zweiten Teil seiner Arbeit ohne weiteres einleuchten und wesentlich ausreichen, um die hauptsächlich interessierenden Fragen zu beantworten.

Grundsätzlich sind bei der Behandlung derartiger Probleme aus der Maschinenlehre mehrere Forderungen zu erfüllen: Zunächst solche, die auch für die angewandten Naturwissenschaften maßgebend sind, und zwar einerseits die Richtigkeit der Beweisführung, die möglichst auf physikalisch-mechanischen Grundlagen aufzubauen ist, andererseits die Brauchbarkeit und Übersichtlichkeit der gefundenen Lösung bzw. der fallweise durchzuführenden Rechnung. Dieses Ziel wird übrigens auch durch eine neuere Richtung in der angewandten Mathematik angestrebt, die, wie sich L. Bieberbach[1]) ausdrückt, „aus der potentiellen eine aktuelle Möglichkeit machen" will. Dazu treten zwei wesentliche technische Forderungen, nämlich die Zweckmäßigkeit der Problemstellung, wobei die praktisch wichtigen Gesichtspunkte in den Vordergrund zu stellen sind, und das Verständnis für die Möglichkeit der Verwirklichung der Forschungsergebnisse, Forderungen, deren Erfüllung zumindest technischen Einblick, wenn möglich technische Erfahrungen erheischt.

---

[1]) Zeitschrift für angewandte Mathematik und Mechanik 1921, Heft 1.

Sachverzeichnis.

Amplitude 34, 39, 41, 65, 75.
Arbeitslose Schwingung 50.
Ausgleichgesetz 69.
Ausschlagsrichtung s. Vorzeichen.

Bewegungsumkehr 84.
Biegungsschwingung 7, 85, 97.

Dämpfung 31, 49, 51, 54.
—, Arbeitsverbrauch einer 53.
Dämpfungskraft 56, 69.
Dämpfungszahl 47, 54, 66.
Drehstrecke s. Fahrstrahl.
Dynamische Grundgleichung 8, 85, 89.

Eigenschwingungen 1, 2, 20, 89.
—, reibungsfreie 1, 2, 6, 20 ff;
—, gedämpfte 31, 49.
Einspannlänge 6, 8, 19, 23.
Ersatzsystem 19.

Fahrstrahl 3, 34, 76, 84.
Frequenz 4, 6, 31, 78.

Grundschwingung 33.

Harmonische 31, 36.
—, Analyse 32.
—, resultierende, ausgezeichnete 45.
Horizontalzug 4.

Impulszahl 34, 38.
Indifferentes Gleichgewicht 7.

Knotenquerschnitt 16.
—, unendlich fern, ideell, reell 16.
Kritische Drehzahl 1, 70, 80.
—, biegungskritische 1, 85, 97.
—, verdrehungskritische 1, 70, 80.

Längenverhältnisse 4, 5.

Massenausgleich 82, 85.
Massenverhältnisse 4, 5.

Niveaukonstante 6, 12.

Oberschwingung 33.
Ordnungszahl 34.

Periodenzahl 34, 38, 41.
Phasenabstand 34, 39, 42, 46, 51, 69, 75, 85, 94.

Reduktionsradius 4, 5, 20, 87.
Reduzierte Massen und Längen 85.
Resonanz 1.
—, Teilschwingung 73; —, Ausschläge 66, 69;
—, Schwingungsarbeit bei 51.
Restkraft 25, 29, 58.
Restmasse 25.

Schwingungen reibungsfreie 5, 29, 73;
—, erzwungene 25, 72; gedämpfte 57;
—, stehende 60.
Schwingungs-Arbeit 48.
— -ausgleich 2, 46, 69, 79.
— -formen 5, 6, 30.
Schwingungsfreies Glied 33.
Schwungmoment 86, 87.
Statische Resultierende 19, 20, 69.
Systemkonstante 5, 12, 90.

Teilsysteme 9.
Torsiogramme 54, 70.
Torsiograph 55, 77.
Torsionsindikator 54, 55, 77.
Trägheitskraft 4, 5, 10, 84.
Trägheitsmoment polar 5, 86, 88.
Triviale Lösung 17, 92.

Ungleichförmigkeit 77, 83.

Vektoren s. Fahrstrahlen.
Verhältniszahlen 5.
Vorzeichen 8, 58, 59, 85.

Wurzelgleichung 10, 13, 14, 17.
— Gesetzmäßigkeiten der — 17.

Zerlegungsverfahren 9, 10, 11, 95.